JN418235

생물 분리 및 정제 기술 연구

주이붕(周二鵬), 한광흔(韓廣欣)

생물 분리 및 정제 기술 연구

주이붕(周二鵬), 한광흔(韓廣欣)

도서출판
디자인

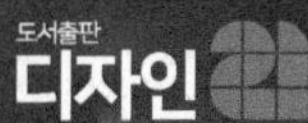

서문

생명공학의 산업화 과정은 유례없는 속도로 추진되고 있으며, 유전자 공학 의약품에서 산업용 효소 제제, 그리고 백신에서 생물 기반 화학 제품에 이르기까지 다양한 생물학적 제품의 연구 개발과 생산이 전 세계적으로 활발히 진행되고 있다. 이러한 배경에서 생물 분리 및 정제 기술은 실험실 연구와 산업화 생산을 연결하는 핵심 가교로서 그 중요성이 날로 주목받고 있다. 하류 가공 과정의 효율성, 비용 및 신뢰성은 종종 생물공학 성과가 시장 경쟁력을 갖춘 제품으로 성공적으로 전환될 수 있는지를 직접 결정한다.

『생물 분리 및 정제 기술 연구』의 집필 목적은 생물 제품 분리 정제 분야의 기술 체계를 체계적으로 정리하고, 각 단위 조작의 원리와 특성을 심층 분석하여 독자에게 이론적 깊이와 실천적 지침을 모두 갖춘 기술 참고자료를 제공하는 데 있다.

본서는 내용 구성에 뚜렷한 공학적 특성이 있다. 서두에서 생물 분리 공정의 전체 흐름을 다루며 생물 분리 및 정화의 거시적 관점을 확립한다. 이어 세포 분리, 세포 분쇄, 1차 분리, 막 분리, 추출, 흡착 분리, 크로마토그래피 분리 등 핵심 조작 단위를 차례로 심층 논의한다. 마지막으로 단백질 재접합, 결정화 및 건조 등 완제품 핵심 기술에 집중한다. 각 기술 단계는 기본 원리에서 출발하여 장비 선정, 공정 최적화, 공정 확대 전략 등 공학적 실천 문제로 확장되며, 기술이 실험실에서 산업화로 이어지는 완전한 경로를 보여주기 위해 노력한다.

본서는 생물기술 관련 분야 연구자나 엔지니어에게 가치 있는 참고자료가 되길 바라며, 동시에 대학원생 및 고학년 학부생이 생물 분리 및 정제 기술을 깊이 이해하는 데 도움이 되기를 희망한다. 생물기술 분야가 급속히 발전함에 따라 책에 부족한 점이 있을 수 있으니 독자들의 비판과 지적을 부탁드린다.

차례

서문 7

1. 서론

1.1 생물 분리 공정의 역사 11
1.2 생물 분리 과정 12
1.3 생물 분리 공정의 특징 13
1.4 생물학적 분리의 원리 15
1.5 생물학적 분리 효율 17
1.6 본 장 요약 18
생각해 볼 문제 20

2. 세포 분리

2.1 여과 21
2.2 침강과 원심분리 27
2.3 본 장 요약 37
생각해 볼 문제 39

3. 세포 분쇄

3.1 개요 41
3.2 세포 분쇄 방법 42
3.3 세포 파쇄 방법의 선택과 적용 50
3.4 본 장 요약 51
생각해 볼 문제 52

4. 1차 분리

4.1 침전 분급 53
4.2 거품 분리 63
4.3 본 장 요약 69
생각해 볼 문제 71

5. 막 분리

5.1 막 재료와 그 특성 ······ 73
5.2 각종 막 분리법 및 그 원리 ······ 78
5.3 막 모듈 ······ 83
5.4 작동 특성 ······ 87
5.5 분리막의 분리 메커니즘과 특성 ······ 91
5.6 막의 오염과 세척 ······ 92
5.7 본 장 요약 ······ 94
생각해 볼 문제 ······ 96

6. 추출

6.1 기본 개념 ······ 97
6.2 분배 법칙과 분배 평형 ······ 100
6.3 유기 용매 추출 ······ 102
6.4 액-액 추출 조작 ······ 107
6.5 이중 수상(水相) 추출 ······ 110
6.6 액막 추출 ······ 115
6.7 역미셀 추출 ······ 122
6.8 액체-고체 추출 ······ 123
6.9 초임계 추출 ······ 126
6.10 본 장 요약 ······ 128
생각해 볼 문제 ······ 130

7. 흡착 분리

7.1 흡착 분리 매체 ······ 132
7.2 흡착 평형 ······ 139
7.3 고정층 흡착 ······ 149
7.4 기타 흡착 공정 ······ 154
7.5 본 장 요약 ······ 158
생각해 볼 문제 ······ 159

8. 크로마토그래피 분리 기술	8.1 크로마토그래피 분리 기초 …… 161 8.2 흡착 크로마토그래피 …… 169 8.3 분배 크로마토그래피 …… 173 8.4 이온 교환 크로마토그래피 …… 176 8.5 겔 여과 크로마토그래피 …… 180 8.6 친화성 크로마토그래피(AC) …… 186 8.7 친수성 크로마토그래피 …… 195 8.8 크로마토그래피 기술의 기타 분류 …… 198 8.9 크로마토그래피 시스템 및 조작 …… 200 8.10 본 장 요약 …… 208 생각해 볼 문제 …… 210
9. 단백질 재접합	9.1 인클로저의 형성 및 특성 …… 212 9.2 인클로저의 정제 및 용해 …… 215 9.3 단백질 재접합 …… 217 9.4 본 장 요약 …… 225 생각해 볼 문제 …… 226
10. 결정화	10.1 결정화 원리 …… 227 10.2 결정의 성장 …… 229 10.3 결정화 공정 설계 기초 …… 230 10.4 결정기 …… 232 10.5 결정화 공정 및 그 응용 …… 233 10.6 본 장 요약 …… 238 생각해 볼 문제 …… 239
11. 건조 기술	11.1 건조 기초 이론 …… 242 11.2 건조 장비 및 그 응용 …… 247 11.3 건조 과정의 핵심 문제점 …… 253 11.4 본 장 요약 …… 254 생각해 볼 문제 …… 256
	참고문헌 …… 257

1. 서론

1.1 생물 분리 공정의 역사

생물 분리 공학은 미생물, 동식물 세포 및 그 대사 산물로부터 유용 물질을 추출하고 정제하는 방법을 연구하는 과학기술이다. 인류가 동식물 세포 및 미생물을 이용하고 배양해 온 역사를 고려할 때, 생물 분리 기술의 발전은 수백 년에 이른다. 초기 분리 수단은 증류, 여과 등 기초적인 방법을 주로 포함했다. 16세기 초, 인류는 이미 수증기 증류법을 이용해 꽃과 허브에서 천연 향료를 추출하기 시작했으며, 우유로 치즈를 제조한 역사는 더욱 오래되었다. 근대 생물 분리 기술의 체계적 발전은 유럽 산업혁명 시기에 시작되었으며, 초기에는 주로 발효법을 통한 알코올 및 유기산 등의 제품 분리 추출 수요를 중심으로 전개되었다. 그 목표는 제품 농도가 높은 발효액에서 완제품을 얻는 것이었다. 20세기 40년대에 이르러 대규모 심층 발효 기술이 항생제 생산에 적용되면서 분리 대상은 점차 순도가 낮은 발효 조제품으로 전환되었으나 최종 제품은 오히려 높은 순도를 요구하게 되어 분리 기술에 더 높은 기준을 제시하게 되었다. 최근 몇 년간 유전자 공학 균을 이용한 인공 인슐린, 인간이나 동물용 백신 등 신형 생물기술의 부상과 함께 새로운 도전도 함께 찾아왔다. 이러한 제품의 일부 조제품 함량은 극히 낮지만, 분리된 최종 산물의 품질 요구는 더욱 높아졌다. 따라서 현대 생물 분리 기술 및 장비는 끊임없이 변화하는 생산 요구에 부응하기 위해 고효율, 정밀화, 통합화 방향으로 발전하고 있다.

1.2 생물 분리 과정

생물 분리 과정은 생물 반응 생성물로부터 목표 생물 물질을 추출·정제하여 최종 제품을 제조하는 일련의 작업 단위이다. 공정 설계 시 목표 생성물의 존재 형태(세포 내 또는 세포 외), 분자 특성(크기, 전하, 안정성 등)을 종합적으로 고려하고 생산 규모와 제품 순도 요구사항을 동시에 충족시켜야 한다. (그림 1.1)은 세포 배양을 통해 생물 물질을 제조하는 전형적인 분리 공정을 보여준다. 이 과정은 일반적으로 상류 공정 전처리, 1차 분리, 정밀 정제 및 완제품 가공의 네 가지 주요 단계로 구분된다.

상류 전처리 단계에서는 먼저 배양 종료 후의 세포 현탁액을 고액 분리해야 한다. 목표 산물이 세포 외형일 경우 일반적으로 상층액을 직접 정화 처리하여 세포 파편 및 불용성 불순물을 제거한다. 세포 내 산물일 경우 먼저 원심분리나 여과를 통해 세포를 수집한 후, 고압 분쇄, 초음파 분쇄 또는 효소 분해 등의 방법으로 세포를 분쇄하여 내용물을 방출시킨다. 포함체 형태로 존재하는 생산물의 경우 먼저 원심분리하여 포함체를 수집한 후 요소 등의 변성제로 용해하고, 희석, 투석 또는 크로마토그래피 기술을 통해 재성질화 처리해야 한다. 이 단계의 처리 효과는 후속 정제 단계의 효율을 직접 결정하므로 생산물 특성에 따라 세포 분쇄 및 정화 방법을 합리적으로 선택해야 한다.

1차 분리 단계는 목표 산물을 예비 농축하고 불순물 대부분을 제거하는 것을 목표로 한다. 일반적으로 사용되는 방법으로는 침전(염분 침전, 등전점 침전 등), 추출(이중 상 추출, 역미세상 추출 등), 그리고 분리 크로마토그래피(소수성 상호작용 크로마토그래피, 이온 교환 크로마토그래피 등)가 있다. 이 단계에서는 일반적으로 10~100배의 정제 배율을 달성할 수 있으며, 제품 함량을 초기 0.1%~1%에서 5%~20%로 높이고 약 80%~90%의 잡 단백질을 제거한다.

정밀 정제 단계에서는 고분해능 분리 기술(예: 항체 정제에 사용되는 Protein A/G 친화성 크로마토그래피, 이온 교환 크로마토그래피, 분자 배제 크로마토그래피 등)을 적용한다. 이러한 방법은 표적 물질과 불순물 간의 분자 크기, 전하, 소수성 또는 생물학적 친화성 등의 차이를 기반으로 정밀한 분리를 실현한다. 이 단계를 거치면 제품 순도는 일반적으로 95% 이상으로 향상되어 대부분의 생물의약품 품질 요구사항을 충족한다.

완제품 가공 단계는 최종 단계로, 초여과 농축, 살균 여과, 동결 건조 또는 제재 조제 등의 작업을 포함한다. 이 단계에서는 제품의 이화학적 특성 및 생물학적 활성이 기준을 충족할 뿐만 아니라 특정 제형과 저장 조건의 요구사항도 충족해야 한다. 전체 분리 공정 설계는 제품 안정성, 공정 수율, 최종 순도 및 전체 비용을 종합적으로 고려해야 하며, 각 단계의 조합과 운

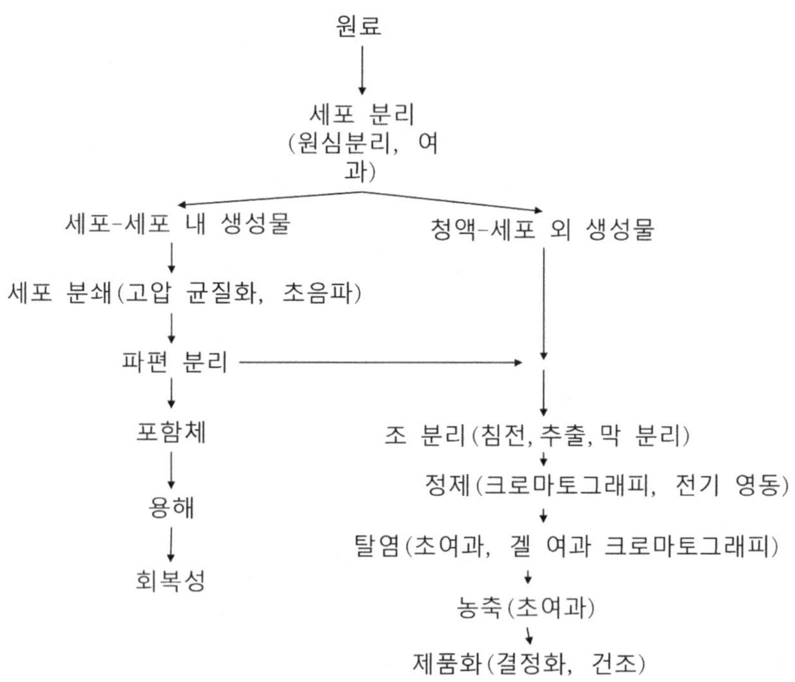

〈그림 1.1〉 생물학적 분리 공정의 일반적인 흐름도

영 매개변수를 최적화하여 효율적이고 경제적으로 실현 가능한 분리 정제 목표를 달성해야 한다.

1.3 생물 분리 공정의 특징

생물 분리 공정은 복잡한 생물계에서 목표 물질을 추출·정제하는 핵심 기술 단계이다. 단백질, 핵산, 백신 등 생물 활성 물질은 독특한 분자 구조와 생리 기능을 지니고 있어 분리 정제 과정에서 다양한 특수한 도전 과제에 직면하며, 이로 인해 일반적인 화학 공학적 분리 방식과 구별되는 뚜렷한 특징을 보인다.

① 목표 산물의 생물학적 활성 유지이다. 생물학적 활성 물질(특히 단백질 및 핵산 등의 생체 고분자)은 환경에 극히 민감하여 온도, pH, 유기 용매 또는 전단력 등의 조건이 미세하게 변화해도 구조 변화나 활성 상실을 초래할 수 있다. 예를 들어, 항체 정제 과정에서는 비가역적 변성을 방지하기 위해 완충계의 이온 강도와 pH 범위를 엄격히 제어해야 한다. 또한, 원료에는

단백질 분해 효소나 핵산 분해 효소 등 분해성 불순물이 흔히 포함되어 있으므로 전체 분리 과정은 신속하고 온화하게 진행하여 목표 산물의 천연 활성을 최대한 보존해야 한다.

② 최종 제품의 생물학적 안전성 보장이다. 생물학적 제제는 의약품, 식품 및 화장품 등 인체와 밀접한 관련이 있는 분야에 주로 사용되며, 그 품질은 사용 안전성과 효과에 직접적인 영향을 미친다. 분리 정제 과정에서 발열원, 숙주 단백질, 핵산 잔류물 및 잠재적 바이러스 등 유해한 불순물을 완전히 제거해야 한다. 예를 들어, 주사용 생물학적 제제는 발열원 관리가 매우 엄격하여 크로마토그래피, 초여과 및 나노 여과 등 다양한 방법을 종합적으로 활용하여 제거해야 한다. 단일클론 항체 생산 과정에서는 반드시 전용 바이러스 제거/불활성화 단계를 설정하여 최종 제품이 의약품 규제 요건을 충족하도록 해야 한다. 이러한 제품 순도와 안전성에 대한 높은 기준은 생물학적 분리 과정이 일반 산업 분리 과정과 구별되는 대표적인 특징이다.

③ 다단계 정제는 회수율 저하를 초래한다. 원료액에는 목표 분자와 물리 화학적 성질이 유사한 물질 및 이성질체가 흔히 존재하며, 일반적인 방법으로 분리하기 어렵고 원료 성분이 복잡하여 다양한 높은 선택성 기술과 다단계 작업이 필요하다. 그러나 다단계 작업은 회수율을 낮추고 비용을 증가시킨다. 이는 각 분리 단계의 회수율이 100%에 도달하지 못하기 때문이다(일반적으로 70~90%). 전체 분리 과정의 총 회수율은 각 단계 회수율의 곱이다.

$$Y_T = \prod_i Y_i$$

여기서, Y_i는 i단계 작업의 회수율, Y_T는 총 회수율이다. 예를 들어, 5단계로 구성된 정제 공정에서 각 단계 회수율이 80%라고 가정할 때 최종 총 회수율은 0.8^5=32.8%에 불과하다. 이러한 누적 손실은 생산 비용을 매우 증가시킨다. 이를 통해 최종 제품의 회수율을 높이기 위해서는 첫째, 단계별 회수율을 향상하고 둘째, 작업 단계를 줄여야 함을 알 수 있다. 실제 공정 개발에서는 이 두 방향 사이의 균형을 모색하며, 전체 정제 공정을 체계적으로 최적화하여 제품 품질을 보장하는 동시에 총 회수율을 극대화해야 한다.

④ 분리 비용은 원료 농도의 영향을 크게 받는다. 대부분의 생물학적 시스템에서 목표 산물의 초기 농도는 일반적으로 낮아 다단계 분리 작업을 통해 고농축을 달성해야 한다. 열역학 원리에 따르면, 희석 용액에서 용질을 농축하려면 높은 엔트로피 증가 저항을 극복해야 하므로 에너지 소비가 현저히 증가하여 전체 분리 비용을 상승시킨다. 실무에서 제품 가격은 원료 내 목표 산물의 초기 농도와 반비례하는 경향이 있어 원료 농도가 생산 비용에 미치는 핵심적 영

향을 더욱 부각한다. 단클론 항체 생산을 예로 들면, 발효액 내 목표 단백질 함량이 극히 낮아 초기 농축 단계에서 수 톤의 발효액을 처리해야 한다. 이러한 대규모·저농도 원료 특성은 분리 공정의 난이도와 비용을 현저히 증가시킨다.

이러한 특징들은 종합적으로 생물 분리 공정이 생물 제조 체계에서 핵심적 지위를 차지함을 결정한다. 최근 연속 생물 제조, 지능형 최적화 제어, 신형 분리 매체 등 새로운 방법과 장비의 지속적인 발전에 따라 생물 분리 공정은 점차 고효율화, 통합화, 지능화를 실현하며 고비용, 저수율, 활성 유지 등 특수한 과제 해결을 위한 새로운 기술적 경로를 제공하고 있다.

1.4 생물학적 분리의 원리

생물학적 분리의 본질은 혼합물 내 서로 다른 성분들의 물리적, 화학적 또는 생물학적 특성 차이를 이용하여 적절한 분리 매체나 외부 장의 작용을 통해 각 성분이 물질 전달 속도나 상평형 행동에서 차이를 보이게 함으로써 목표 성분의 추출과 정제를 실현하는 것이다. 특성 유형에 따라 그 기본 원리는 다음과 같이 세 가지로 분류된다.

1.4.1 물리적 성질 기반 분리

① 역학적 특성: 성분의 밀도, 크기 또는 형태 등의 차이를 이용하여 분리한다. 대표적인 예로는 원심분리에서 밀도 차이를 이용해 미생물을 침강시키는 것과 막 분리에서 분자 크기에 따라 체질하는 것이다. 또한, 미세여과로 세포 파편을 제거하거나 초여과로 목표 단백질을 차단하는 것이다.

② 열역학적 성질: 성분의 휘발성, 용해도, 표면 활성 또는 상간 분배 행동의 차이에 따라 분리한다. 예를 들어, 증류는 에탄올과 물의 휘발도 차이를 이용하며, 추출은 용질이 두 상에서 분배 계수의 차이에 의존한다(예: 이중 수상 추출을 통한 단백질 분리). 결정화는 pH, 이온 강도 등의 매개변수를 조절하여 용해도를 변화시켜 생성물의 침전을 실현한다.

③ 질량 전달 특성: 점도, 확산 계수 등의 전달 특성 차이를 기반으로 하며, 직접 적용은 적으나 분리 과정 동역학의 이론적 기초를 이해하는 데 중요하다. 예를 들어, 초임계 유체 추출에서 용질의 유체 내 확산 계수는 질량 전달 속도와 분리 효율에 직접적인 영향을 미친다.

④ 전자기적 특성: 성분의 전기적 성질, 등전점 또는 자기성 차이를 이용해 분리한다. 대표적인 방법으로 전기영동(전하와 분자 크기 기반), 이온 교환 크로마토그래피(정전기 상호작용 기

반), 자기성 분리(목표물에 자기성 입자를 표지한 후 자기분리) 등이 있다.

1.4.2 화학적 성질 기반 분리

① 화학 열역학 및 반응 동역학: 화학 반응 또는 화학 평형을 이용하여 분리한다. 예를 들어, 금속 킬레이트 크로마토그래피는 히스티딘과 고정상 금속 이온 간의 배위 작용을 이용하여 재조합 단백질을 정제한다. 화학 흡착은 용질과 흡착제 간의 비가역적 반응을 통해 불순물을 제거한다.

② 광화학적 특성: 빛과 물질의 상호작용 특성을 이용한 분리이다. 레이저 유도 선택적 여기 또는 이온화를 통해 동위원소 분리(예: 우라늄 동위원소)를 실현하거나 광화학적 반응으로 표적 물질의 성질을 변화시켜 후속 분리를 보조할 수 있다.

1.4.3 생물학적 특성에 기반한 분리

① 분자 인식 작용: 항원-항체, 효소-기질, 수용체-리간드 등 생물 분자 간 고 특이성·가역적 상호작용(친화 원리)을 이용한 분리. 대표적 기술은 친화 크로마토그래피로, Protein A 매체를 이용한 항체 특이적 포획 등이 있다.

② 효소 반응의 선택성: 효소 촉매 반응의 입체 선택성 또는 영역 선택성을 활용하여 키랄 분자 또는 구조 유사체 간의 성질 차이를 증폭시킨 후, 크로마토그래피 등 일반적 방법을 결합하여 분해한다. 예를 들어 효소법을 통해 라세믹 물체를 분해하여 키랄 의약품을 제조한다.

실제 분리 과정에서는 단일 성질 차이에 따라 분리할 수 있으나 대부분은 여러 메커니즘의 협동 작용을 종합적으로 활용해야 한다. 작동 원리 측면에서 분리 기술은 크게 두 가지로 분류된다. 하나는 평형 분리법으로 용질이 두 상 사이에서 분배 평형의 차이를 기반으로 하며, 추출, 흡착, 결정화 등이 이에 해당한다. 주요 구동력은 화학 잠재성 차이이다. 다른 하나는 속도 차이 분리법으로, 외부 장(압력, 원심력, 전기장 등)의 작용 하에 각 성분의 이동 속도 차이를 이용하여 분리를 실현한다. 예를 들어, 초여과, 전기영동, 원심분리 등이 있다.

현대 분리 공정은 종종 여러 원리를 통합한다. 예를 들어 크로마토그래피-전기영동 결합 기술은 평형 분배와 전기이동 메커니즘을 결합하여 분리 효율과 분해능을 향상한다.

1.5 생물학적 분리 효율

생물학적 분리 효율 평가 관점에서 볼 때, 생물학적 분리 공정은 대상 물질의 특수성과 공정 단계의 복잡성으로 인해 효율 평가 기준 측면에서 일반 분리 공정과 현저히 차별화된 독특성을 지닌다. 일반적으로 생물학적 분리 효율 평가는 목표 산물의 농축 정도, 분리 정제 정도 및 회수율 등의 핵심 지표를 종합적으로 고려해야 한다.

1.5.1 목표 생성물의 농축 정도

그림 1.2는 연속적 정상태 분리 공정의 물질 흐름과 성분 변화를 보여준다. 그림에서 F는 각 물질의 체적 유속을, c는 성분 농도를 나타낸다. 첨자 T와 X는 각각 목표 생성물과 불순물을 지칭하며, 첨자 C, P, W는 각각 공급 유동, 생성물 유동, 폐기물 유동을 표시한다.

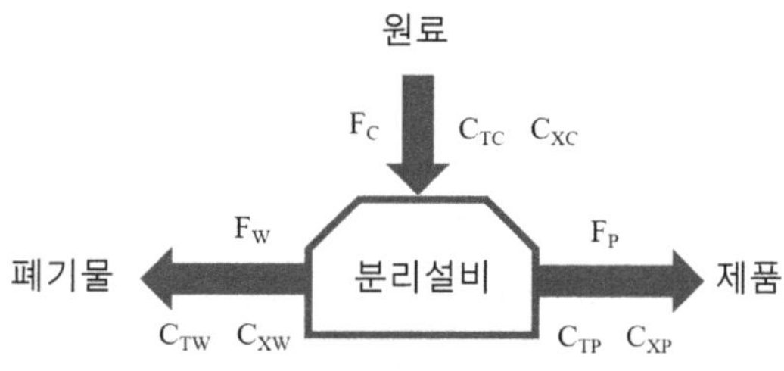

〈그림 1.2〉 분리 과정 개념도

생물학적 분리의 핵심 목표는 복잡한 혼합물로부터 목표 물질을 효율적으로 추출하는 것이다. 따라서 목표 물질의 농축 정도는 분리 효율을 평가하는 핵심 지표로, 분리 과정에서의 목표 물질 농축 효과를 반영하며 일반적으로 농축률(concentration factor)로 정량화된다. 농축률이 높을수록 목표 물질의 농축 효과가 우수함을 의미하며, 이는 후속 처리의 물질 부피를 감소시킬 뿐만 아니라 추가 정제 과정에 유리한 조건을 제공한다. 그림에서 농축률 m은 다음과 같이 계산한다.

$$m_T = \frac{c_{TP}}{c_{TC}}$$

$$m_X = \frac{c_{XP}}{c_{XC}}$$

1.5.2 분리 정제 정도

분리 정제 정도는 생물학적 분리 과정이 불순물을 효과적으로 제거하여 제품 순도를 높일 수 있는지 평가하는 핵심 지표이다. 이 지표는 일반적으로 분리 인자(separation factor, α)로 정량화되며, 엄밀히 정의하면 목표 제품과 주요 불순물이 두 가지 제품(예: 제품 유동과 폐기물 유동)에 분배되는 비율의 비율이다. 분리 인자가 높을수록 해당 분리 과정이 목표 제품과 불순물에 대한 선택성이 강하고 정제 효과가 더 뛰어나다는 것을 의미한다. 그림 1.2에서 목표 산물의 분리 계수 α는 다음과 같이 계산한다.

$$\alpha = \frac{c_{TP}/c_{TC}}{c_{XP}/c_{XC}} = \frac{m_T}{m_X}$$

1.5.3 회수율

회수율(recovery rate)은 생물학적 분리 공정의 경제성과 운영 신뢰성을 평가하는 핵심 지표로, 분리 후 물류에서 목표 산물의 실제 회수량이 원료 공급량 중 해당 산물 총량에 차지하는 비율을 나타낸다. 회수율은 생산 공정에서 목표 산물의 손실 정도를 직접 반영한다. 그림 1.2에서 목표 산물의 회수율은 다음과 같이 계산한다.

$$REC = \frac{F_P c_{TP}}{F_C c_{TC}} \times 100\%$$

일반적으로 회수율이 높을수록 분리 과정이 효율적이며 손실이 적어 생산 비용을 절감할 수 있다.

1.6 본 장 요약

생물 분리 공정은 현대 생물기술 체계의 핵심 단계로서, 상류 생물 반응 산물을 품질 요구사항을 충족하는 최종 제품으로 전환하는 중요한 기능을 담당한다. 최근 유전자 공학, 세포 공학 등 상류 기술의 급속한 발전에 따라 생물학적 산물의 발현 수준이 현저히 향상되었다. 단일클론 항체를 예로 들면 그 생산량은 초기 재조합 세포 배양 시 1g/L 미만에서 현재 최적화된 조건에서 25g/L 이상으로 증가했다. 이러한 진전은 하류 분리 정제 공정에 더 높은 요구를 제기하여 생물학적 분리 단계가 전체 생물학적 제조 공정 효율과 비용에 영향을 미치는 핵심 요소가 되게 하였다.

본서는 생물 하류 가공 과정에서 관련된 주요 분리 정제 기술, 즉 고액 분리, 추출, 크로마토그래피, 막 분리 등 핵심 단위 조작을 체계적으로 소개한다. 건조 조작이 생물 제품 제조의 최종 단계로서 제품의 안정성과 저장 성능에 직접적인 영향을 미친다는 점을 고려하여 본서는 이를 마지막 장에 배치하여 별도로 설명한다. 본 장 및 후속 내용을 학습함으로써 생물 분리 공학의 기본 원리와 기술 체계를 이해하고, 주요 분리 방법의 조작 특성과 적용 시나리오를 숙지하며, 기초적인 공정 설계 및 최적화 능력을 갖추어 생물기술 산업에 필요한 고효율·저비용 분리 공정 개발의 이론적 토대를 마련할 수 있다. 생물 분리 공학은 전통적인 간헐적 조작에서 연속화·통합화 제조로의 전환을 겪고 있으며, 그 기술 발전은 생물기술 산업 전체의 발전과 성숙을 직접 촉진할 것이다.

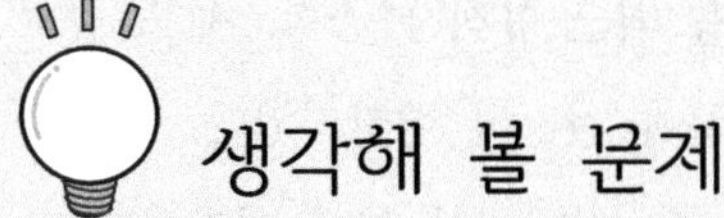

생각해 볼 문제

첫째, 생물 분리 과정은 일반적으로 어떤 주요 단계를 포함하는가? 각 단계의 주요 과제와 대표적 기술을 간략히 설명한다.

둘째, 다단계 정제 과정에서 총 회수율은 어떻게 계산하는가? 총 회수율에 영향을 미치는 주요 요인을 분석하고 총 회수율 향상을 위한 실행 가능한 전략을 제시한다.

셋째, 생물 분리 공정은 어떤 두드러진 점을 가지는가? 사례를 들어 "생물 활성 유지"와 "생물학적 안전성 보장"이 제약 제품 분리에서 구체적으로 어떻게 구현되는지 설명한다.

넷째, 생물학적 분리의 기본 원리는 크게 몇 가지 유형으로 분류될 수 있는가? 유형별로 두 가지 구체적인 분리 기술을 열거하고, 그 근거가 되는 성질의 차이를 간략히 설명한다.

다섯째, 생물학적 분리 효율을 평가하는 주요 지표는 무엇인가? 각각의 정의와 공정 최적화에서의 의미를 설명한다.

여섯째, 특정 발효액에서 목표 단백질 농도가 0.5g/L이면 1차 분리 후 농도가 10g/L로 상승하고 동시에 불순물 농도가 20g/L에서 5g/L로 감소했다. 이 단계의 목표 생성물 농축률과 분리 계수를 계산하고 분리 효과를 분석한다.

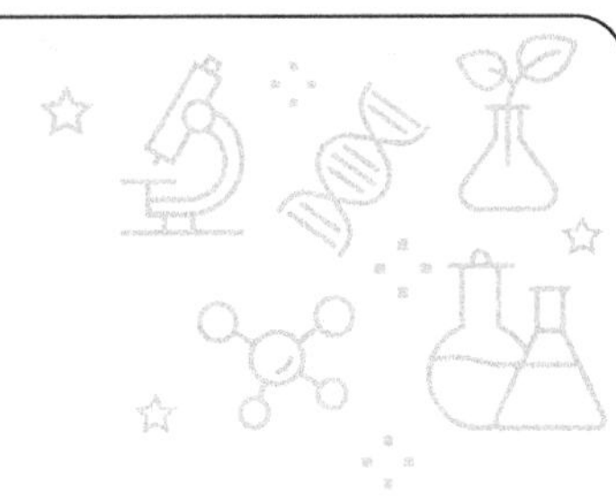

2. 세포 분리

2.1 여과

생물 반응 및 제품 분리 과정에서 발효액은 일반적으로 일정량의 부유 고형물(생물 세포, 고체 배지 성분 및 대사 과정에서 생성된 불용성 물질 포함)을 함유한다. 또한, 원료 전처리 단계에서 여과 작업은 중요한 위치를 차지하는데, 예를 들어 글루탐산 발효액의 당액 탈색 여과나 맥주 생산 과정의 맥아즙 여과 정화 등이 있다. 많은 목표 생산물(예: 세포 내 효소, 미생물 다당류)은 세포 내부에 분포하며, 일부 생산물은 균체 자체(예: 효모 및 단세포 단백질)이다. 생산물이 어떤 형태로 존재하든, 고액 분리(固液分離)는 일반적으로 필수적인 핵심 단계이다.

여과는 고전적인 화학 공정의 단위 작업으로, 기본 원리는 부유 고형물을 포함한 원액을 고체 여과 매체를 통과시켜 고상과 액상을 분리하는 것이다. 형태가 규칙적이고 윤곽이 뚜렷한 결정(예: 글루탐산나트륨, 구연산 결정)의 경우 여과 작업이 상대적으로 간단하고 효율적이다. 그러나 크기가 미세하고 형태가 다양한 미생물 세포를 가진 발효액의 여과 과정은 복잡하고 어려워진다. 실제 사례에서 글루탐산 발효액과 같은 시스템을 전통적인 여과 장비와 기술만으로 처리할 경우 여과 속도가 극히 낮거나 효과적인 여과가 불가능한 현상이 자주 발생한다. 따라서 생물학적 분리 분야에서 전통적인 여과 공정을 개선하는 것은 특히 중요하며, 그 핵심은 여과 케이크의 구조적 특성을 최적화하고 새로운 여과 장비 및 기술을 도입하는 데 있다.

2.1.1 여과의 기본 개념

여과는 다공성 매체를 이용해 액체에 현탁 고체 입자를 차단함으로써 고액 분리를 실현하는 전통적인 단위 조작이다. 일반적인 화학 공정에서 여과 작업은 일반적으로 지지체 위에 여과포나 여과 망을 여과 매체로 깔고, 고체 입자가 포함된 현탁액을 주입한다. 압력 차이에 의해 액체는 여과 매체를 통과하고 고체는 차단되어 여과 케이크를 형성한다(그림 2.1 참조). 이 방법은 결정 입자 등 형태가 규칙적이고 비압축성인 고체(예: 글루탐산나트륨, 구연산 등)에 적합하다.

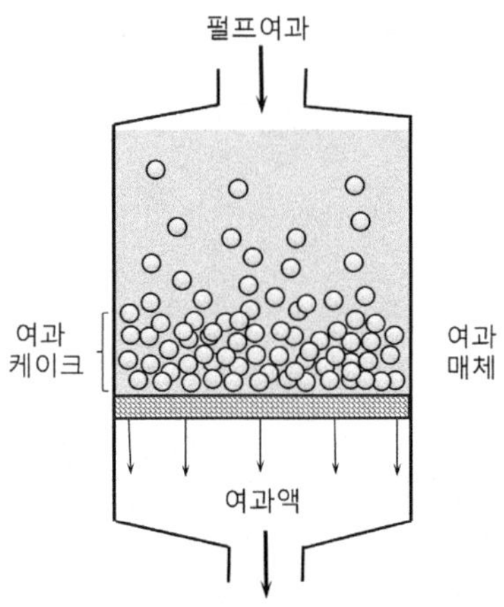

〈그림 2.1〉 여과 작업 개념도

그러나 전통적인 여과 방법을 발효액 등의 생물학적 물질에 직접 적용할 경우 여과 속도가 극히 낮거나 심지어 효과적인 여과가 불가능한 문제가 발생하곤 한다. 그 원인은 생물학적 물질이 다음과 같은 특성이 있기 때문이다. 하나는 고체 입자 특성이다. 특수성은 미생물 세포, 균사체 등은 개체가 미세하고 형태가 다양하여 여과 케이크가 고점도, 고 압축성의 겔 구조를 형성하기 쉬워 여과 저항이 크고 투과성이 떨어진다. 다른 하나는 유체 성질이 복잡하다. 대부분의 발효액과 생물 용액은 고점도의 비 뉴턴형 유체에 속하며 유동성이 나빠 여과를 더욱 방해한다. 마지막으로, 여과 케이크 구조가 여과에 불리하다. 전통적 여과 과정에서 형성된 생물학적 여과 케이크 구조는 치밀하고 공극률이 낮아 여과액의 통과 능력을 심각하게 저해한다.

생물학적 물질의 여과 성능을 향상하기 위해 일반적으로 여과 전 모든 처리를 시행하여 물질의 물리 화학적 특성을 변경하고 여과 저항을 낮춘다. 흔히 사용되는 전처리 방법으로는 가열, 응집 및 응집, 여과 보조제 첨가 등이 있으며, 이러한 방법들은 원심분리 및 침전과 같은 후속 고액 분리 과정에도 널리 적용된다.

2.1.1.1 가열법

가열은 가장 간단하고 경제적인 전처리 방법의 하나다. 적절한 온도 상승을 통해 액체 점도를 낮추고 단백질 등의 성분 응고를 촉진함으로써 여과 속도를 현저히 향상할 수 있다. 예를 들어, 스트렙토마이신 발효액 처리 시 pH를 3.0으로 조절하고 70℃로 가열하여 30분간 유지하면 단백질이 응고되어 여과 속도가 10~100배 향상되고 여과액 점도는 원래의 약 1/6 수준으로 감소한다. 주의할 점은 가열법이 열 안정성 목표 산물에만 적용 가능하며, 실제 작업 시 가열 온도와 시간을 엄격히 제어하여 산물의 비활성화나 분해를 방지해야 한다는 것이다.

2.1.1.2 응집과 섬유화

응집과 섬유화는 세포, 균체, 세포 파편 및 단백질 등의 콜로이드계를 처리하는 데 흔히 사용되는 방법으로, 콜로이드 입자 간의 상호작용을 변화시켜 더 큰 입자로 집적되도록 촉진함으로써 분리 성능을 개선한다. 응집은 전해질을 첨가하여 콜로이드 입자 표면의 확산 이중 층을 압축하고, ζ 전위를 낮추어 입자 간의 정전기적 반발력을 약화해 콜로이드가 안정성을 잃고 집적되도록 한다. 섬유화는 고분자 응집제가 콜로이드 입자 사이에 가교 작용을 일으켜 더 큰 응집 덩어리를 형성하는 것을 이용한다. 이상적인 고분자 응집제는 긴 사슬 선형 구조와 풍부한 활성 기능기를 갖춰 반데르워스 힘, 정전기 인력 등을 통해 입자 간 연결을 실현해야 한다. 원천에 따라 응집제는 천연 고분자류와 합성 고분자류로 구분되며, 천연 응집제는 안전성이 높아 식품·의약 분야에 널리 활용된다.

2.1.1.3 여과 보조제의 사용

여과 보조제는 특수한 물리적 성질을 가진 미세 분말 또는 섬유 재료로, 여과 과정에서 여과 케이크 구조를 개선하고 여과액 투과성을 높인다. 일반적으로 사용되는 여과 보조제로는 규조토와 펄라이트가 있으며, 이들은 다공성 여과 케이크 층을 형성하여 공극률을 효과적으로 증가시키고 여과 저항을 감소시킨다. 규조토는 고대 수생 식물 유해가 퇴적되어 형성된 것으로, 주요 성분은 이산화규소이다. 펄라이트는 고온 팽창 처리를 거친 화산암이다. 이 두 재료는 모두 우수한 화학적 안정성과 특수한 기공 구조를 지녀, 여과가 어려운 물질의 분리 효과를 현저히 개선할 수 있다.

2.1.2 여과 속도

여과 속도는 여과 과정의 효율을 측정하는 중요한 매개변수로, 일반적으로 단위 시간당 여과 매질과 여과 케이크를 통과한 여과액의 부피로 표시된다. 데드엔드 여과 방식에서 여과의 추진력은 주로 작동 압력 차에서 비롯된다. 그림 2.1과 같이 고체 입자를 포함한 현탁액이 여과 매질을 통과할 때, 고체 입자는 차단되어 매질 표면에 점차 쌓여 두꺼워지는 여과 케이크 층을 형성한다.

여과 과정에서 여과액 흐름이 받는 저항은 주로 두 가지 측면에서 발생한다. 첫째는 여과 매체 자체의 고유 저항 R_m이고 둘째는 여과 케이크 층이 형성하는 부가 저항 Rc이다. 여과 매체의 저항은 그 재질, 기공 크기 및 구조와 관련이 있으며, 여과 케이크 저항은 여과 시간이 길어질수록 현저히 증가하여 후기 여과 속도에 영향을 미치는 핵심 요인이 된다. 여과액의 순간 여과 속도는 다음 식으로 표현할 수 있다.

$$\frac{dV}{dt} = \frac{A \triangle p}{\mu(R_m + R_c)}$$

여기서, dV/dt는 순간 여과 속도를 나타내며 특정 시점의 여과 효율을 반영한다. V는 누적 여과액 부피, A는 여과 면적, $\triangle$p는 작동 압력, μ는 여과액 점도, R_m은 여과 매체 저항, R_c는 여과 케이크 저항이다.

여과 과정이 지속함에 따라 여과 케이크 저항 R_c는 점차 총 저항의 주요 부분이 된다. 여과 케이크 저항은 다음과 같이 추가로 표현될 수 있다.

$$R_c = \frac{\alpha W}{A}$$

여기서 W는 여과 찌꺼기 건조 중량으로 여과 시간이 증가함에 따라 커진다. α는 여과 찌꺼기의 평균 비저항으로 단위는 m/kg이다. 여과 찌꺼기의 압축 특성에 따라 α의 표현 형태는 달라진다.

비압축성 여과 케이크(예: 석영 모래, 규조토 등 경질 입자로 구성된 케이크)의 경우 평균 비저항 α는 기본적으로 상수이며, 작동 압차 Δp와 무관하다. 이러한 케이크는 구조가 안정적이며, 압력 변화 시에도 공극률이 거의 변하지 않아 안정적이고 제어 가능한 여과 과정 구현에 유리하다.

반면 압축성 필터 케이크의 경우 평균 비저항 α는 작동 압차 변화에 따라 변하며, 일반적으로 다음과 같은 경험적 모델로 설명된다.

$$\alpha = k \triangle p^{m}$$

여기서 k는 압차 1일 때의 비 저항값이며, m은 압축성 지수로 0에서 1사이의 값을 가진다. m이 0에 가까울수록 여과 찌꺼기는 거의 비압축성 특성을 보이며, m이 1에 가까울수록 여과 찌꺼기는 고도로 압축된다. 압차가 증가하면 여과 찌꺼기 구조가 현저히 치밀해져 여과 저항이 급격히 상승하여 오히려 여과 속도 향상을 제한할 수 있다.

따라서 여과 작업에서 여과 케이크의 형성 및 압축 행동을 합리적으로 제어하는 것이 여과 속도 향상과 여과 품질 보장의 핵심이다. 여과 케이크의 저항 특성을 이해하면 여과 공정 매개 변수를 최적화하고 적절한 전처리 방법이나 여과 보조제를 선택하여 전체 분리 효율을 효과적으로 향상하는 데 도움이 된다.

2.1.3 여과 장비

생물공정 생산에서 여과 장비는 고액 분리를 실현하는 핵심 장비로, 발효액 전처리, 세포 수확, 제품 정제 등 공정에 널리 적용된다. 작동 방식과 구조적 특징에 따라 일반적인 여과 장비로는 가압 여과기, 판형 여과기, 드럼 진공 여과기 등이 있다. 이하에서는 가압 여과기와 판형 여과기의 구조 원리 및 생물공정 분리에서의 적용 특성을 중점적으로 소개한다.

2.1.3.1 가압 필터

가압 필터는 밀폐형 여과 장비로, 핵심 부품은 수직으로 배열된 압엽 여과이다. 각 압엽 여과는 금속 프레임과 표면을 덮는 여과포로 구성되며, 다수의 압엽 여과가 내압 용기 내에 조립되어 병렬 여과 유닛을 형성한다(그림 2.2 참조). 가동 시, 펌프 압력에 의해 유입된 원액은 필터 천을 통과해 잎 필터 내부 유로로 유입되며, 고체 입자는 잎 필터 외부에 차단되어 여과 케이크를 형성한다. 여과 종료 후에는 일반적으로 역풍 또는 역세 방식을 통해 여과 케이크를 배출한다.

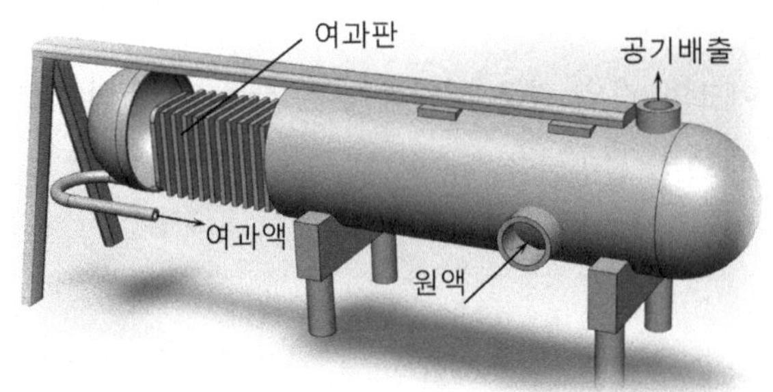

〈그림 2.2〉 가압식 엽 필터 기계 개략도

이 유형의 장비는 오염 저항 요구가 높고 입자가 미세한 원료에 적합하며, 항생제 발효액의 1차 여과 등에 사용된다. 장점으로는 밀폐 작동으로 외부 오염을 효과적으로 방지하여 의약품 생산 위생 규정을 충족한다는 점, 단위 부피당 여과 면적이 커 중·대규모 처리에 적합하다는 점이며, 장비 세척이 용이하여 배치 간 청결 보장이 가능하다는 점이 있다. 그러나 여과포 교체 과정이 복잡하고, 장비 투자 비용이 많이 들며, 작동 압력을 엄격히 제어해야 한다. 과도한 압력은 여과 케이크를 지나치게 압축시켜 오히려 여과 효율을 저하할 수 있다.

2.1.3.2 판형 프레임 여과기

판형 여과기는 여러 세트의 여과 판과 여과 프레임이 교대로 배열되어 구성되며, 여과포는 판과 프레임 사이에 끼워져 압착 장치로 고정된 후 일련의 밀폐된 여과실을 형성한다. 원료액은 압력 작용 하에 여과실로 유입되며, 고체는 차단되어 여과 케이크를 형성하고 여과액은 여과포를 통과해 판면 홈을 따라 배출된다. 여과 종료 후 압착 상태를 해제하고, 수동 또는 기계적으로 여과 케이크를 제거한 후 여과포를 세척하여 재조립하는 전형적인 간헐식 작동 방식이다.

이 기종은 생물 제조 분야에서 고형분 함유 물질 처리(예: 효모 농축, 균체 수확 등)에 주로 사용된다. 구조가 단순하고 적용 범위가 넓으며, 원료 특성에 따라 다양한 재질의 여과포를 선택할 수 있고 높은 여과 압력을 견뎌 낮은 수분 함량의 여과 케이크를 얻을 수 있다. 그러나 간헐적 작동 방식은 처리 효율을 제한하며, 배출 및 세척 과정의 노동 강도가 높아 연속화·대규모 생산 환경에서는 적용성이 낮다.

가압 엽 여과기와 판형 여과기는 각각 다른 생산 환경과 원료 특성에 적합하다. 실제 기종 선정 시 원료 특성, 생산 규모, 위생 등급 및 자동화 요구사항을 종합적으로 고려하여 최적의 여과 장비 유형을 선택함으로써 생산 공정을 최적화하고 분리 효율을 향상해야 한다.

2.2 침강과 원심분리

생물학적 분리 과정에서 분리 대상 입자나 세포가 주변 유체 매질과 밀도 차이를 보일 때 자연적으로 발생하는 상대 운동을 이용해 분리할 수 있으며, 이러한 방법을 총칭하여 침강 분리라고 한다. 외부 힘의 차이에 따라 주로 중력 침강과 원심 침강으로 구분된다. 중력 침강은 지구 중력장에 의존하며, 장비가 단순하고 에너지 소비가 적지만 분리 속도가 느리고 효율이 제한적이어서 일반적으로 입자가 크거나 예비 농축된 경우에 적용된다. 미생물 세포, 세포소기관, 단백질 등 미세 입자의 경우 중력 침강 속도가 지나치게 느릴 때가 있다. 이때는 원심 분리기를 이용해 강력한 원심력을 생성하는 원심 침강법을 적용함으로써 분리 효율을 크게 높이고 작업 시간을 단축할 수 있다. 원심 기술은 생물학적 제품의 분리, 농축 및 정제에 있어 필수적인 핵심 수단이 되었다.

2.2.1 중력 침강

중력 침전은 고체 미립자와 유체 매질 간의 밀도 차이를 이용하여 중력장에서 분리를 실현하는 과정이다. 미립자가 매질 내에서 침전할 때, 주로 하향 중력과 상향 부력 및 저항의 작용을 받으며, 이는 그림 2.3과 같다. 이러한 힘이 균형을 이루면 미립자는 일정한 속도로 침전한다.

구형 미립자의 운동 행동은 고전 이론을 통해 분석할 수 있다.

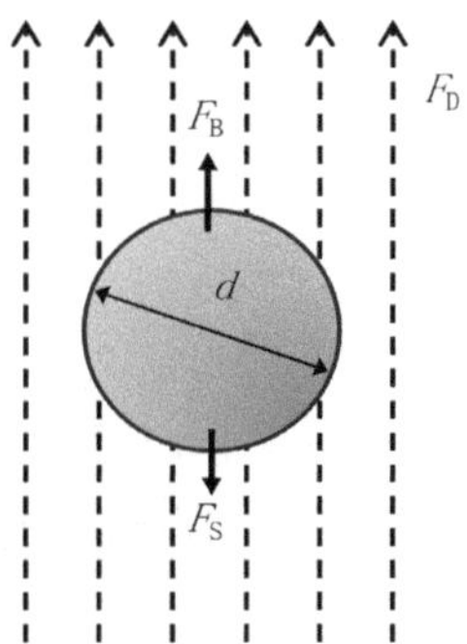

〈그림 2.3〉 구형 미립자의 침강에 작용하는 힘의 분포

① 부력: 아르키메데스의 원리에 따라 구형 미립자가 받는 부력 F_B의 표현 공식은 다음과 같다.

$$F_B = [\frac{\pi d^3}{6} \quad (\rho_s - \rho) \quad]\, \alpha$$

여기서 d는 입자 직경을 나타낸다. ρ_s와 ρ는 각각 입자와 매질의 밀도이며, α는 가속도이다.

② 저항: 낮은 레이놀즈수 조건(Re〈1)에서 저항은 스토크스 법칙을 따르며 공식은 다음과 같다.

$$F_d = 3\pi\mu d\rho v$$

여기서 μ는 매질의 점도이며, v는 미립자의 운동 속도이다.

구형 입자가 매질 내에서 운동을 시작할 때 초기 속도는 작으며, 이에 상응하는 저항도 작다. 운동이 진행되면서 저항과 부력이 균형을 이루면 미립자의 가속도는 제로가 된다. 이때 부력 공식과 Stokes 저항 공식을 연립하면 중력 침강 속도 공식을 유도할 수 있다.

$$v_g = \frac{d^2}{18\mu}(\rho_s - \rho)\alpha$$

생물학적 분리에서 중력 침강을 직접 이용해 세균체나 세포를 분리하는 것은 일반적으로 효율이 낮다. 이는 입자 크기가 작고 침강 속도가 느리기 때문이다. 실제로는 중성 염류나 고분자 응집제(예: 폴리 프로 필렌 아마이드)를 첨가하여 미립자의 응집 또는 응집을 촉진한다(그림 2.4 참조). 이를 통해 유효 입자 직경을 증가시켜 침강 속도를 현저히 향상한다. 이 방법은 후속 여과 공정 효과 개선에도 도움이 된다.

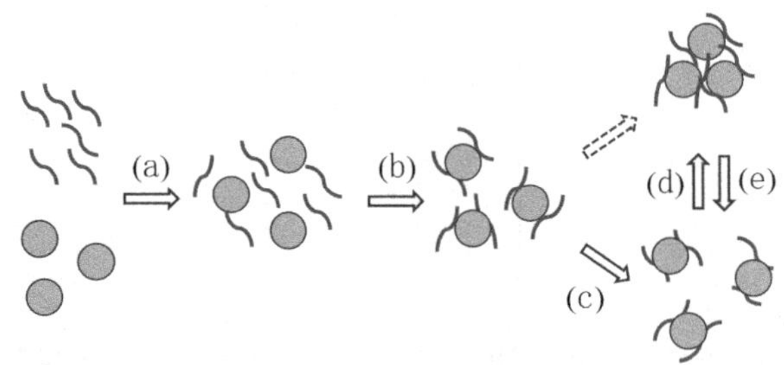

〈그림 2.4〉 응집제의 혼합, 흡착 및 응집 작용 개념도

(a) 응집제가 액상에서 분산되어 이온 사이에 균일하게 분포된다.

(b) 응집제가 입자 표면에 흡착된다.

(c) 응집제의 재배열, 고분자 사슬이 콜로이드 입자 표면을 둘러싸 보호 작용을 일으키며, 이는 가교 작용의 평형 구조이다.

(d) 불안정화된 입자 간 충돌로 인한 가교 응집 작용이다.

(e) 응집 덩어리의 분쇄이다.

【예제 2-1】 발효액에서 구형 단백질 미립자를 분리해야 한다. 매질 점도 μ=0.001Pa · s, 액체 밀도 ρ=1000kg/m³, 미립자 밀도 ρ(s)=1200kg/m³, 미립자 직경은 d=5×10⁻⁶m이다. 첫째, 스토크스 법칙의 적용 가능 여부를 판단한다. 둘째, 중력 침강 속도 v(g)를 계산한다(g=9.8m/s² 로 가정).

해석:

(1) 먼저 스토크스 공식으로 v_g를 추정한다.

$$v_g = \frac{(5 \times 10^{-6})^2 \times (1200 - 1000) \times 9.8}{18 \times 0.001} \approx 2.72 \times 10^{-6}\,\mathrm{m/s}$$

레이놀즈수 계산:

$$\mathrm{Re} = \frac{d\rho v}{\mu} = \frac{5 \times 10^{-6} \times 1000 \times 2.72 \times 10^{-6}}{0.001} = 1.36 \times 10^{-8} < 1$$

따라서 스토크스 법칙이 적용된다.

(2) 침강 속도는 위에서 계산한 vg ≈2.72×10^−6m/s이다.

2.2.2 원심 침강

원심 침강은 과학 연구 및 생산 실무에서 매우 광범위하게 적용되며, 중요한 비균질 분리 수단이다. 이는 균체, 세포의 분리 및 회수에 사용될 뿐만 아니라 혈구, 세포 내 소기관, 바이러스, 단백질의 분리 작업에서도 핵심적인 역할을 하며, 액상 분리 분야에도 대량으로 응용된다.

2.1.2.1 원심 침강 속도

원심력 F_c는 F_c= $mr\omega^2$ 로 표현될 수 있으며, 여기서 r은 회전 반지름이고 ω는 각속도이다.

원심력의 크기를 측정하는 중요한 지표는 분리 인자 Z로, 원심 가속도와 중력 가속도의 비율로 정의된다.

$$Z = \frac{r\omega^2}{g} = \frac{4\pi^2 N^2 r}{g}$$

여기서 N은 회전 속도(r/s)이다. 분리 계수는 흔히 "×g"로 표시되며, 즉 Zg 형태로 원심력 또는 원심 가속도를 나타낸다. 원심 장비의 회전 반경 r이 클수록, 회전 속도 N이 높을수록 발생하는 원심력은 더 커진다.

원심 침강과 중력 침강은 침강에 작용하는 힘이 다를 뿐이다. 중력 침강 속도 공식에서 g를 Zg로 대체하면 원심 침강 속도 vs를 구할 수 있다.

$$v_s = \frac{2\pi^2 d^2(\rho_s - \rho)N^2 r}{9\mu}$$

또는:

$$v_s = \frac{d^2(\rho_s - \rho)}{18\mu} r\omega^2$$

이 식은 다음과 같이 표현할 수도 있다.

$$v_s = \frac{dr}{dt} = Sr\omega^2$$

여기서 S는 침강 계수(sedimentation coefficient)로, 단위 원심력에서의 침강 속도를 의미하며 단위는 스베드베리(Svedberg, 1S = 10^{-13} s)이다. 침강 계수는 입자의 질량, 모양, 밀도 등과 관련되며, 리보솜 서브 유닛의 명명법(30S, 50S)과 같이 생체 고분자 특성을 나타내는 중요한 매개변수이다.

상기 속도 공식에 대해 적분을 수행하면, 용질이 초기 반경 R1에서 관 바닥 반경 R2까지 침강하는 데 필요한 시간 t를 도출할 수 있으며, 이는 그림 2.5에 표시되어 있다.

$$dt = \frac{dr}{Sr\omega 2}$$

$$\int_{t_1}^{t_2} dt = \frac{1}{S\omega^2}\int_{R_1}^{R_2}\frac{dr}{r}$$

용질이 완전히 침강하는 데 필요한 시간 계산 공식은 다음과 같다.

$$t = \frac{ln(R_2/R_1)}{S\omega^2}$$

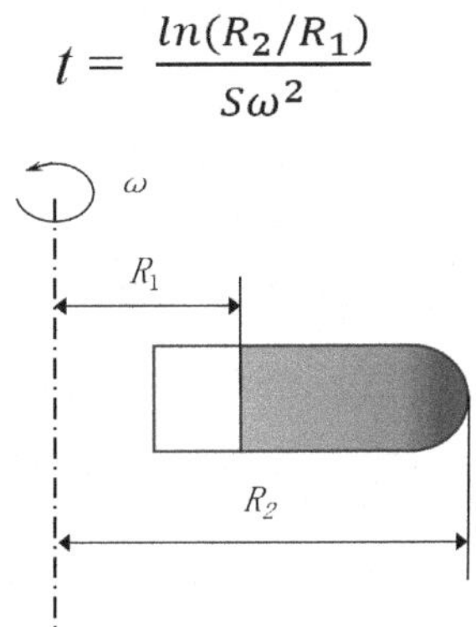

〈그림 2.5〉 용질 원심 침강 개념도

여기서, R_1과 R_2는 각각 회전축 중심에서 시료 액면까지의 수직 거리와 원심관 바닥까지의 수직 거리이다. 이 공식은 원심 조작 시간 예측 및 원심 실험 조건 최적화에 중요한 지침을 제공한다.

【예 2-2】 원심 분리기로 구형 미생물 세포를 분리할 때의 각속도 ω=100r/s, 세포 직경 d=1×10¯5m, 세포 밀도 ρs=1100kg/m³, 배지 밀도 ρs=1100kg/m³, 회전 반경 r=0.1 m이다. 원심 침강 속도 v(s)를 구하고 침강 속도를 높이는 방안을 제시한다.

해석: 원심 침강 속도 공식 vs= $\frac{d^2(\rho_s - \rho)}{18\mu}\omega_2$에 데이터를 대입하면

$$v_s = \frac{(1 \times 10^{-5})^2 \times (1100 - 1050)}{18 \times 0.0015} \times 0.1 \times (100)^2 \approx 1.85 \times 10^{-4}\,\mathrm{m/s}$$

침강 속도 향상 방안으로는: 미립자 직경 d 증가(예: 응집을 통해), 밀도 차이 (ρs−ρ) 증가,

회전 속도 N 증가, 또는 회전 반경 r 증가 등이 있다.

2.1.2.2 원심 분리법

원심 분리법은 물질이 원심력 내에서 운동 행동의 차이에 기반한 분리 기술이다. 생물학적 시료 및 화학적 혼합물의 분리, 농축 및 정제 과정에 널리 적용된다. 핵심 원리는 서로 다른 물질의 침강 계수, 밀도, 형태 등의 물리적 특성 차이를 이용하여 원심 속도와 시간을 제어함으로써 목표 성분의 효과적인 분리를 실현하는 것이다.

① 차속 원심분리: 차속 원심 분리법은 혼합물 내 각 성분의 침강 특성 차이를 기반으로 단계별 분리를 수행하는 일반적인 기술이다. 핵심 원리는 서로 다른 성분의 침강 계수 차이를 이용하여 원심력을 단계적으로 증가시키고, 이에 따라 원심 시간을 조정함으로써 혼합물 내 각 성분이 크기 순서대로 무거운 것부터 가벼운 것까지 단계적으로 침강하여 계층적 분리를 실현하는 것이다. 원심분리 과정에서 침강 계수가 큰 성분(예: 완전한 세포, 세포핵 등)은 상대적으로 낮은 원심력에서도 빠르게 침강한다. 반면 침강 계수가 작은 성분(예: 리보솜, 용해성 단백질 등)은 더 높은 원심력에서 더 오랜 시간 작용해야 침전된다. 동물 조직 균질화 시 세포소기관 분리를 예로 들면, 그림 2.6과 같다. 먼저 낮은 원심력(예: 500-1000×g)에서 단시간 원심분리하여 완전한 세포 및 세포핵 등 최대 입자가 침전되도록 한다. 상층액을 제거한 후 원심력을 중간 수준(예: 10,000-20,000×g)으로 높이고 장시간 원심분리하여 미토콘드리아, 리소좀 등 중간 크기의 입자가 침강되도록 한다. 원심력을 더욱 증가시키고 원심 시간을 연장하면 미립체나 리보솜과 같은 더 미세한 성분도 분리할 수 있다.

차속 원심 분리법은 조작이 간단하고 처리량이 크며 예비 분리에 적합하다는 장점이 있으나, 명백한 한계점도 존재한다: 침강 계수가 유사한 성분은 효과적으로 분리하기 어렵고 분해능이

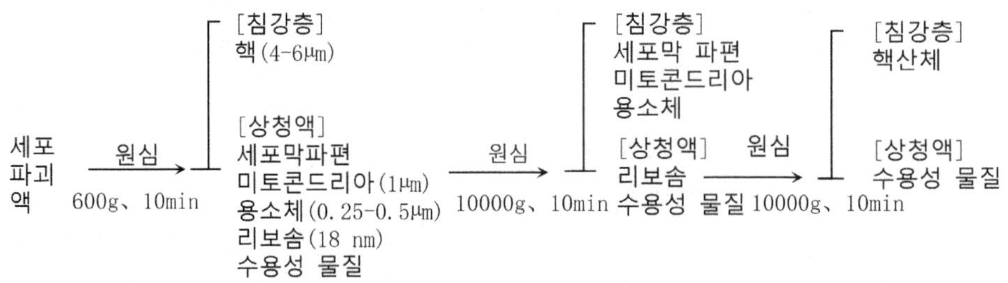

〈그림 2.6〉 세포 분쇄액의 차동 원심분리 분류

제한적이다. 다중 관 교체 및 원심 과정은 시료 손실이나 특정 성분의 생물학적 활성 저하를 초래할 수 있다. 따라서 이 방법은 주로 성분의 거친 분리 및 농축, 또는 후속 정밀 분리를 위한 전처리 단계로 적합하다.

② 구역 원심분리: 구역 원심 분리법은 밀도 구배 매질을 기반으로 한 정밀 분리 기술이다. 원심관 내에 미리 밀도 구배 환경을 조성하여 분리 대상 입자의 운동 특성 차이를 이용해 효과적으로 분리한다. 분리 원리에 따라 다음과 같이 두 가지로 분류된다.

차속 구역 원심분리는 입자의 침강 속도 차이에 따라 분리하는 방법이다. 시료를 사전에 준비된 밀도 구배 매질(예: 자당 또는 글리세롤 용액)에 조심스럽게 첨가하면 용액의 밀도가 튜브 상단에서 하단으로 점차 증가한다. 적절한 원심력 작용 하에 각 성분은 침강 속도 차이에 따라 구배 매질 내에서 서로 분리된 구역을 형성한다. 이 방법은 특히 밀도는 유사하지만 크기나 모양이 다른 입자, 예를 들어 각종 단백질, 핵산 분자 및 세포소기관 등을 분리하는 데 적합하며, 생물학적 거대분자의 중합 상태와 구조 변화 연구에도 활용된다. 주요 장점은 분해능이 높아 침강 계수가 유사한 성분을 구분할 수 있다는 점이며, 주요 한계는 시료 농도에 민감하고 조작 기술 요구도가 높으며 처리량이 제한적이라는 점이다.

평형 구역 원심 분리법은 입자 자체의 밀도 차이에 기반하여 분리한다. 원심관 내 매질의 밀도 구배 범위는 분리 대상 모든 성분의 밀도를 포괄해야 한다. 충분한 시간 동안 원심분리 과정을 거치면 각 성분은 자신의 밀도와 동일한 매질 영역으로 이동하며, 이때 입자가 받는 부력과 원심력이 균형을 이루어 안정된 구역을 형성한다. 이 방법은 서로 다른 구조의 DNA, 단백질-핵산 복합체 등 밀도가 다른 생체 고분자 분리 및 생체 고분자나 세포소기관의 밀도 정밀 측정에 널리 활용된다. 가장 큰 장점은 분해력이 매우 높아 밀도 차이가 극히 작은 성분도 분리할 수 있다는 점이며, 주요 단점은 원심 시간이 길고 장비 안정성에 대한 요구가 엄격하며, 구배 매질의 제조 및 회수 과정이 복잡하다는 점이다.

두 구역 원심법 비교 시, 속도 차 구역 원심분리는 주로 입자의 “침강 속도”에 따라 분리하는 반면, 평형 구역 원심분리는 입자의 “자체 밀도”에 따라 분리한다. 두 방법은 원리와 적용 측면에서 각각 중점을 두며, 실제 적용 시 분리 대상에 따라 적절히 선택해야 한다.

2.1.2.3 원심분리 장비

원심분리 장비는 현대 생화학 실험실과 산업 생산에서 핵심 장비로, 처리 규모와 사용 환경에 따라 주로 실험실용 원심 분리기와 산업용 원심 분리기 두 가지로 분류된다. 실험실용 원심 분리기는 소량·고정밀 분리 요구를 충족시키는 데 중점을 두며 대부분 간헐적으로 작동한다. 회전 속도와 분리 능력에 따라 세 가지 기본 유형으로 구분된다. 저속 원심 분리기는 일반적으로 6000r/min 이하의 속도로 작동하며, 세포·세포핵 등 비교적 큰 입자의 예비 분리에 적합하다. 고속 원심 분리기는 10000-25000r/min의 회전 속도 범위를 가지며, 주로 미생물 세포, 세포소기관 등 중간 크기의 입자 수집에 사용된다. 초고속 원심 분리기는 30000r/min 이상의 회전 속도에 도달할 수 있어 단백질, 핵산 등의 생물학적 거대분자를 효과적으로 분리할 수 있으며, 분자량 측정 등의 정밀 분석에도 활용될 수 있다. 이러한 장비의 분리 효율은 핵심 부품인 로터 설계에 크게 좌우된다. 수평 로터는 작동 시 원심관을 수평 상태로 유지하여 입자가 관의 길이 방향으로 침강하도록 한다. 반면 각도 로터는 원심관과 회전축 사이에 고정된 각도를 형성하여 침강 경로를 단축함으로써 분리 효율을 현저히 향상한다.

산업 생산 분야에서는 처리 능력과 연속 운전 성능이 더욱 중요시되며, 관형 원심 분리기와 디스크형 원심 분리기가 가장 대표적인 두 가지 기종이다. 관형 원심 분리기는 독특한 가늘고 긴 형태의 드럼 구조를 채택하여 20000r/min 이상의 회전 속도를 달성할 수 있으며, 극강의 원심장력을 생성한다. 이 장비는 두 가지 작동 모드를 갖는다. 간헐적 작동 시 고체 입자가 드럼 내벽에 침적되어 정지 후 수동 제거가 필요하며, 연속 작동 시 경상(상층액)은 중앙 배출구로 배출되고 중상(농축액)은 측벽 배출구를 통해 지속해서 배출된다. 이러한 구조적 특징으로 인해 저농도, 분리 어려운 물질 처리(예: 생물제약 공정에서의 바이러스 수집 및 세포 내 생성물 추출 등)에 특히 적합하며, 높은 분리 정밀도와 우수한 정화 효과를 보여준다. 다만 처리량이 제한적이고 간헐적 작동으로 생산 효율에 영향을 미친다는 단점이 있다. 이에 비해 디스크형 원심 분리기는 드럼 내부에 다층 원뿔형 디스크를 설치하여 유효 침강 면적을 매우 증가시킨다. 이로 인해 고체 입자가 극히 짧은 거리 내에서 침강 과정을 완료할 수 있어 물질의 고처리량 연속 처리가 가능해진다. 이러한 특징으로 인해 발효액, 세포 배양액 등 고형분 함량이 높은 물질의 분리 정제에 특히 적합하다. 실제 적용 시 어떤 산업용 원심 장비를 선택할지는 물질의 물리적 특성, 처리 규모 요구사항 및 구체적인 공정 매개변수를 종합적으로 고려해야 한다. 관형 원심 분리기는 탁월한 분리 정밀도로 유명하며, 디스크형 원심 분리기는 강력한 처리 능력으로 두각을 나타낸다.

분리 원리: 회전축과 액체 계면 사이의 거리 $_{r(1)}$, 드럼 내경 $_{r(2)}$를 두고, 원료액이 축 방향으로 흐르며 입자는 반경 방향 원심력의 작용으로 침강하여 궤적이 나선형(그림 2.7 점선)을 이룬다. 유도 과정을 통해 유효 분리 유량(즉, 원심 분리기의 처리 능력)은 다음과 같이 구할 수 있다.

$$Q = vg\frac{\pi L(r_2^2 - r_1^2)\omega^2}{gln(r_2/r_1)}$$

원심 조작 시 r_1과 r_2은 근사적으로 같으므로 위 식은 다음과 같이 단순화된다.

$$Q = vg\frac{2\pi L r_2^2 \omega^2}{g}$$

다음과 같이 설정한다.

$$\Sigma = \frac{2\pi L r_2^2 \omega^2}{g}$$

그러면 다음과 같이 나온다.

$$Q = vg\Sigma$$

Q는 관형 원심 분리기의 생산 능력과 입자, 장비 매개변수 간의 연관성을 반영한다. Σ는 원심 침강 면적으로, 원심 분리기 구조와 운전 조건의 함수이다.

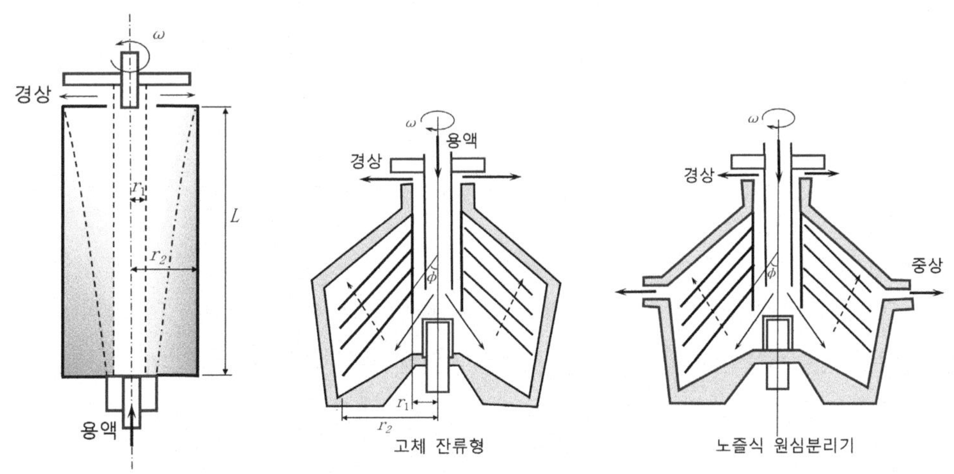

〈그림 2.7〉 관형 원심 분리기

〈그림 2.8〉 디스크형 원심 분리기

디스크형 원심 분리기는 산업 분리의 핵심 장비로 드럼 내부에 수십 개에서 수백 개의 원뿔형 디스크가 중첩되어 있으며, 원뿔 정점 각은 60°~100°, 간격은 0.5~2.5mm로 침강 면적을 매우 증가시켜 처리 능력을 향상한다(그림 2.8). 디스크식 원심 분리기는 구조가 복잡하며, 원심 회전수는 일반적으로 관식 원심 분리기보다 낮아 약 1×10^4 r/min이다.

분리 원리: 원료액은 중앙 입구로 유입되어 디스크 하단 액체 분배공을 통해 디스크 간극으로 분배된다. 입자는 원심력과 대류 작용 하에 디스크 내측 표면을 따라 드럼 벽면으로 침강하며, 경량 상 액체는 반대 방향으로 이동하여 드럼 목부 배액구로 배출된다. 디스크 외경 r_1, 내경 r_2, 디스크 수 n, 경사각 φ를 두고 도출한 원심 침강 면적은 다음과 같다.

$$\Sigma=\frac{2\pi n\left(r_2^3-r_1^3\right)\omega^2}{3gtan\phi}$$

처리 능력은 다음과 같다.

$$Q = vg\Sigma$$

Σ(vg 입자의 최종 침강 속도)로, 이는 장비의 분리 능력과 디스크 구조, 운전 매개변수 간의 관계를 나타낸다.

상기 식은 처리 능력의 이론값이며, 실제 처리 능력에는 보정 계수 ξ를 도입하여 실제 처리 능력 Q는 다음과 같다.

$$Q = \xi vg\Sigma$$

ξ는 실험을 통해 측정해야 하며, 장비의 실제 효율을 반영한다. 원심 분리기의 증폭 설계에는 동일 보정 계수법을 적용할 수 있다. 두 대의 원심 분리기의 처리 능력이 Q_1, Q_2이고, 원심 침강 면적이 $\Sigma1$, $\Sigma2$라면 다음 조건을 만족한다.

$$\xi = \frac{Q_1}{v_g\Sigma_1}= \frac{Q_2}{v_g\Sigma_2}$$

따라서 $\Sigma_2 = \Sigma_1 \dfrac{Q_2}{Q_1}$

【예 3.4】 실험실에서 관형 원심 분리기로 단백질 용액을 분리할 때 드럼 내경 r=2.5cm, 드럼 높이 L=15cm, 회전 속도 n=15000r/min이다. 단백질 입자 밀도 ρs=1.35g/cm^3, 용액 밀도 ρ=1.05g/cm^3, 점도 μ=1.2cP, 중력 침강 속도 vg=2×10^{-6}cm/s이다.

(1) 이 원심 분리기의 원심 침강 면적 Σ를 계산한다.

(2) 보정 계수 ξ=0.8일 때 실제 처리 능력 Q를 구하라(결과는 소수점 둘째 자리까지 표시).

해석:

(1) 관형 원심 분리기의 원심 침강 면적 공식은 다음과 같다. 여기서 각속도, 중력 가속도 g=980cm/s(2)이다.

(2) 실제 처리 능력 공식: Q=ξvgΣ 데이터 대입: Q=0.8×2×10^−6× 1.48×10^6 =2.37cm^3/s이다.

2.3 본 장 요약

고액 분리는 생물 분리 공학에서 필수적인 기초 단계로, 핵심 과제는 발효액, 세포 배양액과 같은 복잡한 생물계에서 목표 생성물을 효과적으로 분리하는 데 있다. 본 장에서는 여과와 원심분리를 대표로 하는 고전적 분리 기술을 체계적으로 설명하였다. 여과는 다공성 매체를 이용한 물리적 분리 과정으로, 그 효율은 여과 케이크 특성과 원료 성질에 크게 영향을 받으며, 가열, 응집 및 여과 보조제 첨가 등의 전처리 방법으로 여과 성능을 현저히 개선할 수 있다. 판형 여과기, 잎형 여과기 등의 장비는 각각 다른 규모와 공정 요구사항의 분리 시나리오에 적용된다. 원심 기술은 강력한 원심장력을 이용해 입자 침강을 가속하며, 그 분리 효율은 분리 계수 등의 매개변수로 정량화된다. 차속 원심분리와 구역 원심분리는 거친 분리부터 정밀 분급까지의 기술 체계를 구성하며, 관형 원심 분리기와 디스크형 원심 분리기는 각각 고정밀 분리 및 대규모 연속 처리라는 서로 다른 공 업적 요구를 충족시킨다.

분리 과정의 내재적 메커니즘을 이해하는 것은 공정 최적화의 핵심이다. 여과 속도 모델은 작동 압력, 여과 케이크 구조와 여과 효율 간의 내재적 연관성을 명확히 밝혔으며, 스토크스 법칙과 그 원심장 내 확장 형태는 침강 분리에 이론적 기반을 제공한다. 이러한 원리는 생물학적 물질의 압축성, 고점도 등의 특성이 분리 과정에 미치는 제약을 설명할 뿐만 아니라, 전처리 전략 수립과 분리 장비 선정에도 지침을 제시한다. 단순한 중력 침강부터 정밀한 밀도 구배 원심 분리까지, 분리 기술 선택은 본질에서 분리 정밀도, 처리 효율 및 비용 효율성 사이의 최적 균형을 추구하는 것이다.

고액 분리 기술의 성공적 적용은 물질 특성에 대한 깊은 이해, 분리 원리의 정확한 파악 및 장비의 합리적 선정 및 최적화에 달려 있다. 이 단위 조작의 품질은 후속 정제 단계의 공급 조건과 전체 다운스트림 공정 수율 및 비용에 직접적인 영향을 미친다. 생물공학 기술의 발전에 따라 분리 효율, 정밀도 및 생물학적 활성 유지에 대한 요구가 지속해서 높아지면서 새로운 여과 매체, 원심 장비 및 지능형 제어 전략의 지속적인 발전을 촉진하고 있다.

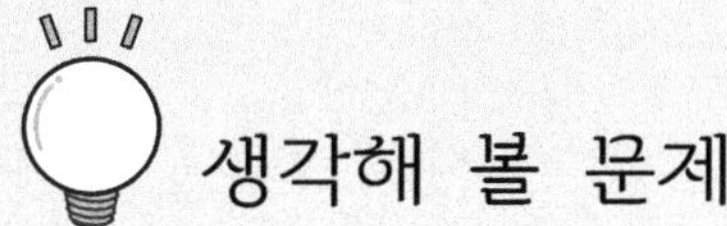

생각해 볼 문제

여과와 원심분리라는 두 가지 고액 분리 방법의 원리, 적용 시나리오 및 생물학적 물질에 대한 적응성 측면에서의 주요 유사점과 차이점을 비교해 본다.

왜 생물 발효액의 여과 과정은 종종 전처리가 필요한가? 가열, 응집 및 여과 보조제 첨가라는 세 가지 전처리 방법의 작용 메커니즘과 적용 조건을 설명한다.

스토크스 법칙에 따라 입자의 중력 침강 속도와 원심 침강 속도에 영향을 미치는 핵심 요인을 분석하고, 왜 원심 침강이 미생물 세포와 같은 미세 입자 분리에 더 적합한지 설명한다.

차속 원심분리와 밀도 원심분리는 원리와 응용 측면에서 어떤 차이가 있는가? 각각 어떤 생물학적 성분의 분리에 적합한지 설명한다.

항생제 발효액(균사체가 미세하고 점도가 높음)의 세포체 수집 공정에 적합한 고액 분리 장비를 선정해야 한다. 본 장의 지식을 바탕으로 장비 선정 논증 방안을 제시하고, 주요 고려 요소를 설명한다.

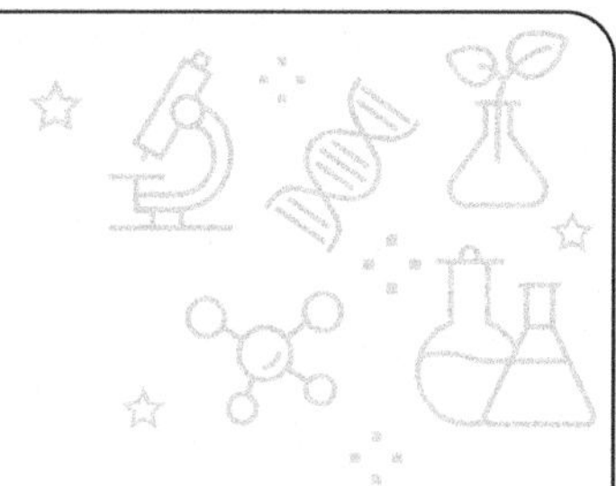

3. 세포 분쇄

생명공학 분야에서 페니실린 효소, 알칼리성 인산 분해 효소 등의 세포 내 효소와 대부분의 외래 유전자 발현 산물, 식물 세포 2차 대사 산물 등 고부가가치 산물 다수가 배양 후에도 세포 내에 잔류한다. 이를 위해 먼저 균체 또는 세포를 수집한 후 세포 분쇄를 시행하여 목표 산물이 선택적으로 액상으로 방출되도록 해야 한다. 세포 및 그 파편을 원심분리 등의 고액 분리 방법으로 제거한 후 얻어진 상층액만이 후속 분리 정제 공정으로 진입할 수 있다. 따라서 세포 분쇄는 상류 배양과 하류 정제를 연결하는 핵심 단계이며, 그 효율성과 선택성은 전체 생물공정 공정성 및 경제성에 직접적인 영향을 미칩니다.

3.1 개요

세포 분쇄는 다중적인 도전에 직면한다. 한편으로는 서로 다른 유형의 세포 간 세포벽 구조 차이가 현저하다. 예를 들어, 그람 양성균의 세포벽은 두껍고 주로 다층 펩티도글리칸으로 구성되며, 가교 정도가 높고 기계적 강도가 크다. 그람 음성균의 세포벽은 상대적으로 얇지만, 지다당류, 인지질 및 단백질로 구성된 복잡한 외막 구조를 지녀 분쇄 난도를 높인다. 반면 식물 세포는 셀룰로스, 헤미셀룰로스 및 펙틴으로 구성된 단단한 세포벽을 가지며, 액포 등의 세포 기관을 포함하고 있어 분쇄 과정에서 목표 산물의 손상을 방지해야 한다. 진균 세포의 세포벽은 키틴질, 글루칸 등의 성분으로 구성되어 구조가 견고하고 일정한 탄성을 지닌다. 한편, 세포 내 산물의 안정성도 세포 분쇄 과정에 엄격한 요구사항을 제시한다. 단백질, 효소 등 많은 생물활성 물질은 온도, pH 값, 전단력 등에 민감하여 분쇄 과정에서 조건을 적절히 제어하지 못하면 생성물이 변성·비활성화되거나 세포 내 다른 효소에 의해 분해되어 후속 추출 및 응용에 영향을 미칠 수 있다.

세포 분쇄는 세포 내 생물학적 산물을 획득하는 핵심 공정 단계로, 그 핵심 원리는 물리적·화학적·생물학적 수단을 통해 세포의 막 구조를 파괴하고 투과성을 변화시켜 세포 내 물질을 액상으로 방출시키는 데 있다. 주요 기계적 장벽인 세포벽의 구조와 구성 차이는 다양한 분쇄 방법 선택의 근본적 근거가 된다. 고압 균질화나 비드 밀링 같은 기계적 방법은 전단력과 충격력을 이용해 세포를 직접 분쇄한다. 화학적 방법은 시약을 이용해 세포벽 구성 성분을 녹이고, 효소적 방법은 세포벽을 특이적으로 분해하여 온화한 분쇄를 실현한다. 실제 생산에서는 기계적 방법과 화학적 방법을 병용하는 것이 효과적인 전략으로, 이는 분쇄 효율을 향상하고 순수 기계적 전단이 표적 산물에 미치는 잠재적 손상을 경감시킨다. 분쇄 자체가 목적이 아니라 후속 분리정제를 위한 조건을 마련하는 수단임을 명심해야 한다. 따라서 분쇄 효과 평가의 핵심은 목표 산물의 방출 속도와 수율에 있다. 이 과정은 세포 종류, 산물 위치, 분쇄 방법 등 다양한 요인의 복합적 영향을 받아 단일 수학적 모델로 정확히 설명하기 어렵다. 따라서 구체적인 사례에 따라 실험적 최적화와 전략적 조합을 통해 효율적이고 제어 가능한 산물 방출을 실현해야 한다.

3.2 세포 분쇄 방법

3.2.1 기계적 방법

생물학적 제제의 대규모 생산에서 세포 내 생성물을 효율적으로 획득하는 것은 다운스트림 공정의 핵심 단계이다. 다양한 분쇄 기술 중 기계적 분쇄법은 처리량 대량, 분쇄 효율성 높음, 속도 빠름, 선형 증폭 용이성 등의 뚜렷한 장점으로 인해 산업 규모에서 가장 널리 적용되는 주류 기술이 되었다. 기계적 분쇄의 핵심 원리는 세포 현탁액에 압착, 전단, 충돌 등의 격렬한 물리적 작용력을 가해(그림 3.1 참조) 세포벽과 세포막의 기계적 강도를 극복하여 파열시키는 데 있다. 그러나 세포 자체가 탄성을 지닌 미세 구조이므로 분쇄가 어렵다. 또한, 목표 산물의 생물학적 활성을 유지하기 위해 전체 공정은 일반적으로 온도 제어 조건에서 수행되어야 한다. 이러한 도전 과제는 분쇄 장비의 구조 설계에 특별한 요구사항을 제시하며, 다양한 적용 시나리오에 대응하는 여러 기계적 분쇄 기술의 출현을 촉진했다.

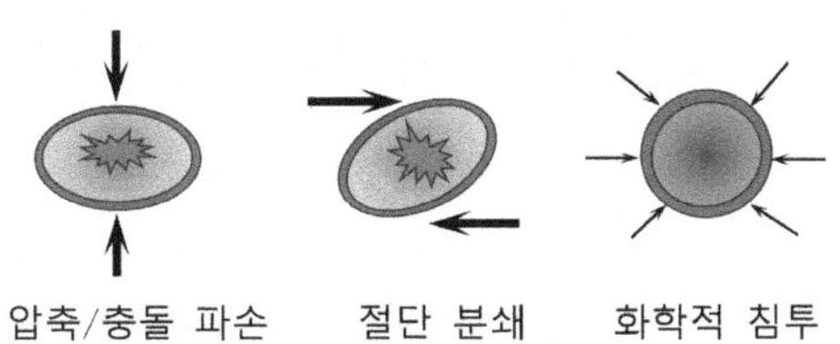

〈그림 3.1〉 세포 분해 메커니즘

3.2.1.1 고압 균질화법

고압 균질화법은 산업 규모 세포 분쇄에서 가장 널리 적용되는 기계적 방법의 하나로, 고효율, 연속성, 선형 확장의 용이성이라는 탁월한 장점으로 생물제약, 효소 제제 등 대규모 생산에서 핵심적 위치를 차지한다. 그 작동 원리는 다음과 같다. 세포 현탁액이 고압 펌프에 의해 구동되어(작동 압력은 일반적으로 50-200MPa) 균질화 밸브의 극도로 좁은 통로를 강제로 통과하며, 이 과정에서 세 가지 기계적 힘이 협동 작용하여 세포를 분쇄한다. 첫째, 유체가 미세한 틈새 내에서 극히 높은 유속을 얻어 강력한 전단력을 발생시켜 세포를 당기고 찢는다. 둘째, 고속 유동이 충격링에 직접 충돌하여 격렬한 운동량 변화를 일으킨다. 마지막으로, 세포가 고압 영역에서 순간적으로 상압 영역으로 진입할 때 세포 내 압력으로 인해 액체가 기화되어 기포를 형성한 후 즉시 붕괴하며, 이는 강력한 캐비테이션 효과를 발생시켜 세포 구조를 내부에서 파괴한다(그림 3.2 참조).

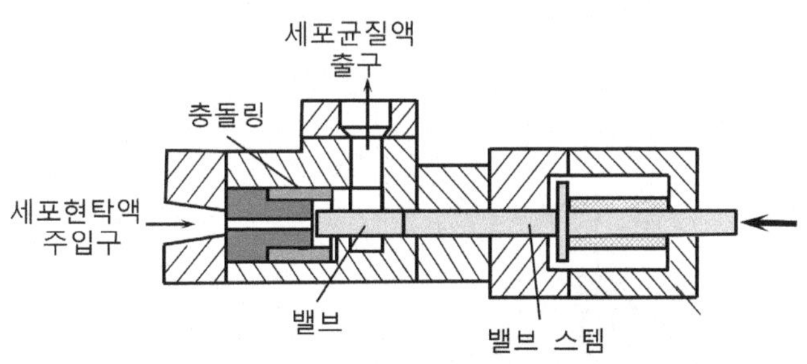

〈그림 3.2〉 고압 균질기 구조도

이 방법의 분쇄 효율은 경험적 동역학 모델을 통해 정량적으로 추정할 수 있다.

$$S = 1 - e^{[-k(\Delta p)^a N]}$$

여기서, S는 목표 생성물 방출률(0-1), Δp는 작동 압력(MPa), N은 현탁액이 균질화 밸브를 통과하는 순환 횟수, k는 세포 종류 및 생리 상태와 관련된 분쇄 상수(예: 대장균의 경우 일반적으로 0.1-0.3), a는 압력에 민감한 경험적 지수(일반적으로 1.5-2.5)이다. 예를 들어, 대장균 분쇄 시 k=0.2, a=2를 설정하고 Δp=80MPa 조건에서 N=3회 순환 시 이론적 분쇄율 S는 약 95%에 달할 수 있다.

실제 산업 적용 시에는 고유한 열 효과와 세포 특성이 초래하는 문제를 반드시 고려해야 한다. 균질화 과정은 상당한 열을 발생시키며, 온도 상승은 약 2-3℃/10MPa이다. 따라서 열에 민감한 제품의 경우 원료액 사전 냉각 및 단계 간 냉각 조치를 반드시 시행해야 한다. 동시에 세포의 종류, 성장 단계 및 농도는 분쇄 효과에 상당한 영향을 미친다. 성장 속도가 느린 세포는 세포벽이 더 두껍고 견고하여 분쇄 상수 k값이 낮아져 분쇄 난도가 증가한다. 또한, 이 기술은 주로 박테리아, 효모 등의 단일 세포 현탁액에 적용되며, 덩어리 형태나 실 모양 미생물의 경우 막힘 현상을 유발하기 쉬워 적용성이 제한된다. 따라서 작동 압력, 순환 횟수 및 냉각 전략을 최적화하는 것이 분쇄 효율과 제품 활성 사이의 균형을 맞추는 핵심이다.

3.2.1.2 구슬 분쇄법

구슬 분쇄법은 연마 매체와 세포 간의 상호 마찰 및 충돌 작용을 통해 세포 분쇄를 실현하는 고전적인 기계적 방법이다. 핵심 장비인 비드 밀은 산업 생산에서 중요한 역할을 하며, 장비 내부에 다량의 유리구슬, 지르코니아 등 연마 매체가 채워져 있다. 교반기가 고속으로 회전할 때 연마 구슬과 세포 현탁액을 격렬하게 움직이게 하여 지속적인 충돌과 전단력을 통해 세포벽과 세포막 구조를 파괴한다(그림 3.3 참조).

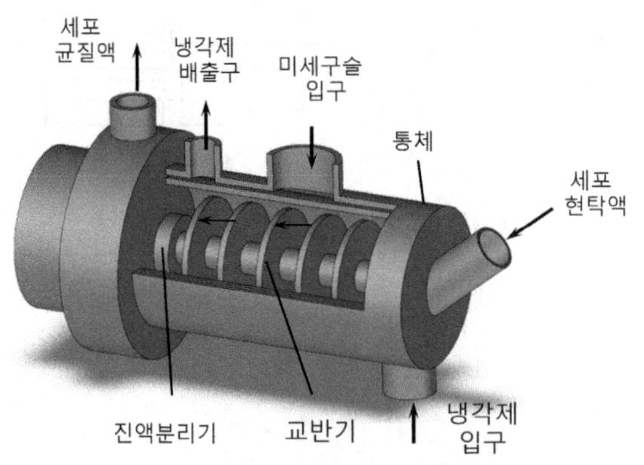

〈그림 3.3〉 구슬 연마기 구조 개략도

이 과정의 분쇄 효율은 일반적으로 1차 동역학 모델을 따르며, 수학적 표현 공식은 다음과 같다.

$$\ln\frac{1}{1-S} = ktN$$

S는 목표 산물의 방출률을 나타내며, 그 값은 0-1 사이이다. k는 분쇄 속도 상수로, 이 상수는 장비 매개변수 및 세포 자체 특성과 밀접한 관련이 있다. 예를 들어, 효모 세포의 경우 일반적으로 분당 0.1-0.3 범위 내에 있다. t는 단일 분쇄 시간을 나타내며, N은 순환 분쇄 횟수를 나타낸다.

구형 분쇄기의 분쇄 효율은 세포의 기계적 강도에 크게 영향을 받는다. 대수 성장기 세포는 세포벽이 얇고 구조가 상대적으로 느슨하여 분쇄 속도 상수 k값이 일반적으로 세포벽이 더 두껍고 교차 결합이 더 밀접한 느린 성장기 세포보다 높다.

연마 매체의 입자 크기 선택은 분쇄 효과에 결정적인 영향을 미친다. 입자 크기가 너무 크면 단위 부피당 유효 충돌 횟수가 부족해지고, 입자 크기가 너무 작으면 개별 연마 구슬의 운동 에너지가 제한적이며 응집 현상이 발생하기 쉬워 마찬가지로 분쇄 효율이 저하된다. 실험 결과에 따르면 세포 유형에 따라 최적 입자 크기 범위가 존재한다. 예를 들어, 맥주 효모 분쇄 시 0.3~0.5mm 미세 구슬을 사용하면 약 95%의 세포벽 파쇄율을 얻을 수 있으며, 대장균 처리 시에는 0.2~0.4mm 입자 크기가 적절하여 파쇄율이 80~90%에 달한다. 이러한 입자 크기 최적화는 분쇄 효과와 에너지 소비, 매체 손실 등 다양한 요소를 효과적으로 균형 잡을 수 있다.

구슬 연마 기술의 두드러진 장점은 광범위한 적용성과 고효율 분쇄 능력에 있으며, 습도 중량 농도 40~50%에 달하는 세포 현탁액 처리뿐만 아니라 박테리아, 효모, 미세조류 및 식물 세포 등 다양한 유형에 대해 우수한 효과를 나타낸다. 회전 속도, 구경, 처리 시간 등의 매개변수를 정밀하게 조절함으로써 분쇄 정도를 세밀하게 제어할 수 있으며, 생성물 방출률은 일반적으로 90% 이상에 달한다. 밀폐형 시스템 설계는 무균 작업 환경에 특히 적합하며, 실험실 규모부터 산업 규모까지 우수한 확장성을 갖췄다. 그러나 이 방법에는 몇 가지 뚜렷한 한계가 존재한다. 작동 중 발생하는 열량이 상당히 커서 전형적인 온도 상승은 10분당 5~15℃에 달하므로 열에 민감한 산물을 보호하기 위해 효과적인 냉각 시스템이 필수적이다. 고강도 전단력이 세포 소기관 손상이나 DNA 절단을 유발할 수 있다. 분쇄 매체 마모로 인한 불순물 오염 가능성; 단위 처리당 에너지 소비량이 고압 균질화법보다 30~50% 높으며, 장비 투자 및 유지보수 비용도 상대적으로 높다. 이러한 특성으로 인해 구슬 분쇄법은 고효율 분쇄 능력을 갖추고 있으면서도 구체적인 적용 시 경제적 효과와 기술적 실현 가능성을 종합적으로 고려해야 한다.

3.2.1.3 분무 충돌 분쇄

분무 충돌 분쇄는 유체 역학 원리에 기반한 고효율 세포 기계적 분쇄 기술로 그림 3.4와 같다. 핵심 과정은 세포 현탁액이 고압 펌프로 공급되어 운동 에너지를 획득한 후 특수 노즐을 통해 고속 마이크로미터급 액 제트류를 형성한다. 이 제트류는 고정된 타겟판에 충돌하거나 반대 방향의 고속 제트류와 중심 충돌을 일으킨다. 충돌 순간, 액의 운동 에너지는 급격히 소산되며 극도의 충격력, 전단력 및 캐비테이션 효과를 발생시킨다. 이러한 기계적 응력이 액 내 세포에 공동 작용하여 세포벽/세포막을 파열시키고, 이에 따라 세포 내 물질이 방출된다.

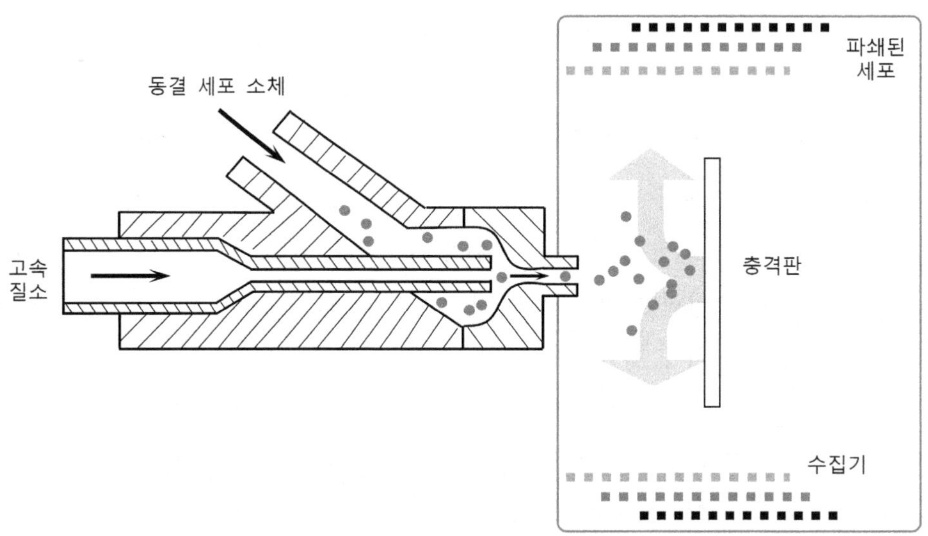

〈그림 3.4〉 분무 충격 분쇄 구조 개략도

이 기술은 고효율 저소비, 공정 밀폐 무오염, 온도 상승이 적고 조작이 제어 가능하다는 등 다방면의 특징을 지닌다. 충돌 순간의 에너지 집중 방출을 활용하여 극단적으로 짧은 시간 내에 세포 분쇄를 완료할 수 있으며, 지속적 작용이 필요한 기계적 방법과 비교하면 단위 에너지 소비량이 현저히 낮다. 분쇄 과정이 완전 밀폐 시스템 내에서 진행되어 연마 매질 첨가가 불필요하며, 이는 매질 잔류물에 의한 제품 오염을 근본적으로 방지하고 매질 소모 비용도 제거한다. 작용 시간이 극히 짧아 분쇄 과정에서 발생하는 열이 매우 적어 단백질, 효소 등 온도에 민감한 생물학적 활성 물질을 효과적으로 보호할 수 있다. 또한, 장비 핵심 구조가 단순(주로 노즐과 충돌판)하여 유지보수가 용이하며, 작동 압력, 유속 및 충돌 각도 등의 매개변수를 조절하여 분쇄 강도를 유연하게 제어함으로써 다양한 처리 요구에 대응할 수 있다.

응용 측면에서 분무 충돌 분쇄 기술은 적용 범위가 넓다. 특히 박테리아, 효모 등 미생물 세포 분쇄에 적합하며, 고농도 균체 현탁액 처리에도 우수한 성능을 보인다. 생물제약, 효소 공학 및 식품 생물기술 등 분야에서 열에 민감한 생물학적 제품 처리의 핵심 단위 조작 중 하나로 자리매김하며 중요한 산업적 응용 가치를 입증하고 있다.

3.2.1.4 초음파 분쇄법

초음파 분쇄법은 고주파 기계파 에너지를 이용해 세포를 분쇄하는 물리적 기술이다. 초음파가 세포 현탁액 내에서 전파될 때, 그 종파는 액체 매질 내에서 주기적인 압축과 팽창을 유발하여 다량의 미세 캐비테이션 기포를 생성한다. 이러한 기포들은 음장 작용 하에 형성, 성장 및 격렬한 붕괴라는 순간적 과정을 거치며, 붕괴 순간 국부적으로 수천 기압에 달하는 충격 압력과 수백 도의 고온을 발생시킬 수 있다. 이러한 강력한 캐비테이션 효과로 생성된 충격파와 고속 미세 분사는 세포 구조에 기계적 손상을 가하며, 이는 초음파 분쇄의 주요 작용 메커니즘이다.

이 방법의 분쇄 효율은 여러 요인의 복합적 영향을 받는다. 초음파의 출력 전력 및 강도는 캐비테이션 효과의 강약을 직접 결정하며, 일반적으로 효과적인 에너지 입력 임계값이 존재한다. 초음파 작용 시간은 분쇄 효과와 양의 상관관계를 보이지만, 지나치게 긴 처리 시간은 용액 온도의 현저한 상승을 초래할 수 있다. 세포 현탁액의 부피, 농도 및 점도 역시 에너지 전달 효율에 영향을 미치며, 일반적으로 작은 부피와 낮은 점도에서 더 우수한 분쇄 효과를 얻을 수 있다. 또한, 초음파 프로브의 형상과 재질, 그리고 세포 유형 자체의 기계적 강도 역시 고려해야 할 핵심 매개변수이다.

초음파 분쇄법은 실험실 규모 적용에서 독특한 장점을 보인다. 장비 구조가 상대적으로 단순하고 조작 절차가 숙달하기 쉬운데, 특히 밀리리터에서 리터 규모의 시료 처리에 적합하다. 초음파 파라미터 조절을 통해 분쇄 정도를 어느 정도 제어할 수 있어 다양한 실험 요구를 충족시킨다. 이 방법은 효모균 등 단단한 세포벽을 가진 미생물에 대해 우수한 분쇄 효과를 보이며, 조직 균질화 및 나노물질 분산 등 분야에서도 폭넓게 활용된다.

그러나 이 방법은 산업화 적용에서 뚜렷한 한계가 존재한다. 가장 큰 제약 요인은 에너지 효율이 낮다는 점으로, 초음파 에너지가 전달 과정에서 대량으로 열에너지로 전환되어 시료 온도가 급격히 상승하므로 외부 냉각 시스템에 의존하여 저온 환경을 유지해야 한다. 현재 초음파 장비의 출력은 제한적이며, 처리 용량이 산업 생산의 대규모 수요를 충족시키기 어렵다. 장시간의 초음파 처리는 자유 라디칼 생성을 유발할 수 있으며, 이는 특정 생물 활성 물질에 산화 손상을 초래할 수 있다. 이러한 특성으로 인해 초음파 분쇄법은 주로 실험실 연구, 공정 최적화 탐색 및 소량 제조 등에 적용되며, 대규모 생물 제조 과정에서는 일반적으로 우선 선택 방안으로 고려되지 않는다.

종합하면, 기계적 분쇄 방법의 선택은 세포 유형, 생성물 특성, 생산 규모 및 경제적 비용 등 다중 요소를 종합적으로 고려하여 목표 생성물의 효율적이고 고품질의 방출을 실현해야 한다.

3.2.2 화학적 방법

화학적 분쇄법은 화학 시약이 세포 구조 성분과 상호작용하여 세포벽과 세포막의 완전성을 파괴하는 핵심 기술이다. 이러한 방법은 일반적으로 격렬한 기계적 힘을 의존하지 않으며, 조작 조건이 상대적으로 온화하여 전단력에 민감한 목표 산물의 방출에 적합하다.

알칼리 처리법은 수산화나트륨 등의 고농도 알칼리 용액을 세포에 작용시켜 강력한 비누화 반응을 통해 지질 이중 층 및 단백질 구조를 파괴함으로써 세포벽과 세포막이 신속히 분해되도록 한다. 이 방법은 비용이 저렴하고 분쇄 효과가 뛰어나지만, 강알칼리성 환경은 대부분의 생체 고분자를 변성·비활성화시키기 쉬우므로 알칼리 내성이 강한 제품 체계에만 적용되며, 처리 후 즉시 중화 작업을 수행하여 반응을 중단해야 한다.

지용법은 톨루엔, 아세톤 또는 클로로폼 등의 유기 용매를 분쇄 매질로 사용한다. 이러한 용매는 세포막 내 지질 성분을 효과적으로 침투 및 녹여 막 구조의 완전성을 파괴한다. 이 방법은 지질 함량이 높은 세포에 효과적이지만, 유기 용매가 일반적으로 독성과 휘발성을 지니기 때문에 작업 안전성에 대한 요구가 높을 뿐만 아니라 잔류물이 제품을 오염시킬 수 있어 후속 공정에서 완전히 제거해야 한다.

효소 분해법은 생물학적 효소의 높은 특이성에 기반하여 세포벽의 핵심 구성 성분을 선택적으로 가수분해함으로써 방향성 분쇄를 실현한다. 예를 들어, 리소자임은 박테리아 세포벽의 펩티도글리칸 네트워크를 분해할 수 있으며, 셀룰라아제와 펙티나제는 식물 세포벽의 구조적 다당류 분해에 적합하다. 이 방법은 온화한 pH 및 온도 조건에서 진행되어 세포 내 산물의 생물학적 활성을 최대한 유지할 수 있지만, 효소 제제의 높은 비용, 긴 처리 시간 및 정밀한 반응 조건 제어 필요성으로 인해 적용이 제한된다.

증용법은 나트륨 도데실 황산염(SDS)이나 툭신(Tween) 등의 계면활성제로 세포를 처리한다. 이러한 양 친매성 분자는 세포막 지질 이중 층에 삽입되어 콜레슘 형성 등을 통해 막 구조를 파괴함으로써 세포 내 물질의 방출을 촉진한다. 이 방법은 특히 막 결합 단백질이나 세포소기관 추출에 적합하지만, 계면활성제가 표적 산물과 결합할 수 있으며 제거가 어려워 후속 분리 정제 공정에 어려움을 초래할 수 있다.

화학적 분쇄법은 각각 특성이 다르므로 실제 적용 시 세포 특성, 목표 산물의 성질 및 공정 경제성을 종합적으로 고려해야만 효율적이고 제어 가능한 세포 분쇄 및 산물 방출을 실현할 수 있다.

3.2.3 기타 방법

기계적 방법과 화학적 방법 외에도 세포 분쇄는 다양한 원리에 기반한 다른 방법들로도 실현될 수 있으며, 이러한 방법들은 일반적으로 온화한 조건, 높은 특이성 또는 시너지 효과를 특징으로 한다.

물리 화학적 결합법은 기계적 힘과 화학 시약을 병용하여 시너지 효과를 달성한다. 예를 들어, 고압 균질화 또는 초음파 처리 전에 세포 현탁액에 적정량의 계면활성제나 효소 제제를 사전 첨가하면 세포벽의 구조적 강도를 현저히 약화해 후속 기계적 처리에서 더 낮은 에너지 투입으로 효율적인 분쇄를 실현할 수 있으며, 동시에 강한 전단력이 표적 산물의 활성에 미치는 손상을 줄일 수 있다. 이 전략은 화학적 방법의 사전 이완 작용과 기계적 방법의 고효율 분쇄 능력을 유기적으로 결합하여 총 효율을 높이는 동시에 산물의 안정성을 고려한다.

생물학적 방법에서는 효소 분해법 외에도 파지나 박테리오파지 등의 생물학적 제제를 이용해 세포를 분쇄할 수 있다. 이러한 생물학적 거대분자는 표적 세포의 세포벽이나 세포막에 있는 특정 성분을 매우 특이적으로 인식하고 작용하여 효소 분해나 통로 형성 등의 방식으로 세포를 파열시킨다. 이 방법은 작용 조건이 매우 온화하여 세포 내 산물의 생물학적 활성을 최대한 보호할 수 있으며, 특이성이 매우 강하다. 그러나 이러한 생물학적 제제는 일반적으로 비용이 많이 들고 공급원이 제한적이며 작용 범위가 좁아, 현재 주로 실험실 연구나 고부가가치 제품 제조에 국한되어 있으며 산업 규모 적용에는 아직 널리 보급되지 않고 있다.

삼투 충격법은 물리적 원리에 기반한 온화한 분쇄 기술이다. 그 조작은 두 단계로 나뉜다. 먼저 세포를 고삼투 용액에 넣어 세포 내 수분이 외부로 빠져나가게 하여 세포질이 수축하고 세포벽과 분리되도록 한다. 이후 이를 신속히 저삼투 용액이나 증류수로 옮기면 세포는 외부 수분이 급속히 유입되면서 급격히 팽창하여 결국 터져버린다. 이 방법은 조작이 간편하고 열 손상이나 화학적 오염을 유발하기 어려워 특히 세포벽이 취약하거나 세포벽이 없는 세포 유형(동물 세포 및 일부 그람 음성균 등)에 적합하다. 그러나 견고한 세포벽 구조를 가진 미생물(효모, 곰팡이 및 대부분의 식물 세포)에는 효과가 제한적이어서 적용 범위가 다소 제한된다.

3.3 세포 파쇄 방법의 선택과 적용

생물 분리 공학 실무에서 세포 분쇄 방법 선택은 종합적인 균형을 고려해야 하는 체계적인 의사 결정 과정이다. 핵심은 특정 적용 시나리오에 따라 분쇄 효율, 산물 활성 보호 및 공정 경제성 사이에서 최적의 균형점을 찾는 데 있다. 결정 시 가장 먼저 고려해야 할 사항은 세포 유형과 그 벽막 구조 특성이다. 예를 들어, 견고한 펩티도글리칸층을 가진 세균은 고압 균질화나 리소자임 처리를 자주 사용하며, 셀룰로오스가 풍부한 식물 세포는 분쇄와 셀룰라아제 협동 파쇄가 더 적합하다. 목표 산물의 물리 화학적 특성 역시 매우 중요하며, 특히 전단력, 온도 및 화학적 환경에 대한 민감도가 핵심이다. 세포소기관 내에 존재하는 산물은 종종 단계적 분쇄 전략을 설계해야 하는데, 먼저 세포막을 온화하게 분쇄한 후 세포소기관을 표적 처리하는 방식이다. 이는 아세포 구조의 완전성 유지와 후속 분리 효율에 결정적인 의미를 지닌다.

생산 규모와 경제적 효과는 선택 방법의 또 다른 중요한 차원을 구성한다. 산업화 생산은 일반적으로 고압 균질화 등 높은 효율성과 우수한 경제성을 겸비한 기술을 먼저 고려하며, 그 연속적 운영 특성과 강력한 처리 능력은 대규모 제조 수요를 충족시킬 수 있다. 반면 실험실 규모에서는 방법의 유연성과 온화한 조건을 더 중시하여 초음파 분쇄나 효소 분해 소화 등 생성물 활성 유지에 더 유리한 방안을 자주 선택한다. 주목할 점은 서로 다른 원리의 분쇄 기술을 유기적으로 조합하는 것이 전체 효율을 높이는 혁신적 경로가 되었다는 것이다. 이러한 시너지 전략은 단일 방법의 한계를 극복할 뿐만 아니라 장점의 상호 보완을 통해 더 우수한 공정 성능을 실현할 수 있다.

페니실린 아실화 효소의 산업화 생산을 예로 들면, 그 대표적 공정에서는 고압 균질화 기술로 대장균 세포를 처리한다. 100~150MPa 압력 하에서 다단계 순환 분쇄를 수행함으로써 80~90%의 세포 분쇄율을 달성할 수 있으며, 이를 통해 세포 내 효소를 효율적으로 방출하고 생물학적 활성을 유지함으로써 후속 정제 공정에 견고한 기반을 마련한다. 반면 식물 활성 성분 추출 분야에서는 일반적으로 효소 분해와 초음파 처리를 결합한 공정을 사용한다. 먼저 셀룰라아제와 펙틴아제를 이용해 적정 조건에서 세포벽 망상 구조를 온화하게 분해한 후 초음파 캐비테이션 효과를 통해 완전한 세포벽 파괴를 달성한다. 이러한 단계별 협동 전략은 플라보노이드 화합물 및 알칼로이드 등 목표 물질의 추출 효율을 현저히 높일 뿐만 아니라 격렬한 처리 조건이 열에 민감한 성분에 미치는 손상을 효과적으로 방지한다. 이러한 전형적인 사례들은 세포 분쇄 방법을 과학적으로 선택하고 유연하게 조합하는 것이 하류 가공 공정을 최적화하고 목표 산물의 품질과 수율을 향상하는 결정적 요소임을 충분히 입증한다.

3.4 본 장 요약

세포 분쇄는 다운스트림 가공 과정의 출발점으로, 세포 내 생성물을 획득하는 핵심 기술 단계이다. 본 장에서는 세포 분쇄의 기본 원리, 주요 방법 및 선택 전략을 체계적으로 설명하였다. 다양한 세포벽·막 구조의 현저한 차이는 분쇄 방법의 다양성을 결정한다. 기계적 방법은 고압 균질화, 비드 밀링 등의 기술을 통해 효율적인 대규모 분쇄를 실현한다. 화학법은 알칼리, 유기 용매, 효소 또는 계면활성제의 작용을 통해 온화한 세포벽 파괴를 실현한다. 투과 충격, 물리 화학적 병용 등 기타 방법은 특수 세포 유형이나 산물 특성에 대한 보완 방안을 제공한다. 이러한 방법들은 각기 특색이 있으며 분쇄 효율과 산물 활성은 세포 종류, 성장 단계, 산물 위치 및 조작 매개변수 등 다중 요인의 영향을 받는다. 따라서 동역학 모델과 실험적 최적화를 통해 정밀하게 제어해야 한다.

실제 적용 시 분쇄 방법 선택은 체계적 원칙을 따르며, 세포 구조 특성, 제품 안정성, 공정 규모 및 경제적 비용 간의 균형을 종합적으로 고려해야 한다. 성공적인 분쇄 공정은 높은 방출률뿐만 아니라 목표 제품 활성을 최대한 유지하고 후속 분리 정제에 유리한 조건을 조성해야 한다. 현대 생물 가공에서 서로 다른 원리의 분쇄 기술을 조합하여 적용하는 것은 전체 효율을 높이는 중요한 추세로 자리 잡았다. 예를 들어, 효소 분해와 기계적 분쇄를 병용하면 분쇄 효율을 높일 수 있을 뿐만 아니라 에너지 소비와 생성물 손상을 줄일 수 있습니다. 페니실린 아실화 효소와 식물 활성 성분 추출 등의 대표적인 사례 분석을 통해 과학적인 분쇄 방법 선택과 최적화가 전체 다운스트림 공정 흐름의 경제성과 신뢰성을 높이는 데 결정적인 의미를 지닌다는 점을 확인할 수 있다.

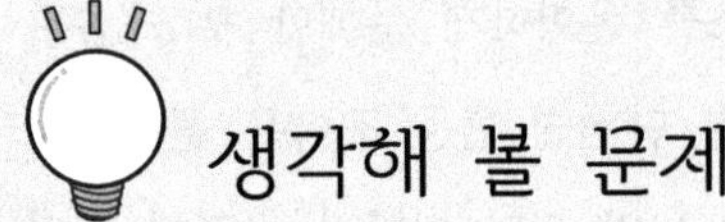

생각해 볼 문제

고압 균질화법과 비드 밀링법의 작용 기전 적용 규모 및 제품 활성 영향 측면에서의 유사점과 차이점을 비교하고, 두 방법 각각이 가장 적합한 세포 유형을 분석한다.

전달력에 민감한 재조합 단백질 제품을 대상으로 세포 분쇄 방안을 설계한다. 방법 선택 근거, 핵심 매개변수 제어 요점 및 분쇄 효과 평가 방법을 명시한다.

화학 분쇄법에서 알칼리 처리법과 효소 분해법은 작용 특이성과 조건 요구 측면에서 어떤 본질적 차이가 있는가? 각각의 적용 시나리오와 한계를 설명한다.

세포 성장 단계가 기계적 분쇄 효율에 미치는 영향을 어떻게 이해해야 하는가? 세포벽 구조 변화의 관점에서 성장 속도가 느린 세포가 분쇄하기 어려운 이유를 설명한다.

식물 세포에서 열에 민감한 활성 성분을 추출할 때 왜 효소 분해와 초음파법을 결합한 공정을 흔히 사용하는가? 이러한 조합 전략의 기술적 장점과 실행 요점을 분석한다.

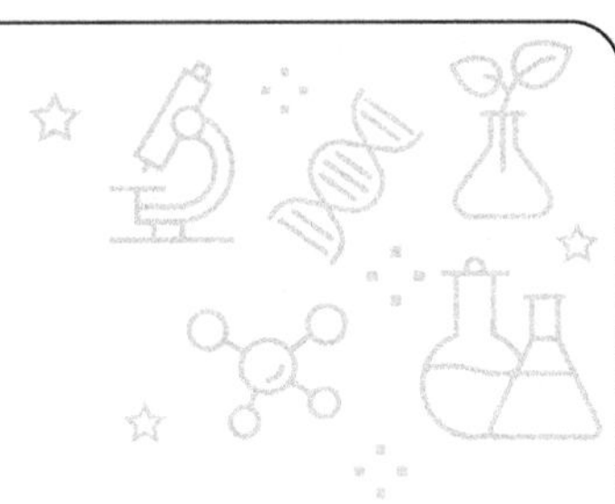

4. 1차 분리

바이오 의약품과 바이오 공학의 다운스트림 공정에서 1차 분리는 성분이 복잡한 균체 발효액 또는 세포 배양액으로부터 목표 물질을 예비 추출하고 농축 및 불순물 제거를 수행하는 핵심 역할을 담당한다. 이러한 원료는 일반적으로 부피가 크고 불순물 종류가 다양하며 농도가 낮은 공통적 특성을 보이므로 이상적인 1차 분리 기술은 처리 비용의 경제성과 대규모 생산 적응성이라는 이중 요구를 동시에 충족해야 한다. 고액 분리라는 기본 작업 외에도 산업 현장에서는 막 분리, 추출, 흡착, 침전 분급 및 거품 분리 등 다양한 기술 경로가 널리 활용된다. 그중 막 분리, 추출 및 흡착 등의 기술은 후속 장에서 체계적으로 설명할 것이며, 본 장에서는 침전 분급과 거품 분리라는 두 가지 고전적 방법에 초점을 맞춰 이들이 어떻게 목표 산물과 불순물 간의 용해도 또는 표면 활성 등 물리 화학적 특성상의 본질적 차이를 교묘히 활용하여 고도로 복잡한 생물학적 원료 체계에서 목표 산물의 선택적 농축과 예비 정제를 실현하기 위한 실질적인 공정 솔루션을 제공하는지 심층적으로 분석한다.

4.1 침전 분급

침전(precipitation)은 물리적 환경 변화로 인해 용질의 용해도가 감소하여 고체 응집체를 생성하는 현상이다. 이러한 고체 응집체는 일반적으로 비정질 입자나 무질서한 미세결정으로 구성되며 규칙적인 결정 구조를 갖지 않는다. 결정화 과정에서 용질이 격자 구조에 따라 규칙적으로 배열되어 고정된 녹는점과 정형화된 외형을 가진 결정체를 형성하는 것을 강조하는 것과 달리 침전은 과포화로 인해 발생하는 용질의 급속한 집적 현상에 더 중점을 둔다. 그 결과물은 형태와 성질 면에서 더 큰 불확실성을 지니는 경우가 많다.

침전은 분리 기술로서 오랜 역사를 지니며 고대부터 광석에서 금속 화합물을 추출하는 데 활용되어 초기 야금술과 연금술의 발전을 촉진했다. 19세기에 들어 정량 분석 화학이 부상하면서 침전 반응은 용액 내 특정 성분 함량을 측정하는 중요한 수단이 되었으며, 생성된 침전의 질량을 측정하여 정밀 분석을 실현했다. 20세기에 들어 생물기술의 진보와 함께 침전 기술은 단백질, 효소 등 생물학적 거대분자의 분리 정제 분야로 혁신적으로 확장되었으며, 생물 의약품과 식품 산업에서 대체 불가능한 역할을 수행하고 있다. 이에 따라 그 이론적 기반과 응용 범위도 지속해서 심화 및 확장되고 있다.

4.1.1 단백질의 콜로이드적정 성질과 침전 기초

단백질은 20종의 서로 다른 소수성을 지닌 아미노산으로 구성된 양이온성 고분자 전해질로서 수용액 내 공간 구조는 독특한 표면 특성을 나타낸다. 소수성 잔기 일부는 내부에 숨어 소수성 핵을 형성하고 일부는 표면에 노출되어 소수성 영역을 이루며, 친수성 잔기는 주로 분자 표면에 분포한다(그림 4.1 참조). 이처럼 불균일하게 분포된 전하 영역과 친수성·소수성 영역이 함께 구성하는 미시적 구조는 단백질이 수용액에서 보이는 특수한 행동을 결정한다.

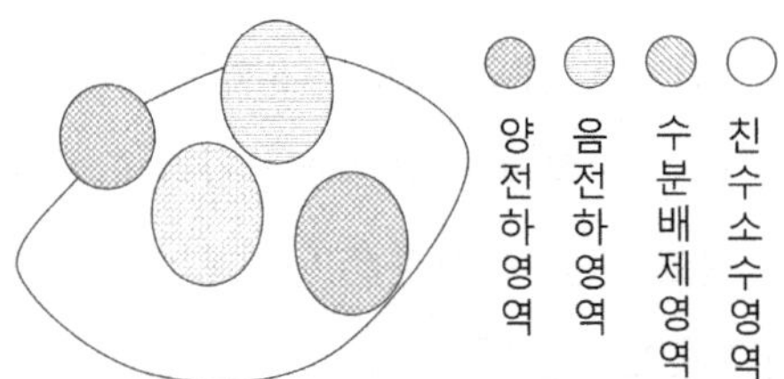

〈그림 4.1〉 단백질 분자의 표면 특성

물리적 규모 측면에서 단백질 분자량은 5천에서 1백만 도르턴 사이이며 분자 직경은 약 1~30㎚다. 이러한 특정한 크기 범위는 수용액 내에서 전형적인 콜로이드적 행동을 보이게 한다. 단백질 콜로이드 시스템의 안정성을 유지하는 핵심 메커니즘은 두 가지 측면을 포함한다. 한편으로는 분자 표면에 수소 결합을 통해 결합한 수화 층이 효과적인 보호 장벽을 형성하는 데, 이 수화 층은 단백질 자체 질량의 수 배에 달할 수 있어 분자 간 직접 접촉을 효과적으로 차단한다. 다른 한편으로는 단백질이 등전점에서 벗어날 때 형성되는 이중 전 층 구조, 특히 그 중 제타 전위가 생성하는 정전기적 반발력이 분자 간 반데르워스 인력을 효과적으로 상쇄한다.

단백질 침전의 핵심 원리는 용액 환경을 의도적으로 변경하여 이러한 균형을 파괴하는 것이다. 수화 층 두께를 감소시키거나 이중 층 제타 전위를 약화함으로써 콜로이드 시스템의 안정성을 파괴하고 단백질 분자의 응집 및 침전을 촉진할 수 있다. 이 기본 원리는 염분침전법, 등점 침전법 및 유기용매침전법 등 고전적인 단백질 분리 기술의 이론적 기반을 이룬다.

이러한 방법 중 염분침전법은 조작이 간편하고 조건이 온화하며 단백질 생물 활성을 비교적 잘 유지할 수 있다는 장점으로 인해 가장 널리 적용되는 단백질 침전 기술 중 하나이다. 다음에서는 염분침전법의 구체적인 작용 메커니즘, 조작 요점 및 생물학적 분리에서의 실제 적용에 대해 중점적으로 논의하겠다.

4.1.2 염분침전

4.1.2.1 단백질 염분침전의 원리

단백질 염분침전은 고농도 중성염을 통해 단백질을 용액에서 침전 분리하는 고전적 기술이다. 그 작용 메커니즘은 단백질 콜로이드 안정 시스템에 대한 이중 파괴에 기반한다. 한편으로는 염 이온이 물 분자와 강하게 상호작용하여 용매를 경쟁적으로 소모함으로써 단백질 분자 주변을 감싸는 수화 층의 보호 작용을 약화하고, 다른 한편으로는 염 이온이 단백질 표면의 전하를 효과적으로 중화시켜 정전기적 반발력을 감소시킨다. 이 두 가지 안정화 요소가 임계 수준까지 약화하면 단백질 분자는 브라운 운동의 영향으로 서로 충돌하고 응집하여 결국 가시적인 침전물을 형성한다.

이 과정은 Cohn 경험 방정식을 통해 정량적으로 설명할 수 있으며, 이 방정식은 단백질 용해도(S)와 이온 강도(I)의 관계를 다음과 같이 설정한다.

$$\log S = \beta - K_s \cdot \mathrm{I}$$

여기서 S는 단백질 용해도, β는 이온 강도 I=0일 때의 단백질 용해도의 로그값으로 단백질 종류, 온도, pH와 관련되며 단백질 고유 용해성을 나타낸다. K_s는 염분 분리 상수(salting-out constant)로, 단백질과 염의 종류에 따라 달라지며 염이 단백질 용해도에 미치는 영향 정도를 반영한다. I는 이온 강도이다.

$$I = \frac{1}{2} \ \Sigma c_i Z_i^2$$

여기서 c_i는 이온 몰농도, Z_i는 이온 전하수이다. 이 방정식은 단백질 용해도가 이온 강도 증가에 따라 지수적으로 감소함을 나타내며, 이를 바탕으로 염 농도를 조절하여 단계적 염분 침출을 실현할 수 있다.

단백질 수용액 체계에서는 염 용해라는 특수 현상이 존재한다. 용액에 저농도 전해질을 점차 첨가할 때 단백질의 용해도가 현저히 증가하는데, 이 과정은 주로 두 가지 핵심 메커니즘에 기인한다. 전해질 이온의 도입은 단백질의 활도 계수를 효과적으로 낮추고 동시에 단백질 분자는 염 이온을 흡착하여 표면 전하를 강화함으로써 분자 간 정전기적 반발력을 증대시킨다. 또한, 이온과 물 분자의 상호작용은 단백질 분자의 수화 상태를 더욱 개선한다.

염 용해 현상은 특정의 이온 강도 범위 내에서만 존재한다. 이온 강도가 지속해서 증가함에 따라 시스템은 염 용해에서 염 분리로의 전환을 경험한다. 이온 농도가 임계값을 초과하면 고농도 이온이 단백질 표면의 이중 층 구조를 압축하여 정전기적 배척 효과를 약화하고, 동시에 다량의 이온과 물 분자의 강한 수화 작용이 단백질 표면의 수화 층을 박탈하여 소수성 영역을 노출하고 소수성 상호작용을 강화한다.

이러한 용해도 변화는 전형적인 비선형 특성을 보인다. 낮은 이온 강도 구간에서는 단백질 용해도가 이온 강도 증가에 따라 상승하여 특정 농도에서 최대값에 도달한다. 이 임계점을 넘어서면 용해도는 이온 강도 증가에 따라 지수 함수적으로 감소한다. 이러한 복잡한 상 행동은 염 농도를 정밀하게 제어하여 단백질을 단계적으로 침전시키는 이론적 기반을 제공하며, 단백질 분리 정제 공정에서 중요한 조절 수단이다.

4.1.2.2 염분침전에 영향을 미치는 요인

염분침전 과정의 효율은 주로 무기염의 성질(K_s 영향)과 온도 및 pH(β에 영향)라는 두 가지 요소에 의해 조절된다. 이중 무기염의 특성은 염분침전 상수의 크기를 직접 결정하며, 온도와 pH는 단백질의 고유 용해도에 영향을 주어 침전 과정을 조절한다. 이러한 요소들의 상호작용을 깊이 이해하는 것은 염분침전 공정을 최적화하는 데 매우 중요하다.

(1) 무기염의 성질이 염분 분리 상수(K_s)에 미치는 영향

염분 분리 효과는 주로 선택된 무기염의 종류와 특성에 크게 좌우된다. 서로 다른 염 이온은 단백질 용해도에 현저한 차이를 보이며, 이러한 차이는 호프마이스터 서열로 설명될 수 있다. 음이온의 경우, 염분 분리 능력은 일반적으로 다음과 같은 순서를 따른다.

$$PO_4^{3-} > SO_4^{2-} > CH_3COO^- > Cl^- > NO_3^- > Br^- > I^- > SCN^-$$

서열 좌측에 있는 이온은 강한 염분 분리 능력을 지녀 단백질 용해도를 현저히 감소시킨다. 반면 우측 이온은 오히려 단백질 용해도를 증가시킬 수 있으며, 이는 "염 용해" 효과를 나타낸다. 양이온의 영향은 상대적으로 약하지만, 일정한 규칙성을 보이며 일반적으로 다음과 같이 나타난다.

$$NH_4^+ > K^+ > Na^+ > Li^+ > Mg^{2+} > Ca^{2+}$$

이중 NH_4^+는 낮은 전하 밀도와 높은 수화 능력으로 인해 염분 분리 과정에서 특히 두드러진 효과를 보인다.

이온 종류 자체의 특성 외에도, 이온의 전하수와 수화 반경 역시 염분 분리 효과를 결정하는 핵심 매개변수이다. 고 전하 이온은 강력한 정전기적 인력을 바탕으로 용액 내 수분자를 더 효과적으로 경쟁하여 단백질 안정성을 유지하는 수화 층 구조를 현저히 약화한다. 동시에, 크기가 작은 이온은 더 높은 전하 밀도를 지니기 때문에 일반적으로 더 강한 수화 능력을 나타내며, 이로 인해 단백질 분자 주변의 수 분자를 더 효율적으로 탈취하여 염분 분리 효과를 한층 강화한다.

실제 공정 적용에서 황산암모늄은 탁월한 종합 성능으로 인해 선호되는 염분 분리제로 자리 잡았다. 이는 수용액에서 극히 높은 용해도를 지녀 요구되는 이온 강도를 달성할 수 있을 뿐만 아니라 용액 pH 값에 미치는 영향이 온화하며 강력한 염분 분리 능력을 갖추고 있다. 이 외에도 황산나트륨과 염화나트륨 등의 염류도 특정 공정 조건에서 역할을 하며 다양한 단백질 시스템의 침전 분리를 위한 추가적인 기술적 선택지를 제공한다.

(2) 온도와 pH가 β 값에 미치는 영향

Cohn 경험 방정식에서 β 값은 단백질의 고유 용해도 매개변수로, 주로 온도와 pH 값에 의

해 조절된다.

온도는 단백질 용해도와 안정성에 영향을 미치는 핵심 매개변수이다. 저온에서 실온 구간에서는 온도 상승이 일반적으로 단백질 분자 간 소수성 상호작용을 강화해 용해도를 감소시키며, 이는 염분침전 과정에 유리하다. 그러나 온도가 40℃를 초과하면 단백질 대부분은 구조 변화를 일으키거나 부분적으로 변성되며, 이때의 침전 과정은 종종 비가역적 변성 응집을 동반하여 단순한 염분 분리 범주를 벗어나게 된다. 따라서 실제 작업에서는 단백질의 생물학적 활성을 유지하고 이상적인 염분 분리 효과를 얻기 위해 일반적으로 온도를 4℃ 근처로 제어할 것을 권장한다.

용액의 pH 값은 단백질 분자의 표면 전하 상태를 변화시켜 그 용해 행동에 직접적인 영향을 미친다. 환경 pH 값이 단백질의 등전점과 일치할 때, 단백질 분자의 순전하는 0이 되어 분자 간 정전기적 반발력이 가장 약해지며, 이때 단백질 용해도는 최소값에 도달하고 염분 분리 효율이 가장 높아진다. 등전점에서 벗어난 pH 조건은 단백질 분자에 순전하를 부여하며, 강화된 수화 작용과 정전기적 반발력은 용해도를 현저히 증가시켜 침전 분리를 위해 더 높은 염 농도가 필요하게 한다. 특히 극단적인 pH 환경은 단백질의 비가역적 변성을 유발할 수 있으므로 공정 설계 시 일반적으로 pH를 목표 단백질 등전점 근처 약 0.5 pH 단위 범위 내에서 정밀하게 제어한다.

(3) 다중 요인의 협동 작용과 공정 최적화

실제 염분 분리 공정에서 분리 효과는 여러 요인의 협동적 영향으로 결정되며, 무기염 종류, 환경 온도, 용액 pH 값 간의 상호작용 관계를 체계적으로 고려해야 한다. 예를 들어, 저온 조건에서는 단백질 분자 구조가 안정화되고 용해도가 자연스럽게 감소하므로 상대적으로 낮은 염 농도로도 고효율 침전이 가능하며 동시에 단백질 변성 및 비활성화를 효과적으로 방지할 수 있다. 용액 pH를 표적 단백질의 등전점 근처로 정밀 조절하고 황산암모늄 등 높은 염분 분리 능력을 갖춘 시약을 병용하면 침전 효율을 크게 높이고 염 사용량을 줄일 수 있다.

이러한 핵심 매개변수 외에도 단백질 초기 농도, 완충계 구성 및 혼합 교반 강도 등의 공정적 요소 역시 침전 과정의 품질에 영향을 미치므로 침전물의 균일성과 공정의 재현성을 보장하기 위해 이러한 조건들을 체계적으로 최적화해야 한다.

염 분리 기술은 단백질 분리의 전통적 방법으로 그 효과는 다중 요소에 대한 종합적 조절에 달려 있다. 이러한 매개변수들의 상호작용 메커니즘을 깊이 이해하는 것은 기존 공정 최적화를 인도할 뿐만 아니라 후속 크로마토그래피 정제 등 정밀 분리 단계에 유리한 조건을 조성할 수 있다. 단백질체학 연구의 심화와 지능형 소재의 발전에 따라, 향후 염분침전 기술은 신형 염분침전 시약 및 자동화 제어 시스템과 결합하여 분리 공정의 효율성과 제어성을 한층 더 향상할 것으로 기대되며, 현대 생물 분리 기술 체계에서 지속해서 중요한 역할을 수행할 것이다.

4.1.2.2 염 침전 조작

염분침전은 단백질 분리 정제의 고전적인 방법으로 조건이 온화하고 조작이 간편하며 적용 범위가 넓다는 특징으로 생물학적 제제 제조 과정에서 중요한 위치를 차지한다. 그 기술 핵심은 염 농도, 온도 및 pH 등의 매개변수를 정밀하게 제어하여 표적 단백질의 선택적 침전을 실현하는 데 있다.

(1) 시료 전처리 단계

염분 분리 과정은 표준화된 시료 전처리에서 시작된다. 단백질 원액은 먼저 원심분리나 미세공 여과를 통해 부유 불순물을 제거해야 하며, 원심분리 조건은 일반적으로 8000-12000g에서 10~20분으로 설정된다. 여과 시에는 0.45 마이크로미터 구경 필터막 사용을 권장하며, 이는 세포 파편 등의 불순물이 후속 단계에서 공침전되는 것을 효과적으로 방지한다. 염분 분리제의 선택은 매우 중요하며, 암모늄 황산염은 높은 용해도, 낮은 변성 위험 및 경제성으로 인해 최우선 선택이다. 암모늄 이온에 민감한 특수 단백질의 경우 황산나트륨으로 대체할 수 있다. 고체 염분제는 미리 미세 분말로 분쇄해야 하며, 포화 용액 형태를 사용할 경우 pH를 중성 범위로 조절하여 산성 환경이 단백질 구조에 미칠 수 있는 잠재적 손상을 방지해야 한다.

(2) 염분 분리 공정 제어

① 염 첨가 및 교반: 고체 염 첨가법은 주로 실험실 수준의 소규모 단백질 침전에 적용된다. 표준 작업 절차는 다음과 같다. 미리 분쇄한 고체 염을 지속해서 저속 교반(권장 30~60회전/분) 하에 소량씩 여러 번에 걸쳐 단백질 용액에 천천히 균일하게 첨가한다. 예를 들어, 필요한 총 염도 양을 10등분 하여 차례로 첨가할 수 있다. 매번 첨가 후에는 염분 가루가 완전히 용해되고 용액이 맑아질 때까지 기다린 후 다음 첨가를 진행해야 한다. 이 작업 규정의 핵심 목적은 염분이 용액 전체에 균일하게 분산되도록 하여 국소적인 염 농도 과다로 인한 단백질 변성 및 비활성화를 효과적으로 방지함으로써 침전 과정의 균일성과 제어성을 유지하는 데 있다.

포화 염 용액법(대규모 생산에 적합): 공식 $V=\frac{V_0\ (S_2-S_1)}{S_3-S_2}$에 따라 필요한 포화 염 용액의 부피($V_0$는 원용액의 부피, S_1는 원용액의 염 포화도, S_2는 목표 염 포화도, S_3는 포화 염 용액의 포화도이며 일반적으로 100%임)를 계산한다. 미리 냉각된 포화 염 용액을 단백질 용액에 점적하여 천천히 첨가하며, 첨가하는 동안 교반하고 첨가 속도(예: 1-2mL/min)를 제어하여 용액의 국소 삼투압 급변을 방지한다.

② 침전 정지 및 분리: 염 첨가가 완료된 후에도 저속 교반을 30~60분간 유지한다. 이 과정은 단백질 분자의 충돌을 촉진하여 안정적인 응집체를 형성하기 위함이다. 교반 종료 후 시스템을 4℃ 환경으로 옮겨 정지 배양한다. 배양 시간은 일반적으로 1~2시간이며, 일부 침전이 어려운 시스템의 경우 적절히 연장하여 하룻밤 동안 진행할 수 있다. 이 정지 단계는 침전 입자의 성장과 침강에 필요한 조건을 제공하여 최종적으로 명확한 고액 분리 계면을 형성한다.

침전 수집 단계에서는 생성물 특성에 따라 원심 분리법 또는 여과법을 선택할 수 있다. 원심분리법은 일반적으로 10000g의 원심력을 4℃ 조건에서 10~20분간 처리하며, 저온 환경은 단백질 안정성을 유지하고 침전 재용해를 방지한다. 여과법을 사용할 경우 감압 속도 조절에 특히 주의하여 유속이 너무 빨라 침전층 구조가 파괴되는 것을 방지해야 한다. 수집된 침전물은 1차 정제된 조단백질 제품이며, 상층액은 공정 요구에 따라 폐기하거나 2차 회수 처리를 결정할 수 있다.

(3) 후처리 및 검증

① 침전물 재용해 및 탈염: 전 재용해: 침전물에 1~2배 부피의 완충액(예: PBS, Tris-HCl, pH는 단백질 안정화 구간과 일치)을 첨가하고 천천히 교반하여 녹인다. 불용성 불순물이 존재할 경우 다시 원심분리(3000g, 10분)하여 제거하고 맑은 단백질 용액을 얻는다.

탈염 처리: 투석법(단백질 용액을 투석 백에 넣고 대량의 완충액에 담근 후 4℃에서 하룻밤 투석하며, 이 과정에서 완충액을 3~5회 교체) 또는 겔 여과법(예: Sephadex G-25 컬럼, 컬럼 용적의 1/5로 시료를 주입하고 완충액으로 세척)을 사용하여 잔류 염분을 제거함으로써 고염 농도가 후속 실험(예: 전기영동, 활성 검출)에 미치는 영향을 방지한다.

② 효과 검증 및 최적화: 염분 제거 작업 완료 후 생성물의 농도와 순도를 체계적으로 평가해야 한다. 일반적으로 Bradford법 또는 BCA법을 이용해 단백질 농도를 정량 측정하고, SDS-PAGE 전기영동 기술을 통해 구성 순도를 분석함으로써 염분 제거 공정의 실제 효과를 종합적으로 평가한다. 초기 정제 효과가 기대에 미치지 못할 경우 염 농도, pH 값 또는 온도 등의 핵심 매개변수를 정밀하게 조절하여 2차 염분침전을 시행할 수 있다. 예를 들어, "낮은

염 농도로 다른 단백질을 제거하고 높은 염 농도로 목표 단백질을 침전시키는" 단계적 전략을 적용하면 목표 산물의 선택성을 효과적으로 향상할 수 있다.

안정적이고 신뢰할 수 있는 대규모 생산 공정을 구축하기 위해 염분 분리 곡선을 체계적으로 작성할 것을 권장한다. 염분 포화도를 가로축으로, 목표 단백질의 농도 또는 활성 회수율을 세로축으로 하여 이 곡선을 통해 최적의 염분 분리 조건(최대 수율을 달성하는 데 필요한 최소 염분 사용량 등 핵심 매개변수 포함)을 정확히 결정할 수 있다. 이 체계적인 최적화 방법은 공정 확대에 충분한 데이터 지원과 이론적 근거를 제공한다.

(4) 주요 주의사항

염분침전 과정의 효율성과 안정성을 보장하기 위해 다음 핵심 매개변수를 엄격히 제어해야 한다.

온도 제어: 모든 작업 단계는 저온 환경에서 수행해야 하며, 전체 과정 동안 4℃ 유지가 권장된다. 열에 민감한 단백질의 경우 생물학적 활성을 최대한 보존하기 위해 아이스 배스나 냉장실 등 온도 제어 조치를 병행해야 한다.

pH 조절: 용액 pH는 표적 단백질의 등전점 근처로 정밀 조절해야 한다. 이때 단백질 용해도가 가장 낮아 침전 형성에 유리하다. 단백질이 pH 변화에 민감할 경우 반응 환경의 안정성을 유지하기 위해 적절한 완충 체계를 선택해야 한다.

염 잔류 제어: 침전 후속 처리 시 염 분리제 잔류물을 완전히 제거해야 한다. 투석법 처리 후 특이적 검출법으로 탈염 효과를 검증할 것을 권장하며, 겔 여과 크로마토그래피의 경우 최적화된 용출 조건을 통해 염 이온과 단백질 성분의 효과적 분리를 실현해야 한다.

염분침전 기술은 염 농도, 온도 및 pH 등 핵심 매개변수를 체계적으로 조절함으로써 단백질의 고효율 농축과 예비 정제를 실현할 수 있다. 이 고전적 분리 방법은 생물제약 및 효소 공학 등 분야에서 대체 불가능한 위치를 차지하며, 그 표준화된 운영과 공정 최적화는 하류 정밀 정제의 중요한 기반을 마련할 것이다.

4.1.3 등전점 침전

등전점 침전은 양이온성 전해질의 전하 특성에 기반한 분리 방법으로 용액의 pH를 대상 물질의 등전점으로 조절하여 이 조건에서 용해도가 가장 낮아지는 특성을 이용해 선택적 침전 분리를 실현한다. 이 기술은 특히 단백질, 펩타이드 및 아미노산 등 생물 활성 물질의 예비 정제 및 농축에 적합하다.

단백질과 같은 양이온성 분자는 용액에서 pH 변화에 따라 서로 다른 이온화 상태를 나타낸다. 환경 pH가 등전점에 도달하면 분자 표면의 순전하가 0이 되어 분자 간 정전기적 반발력이 현저히 약화되고, 동시에 수화 층 두께가 감소한다. 이러한 요인들이 복합적으로 작용하여 분자가 친수성 상호작용을 통해 더 쉽게 응집되어 최종적으로 침전물을 형성한다.

등전점 침전을 시행할 때는 다음 핵심 사항을 주의해야 한다. pH 조절은 서서히 진행하여 국부적 과산 또는 과 알칼리화로 인한 단백질 변성을 방지해야 한다. 용액 이온 강도는 낮은 수준을 유지하여 전해질이 침전 과정을 방해하지 않도록 해야 한다. 작업 온도는 일반적으로 4~25℃ 범위에서 제어하여 열 감수성 물질의 활성을 보호하면서도 침전 효과를 보장한다.

이 기술은 카제인 분리, 대두 단백질 추출 등 산업화 생산 공정에 성공적으로 적용되었다. 조작이 간편하고 조건이 온화하지만, 서로 다른 단백질의 등전점이 근접할 수 있어 단독 사용 시 분리 효율이 제한적이다. 따라서 등전점 침전은 염분침전, 막 분리 등 기술과 조합하여 다단계 정제 전략을 통해 요구되는 제품 순도를 얻는 데 활용된다.

4.1.4 유기 용매 침전

유기 용매 침전은 수계 시스템에 적정량의 수용성 유기 용매를 도입하여 표적 생체 고분자의 용해도를 낮추고 선택적으로 침출시키는 고전적인 분리 기술이다. 이 방법은 단백질, 핵산 및 다당류 등 생물 활성 물질의 추출 정제 과정에서 중요한 위치를 차지한다.

작용 기전을 분석하면 유기 용매는 주로 세 가지 경로로 침전 효과를 실현한다. 첫째, 유기 용매의 첨가는 용액의 유전 상수를 현저히 낮추어 극성 물 분자가 전하를 띤 용질에 대한 용매화 능력을 약화한다. 둘째, 용매 분자가 용질과 결합수를 경쟁적으로 차지하여 용질 표면의 용해 상태를 유지하는 수화 층을 파괴한다. 셋째, 적정 농도의 유기 용매는 용질 분자 간 정전기적 및 소수성 상호작용을 강화하여 응집 침전을 촉진한다. 생물학적 활성을 최대한 보존하기 위해 이 과정은 전 과정 저온 환경에서 수행되어야 한다.

에탄올, 아세톤, 아이소프로판올은 가장 흔히 사용되는 침전 용매이다. 에탄올은 안전성이 높고 비용이 저렴하다는 장점으로 선호된다. 아세톤은 침전 효율이 높으나 단백질 변성을 유발하기 쉽다. 아이소프로판올은 저온 조건에서 우수한 안정성을 보인다. 실제 작업 시 용매를 천천히 점적하며 지속해서 교반해야 하며, 동시에 계통의 pH를 목표 물질의 등전점 근처로 조절하여 최적의 침전 효과를 얻어야 한다.

이 기술은 여러 가지 두드러진 장점을 지닌다. 용매 농도를 정밀하게 제어하여 정밀 계층 침전을 실현할 수 있으며, 작업 과정이 간편하고 신속하다. 침전 생성물 내 용매는 저온 증발 또는 투석을 통해 쉽게 제거된다. 그러나 한계점도 뚜렷하다. 유기 용매는 생체 고분자 변성을 유발하기 쉬우므로 엄격한 온도 관리가 필요하다. 대량 사용 시 안전 위험이 존재하므로 방폭 작업 환경이 요구된다. 고순도 용매의 비용이 많이 들어 산업화 적용 규모를 제약한다.

4.1.5 열 침전

열 침전은 온도 변화를 이용해 생물 분자를 선택적으로 분리하는 물리적 방법이다. 핵심 원리는 시스템 온도를 제어하여 열에 민감한 표적 물질(특정 단백질, 효소 등)이 구조 변화나 변성 응집을 일으켜 용해도가 감소함으로써 침전물을 형성하도록 하는 것이다. 이 기술은 조작이 간편하고 비용이 저렴하다는 특징으로 단백질 예비 정제 및 열 안정성 효소 제제 제조 과정에서 중요한 응용 가치를 지닌다.

작용 메커니즘 측면에서 분석하면 용액 온도가 특정 임계값까지 상승하면 단백질 분자의 3차원 공간 구조가 비가역적 변화를 일으켜 내부 소수성 영역이 노출되고, 분자 간 소수성 상호작용과 정전기적 인력이 현저히 강화되어 결국 불용성 응집체를 형성한다. 서로 다른 생물학적 거대분자는 아미노산 구성과 공간 구조의 차이로 인해 독특한 열 안정성 특성을 나타내며, 이러한 특성 차이가 열 침전 선택성의 이론적 기반을 이룬다. 실제 사례에 따르면, 대부분의 잡단백질은 60~70℃ 조건에서 변성 침전을 일으키지만, 특수 구조를 가진 내열성 단백질은 해당 온도 범위에서도 용해성과 생물학적 활성을 유지할 수 있다.

4.2 거품 분리

4.2.1 거품 분리 원리

거품 분리 기술의 이론적 기반은 표면 장력 조절과 계면 흡착 효과의 협동 작용에 있다. 표면 장력은 액체 표면 분자의 힘 불균형 현상으로, 거품 형성 용이성을 직접 결정한다. 표면활성제 분자가 수상계에 개입할 때 그 친수-소수 이중 특성은 분자가 기액 계면에서 방향성 배열되도록 유도한다. 소수성 말단은 수상 환경에서 벗어나고 친수성 말단은 수화 작용을 유지한다. 이러한 자발적 배열은 용액 표면 장력을 순수한 물의 72mN/m에서 현저히 20-30mN/m로 낮추어 거품 형성에 필요한 조건을 창출한다. 표면 흡착은 기-액 계면에 용질이 집적되는 과정으로, 깁스 흡착 등온 공식은 다음과 같다.

$$\Gamma = -\frac{c}{RT} \cdot \frac{d\sigma}{dc}$$

공식에서 Γ는 표면 흡착량, σ는 표면 장력, c는 용질 농도이다. 용질이 계면활성 물질일 때, $\frac{d\sigma}{dc}$는 음수, Γ는 양수이며, 이는 계면활성 물질의 계면 농도가 본체 용액보다 높음을 나타낸다. 이러한 흡착 작용이 거품 분리의 핵심 동력이다.

거품 형성 과정은 외부 에너지 투입을 통해 기체를 기포 군집으로 분산시켜야 하며, 기포가 상승하는 과정에서 표면 흡착층이 점차 완성되어 특정 기계적 강도를 지닌 액막을 형성한다. 이 과정은 다중 요인에 의해 조절된다. 계면활성제 농도는 안정된 계면막을 형성하기 위해 임계 미세구 농도를 초과해야 하며, 용액 점도는 액막 배액 동역학에 영향을 미쳐 거품 수명을 제한한다. 온도 변화는 분자 열운동과 계면 특성을 동시에 변화시키므로 적절한 범위 안에서 정밀하게 제어해야 한다.

성숙한 거품 체계는 전형적인 다면체 벌집 구조를 보이며, 그 안정성은 세 가지 핵심 메커니즘의 협동 작용에서 비롯된다. 기액 계면 흡착층이 구조적 지지를 제공하고, 액막 배액 과정이 수명 주기를 결정하며, 플라토 경계 영역은 라플라스 압력에 의해 액체의 재정배를 유도한다. 특히 주목할 점은 Gibbs-Marangoni 효과가 거품에 자가 복원 능력을 부여한다는 것이다. 액막이 국부적으로 얇아지면 표면 장력 구배가 계면 분자 이동을 유도하며 액상 매질을 운반하여 막 구조의 동적 평형 유지를 실현한다.

실제 분리 과정에서 표면 장력 감소와 계면 흡착 강화는 기술 효율을 공동으로 결정한다. 표면 장력 감소는 기포 생성 에너지 소비를 직접 낮추며, 계면 흡착량은 목표 성분의 농축 효율과 관련된다. 이러한 협동 메커니즘은 환경 공학 및 생물 분리 분야에서 독특한 가치를 발휘한다. 중금속 폐수 처리 시 10~20배의 농축 효과를 달성할 수 있으며, 단백질류 생물 고분자의 회수율은 85% 이상에 이를 수 있다. 기술 최적화에는 계면활성제의 복합 배합 전략을 종합적으로 고려해야 하며, 음이온성 계면활성제와 비이온성 계면활성제의 조합 사용을 통해 계면활성과 거품 안정성 간의 상충 관계를 균형 잡음으로써 효율적이고 안정적인 분리 체계를 구축할 수 있다.

4.2.2 거품 분리 장비 및 공정

거품 분리 장비는 작동 모드에 따라 간헐식과 연속식 두 가지 유형으로 구분되며, 핵심 구조는 기포 발생 장치, 분리 타워 본체, 거품 수집 및 거품 파괴 시스템으로 구성된다. 거품 발생

타워는 대표적인 장비로 바닥에 구경 50-100μm의 다공성 분배기를 설치하며, 타워 본체의 높이 대 직경 비율은 일반적으로 5:1에서 10:1로 설계된다. 내부에는 질량 전달을 강화하기 위해 체판이나 충전재를 추가로 설치할 수 있다. 고점도 계통의 경우 분사식 분리기(jet separator)는 벤츄리 노즐을 통해 기액 고속 혼합을 실현하여 기포 분산도를 효과적으로 향상한다. 장비 재질은 주로 316L 스테인리스강 등 내식성 소재를 선택하며, 기계식 또는 초음파 소포 장치를 장착하여 시스템의 안정적 운전을 보장한다.

거품 분리의 대표적인 공정 흐름은 간헐적 운영과 연속적 운영으로 구분된다. 간헐적 운영 흐름은 원액 전처리, 기포 생성 및 거품 수집 세 단계로 구성된다. pH 값을 조절하고 적정량의 계면활성제를 첨가한 후, 0.1-1m/min의 기류 속도로 가스를 주입하여 거품층을 형성한다. 거품 높이를 탑체의 2/3 지점에 유지한 후, 최종적으로 수집된 거품을 가열 또는 화학적 거품 제거 방식으로 농축 제품을 얻는다. 연속 운전은 중간 급액, 하부 가스 공급, 상부 오버플로우 방식을 채택하며, 10:1~50:1의 기액비와 5~15분의 체류 시간을 제어하여 대규모 연속 처리를 실현한다. 분리 효율 향상을 위해 다중 컬럼 직렬 공정에서는 전단 잔류액을 하단 급액으로 활용하여 제품 수율과 순도를 현저히 높일 수 있다.

거품 분리 시스템의 핵심 장비는 거품 컬럼과 소포 장치이다. 그림 3.2는 간헐식 거품 분리의 전형적인 공정을 보여준다. 먼저 전처리된 원액을 분리 컬럼에 주입하고, 하부 기체 분배기를 통해 기류를 주입하여 액상 내에 균일한 기포 군집을 형성하며 액면 상부에 거품층이 축적된다. 거품이 지속해서 상승함에 따라 기포 사이의 액막은 중력 작용으로 계속해서 액체를 배출하여 기액 계면에 흡착된 목표 용질을 지속해서 농축·집적시킨다. 거품이 컬럼 상단에 도달하면 소포 장치로 이동하여 거품 분쇄 처리를 거쳐 최종적으로 농축된 생성물을 얻는다.

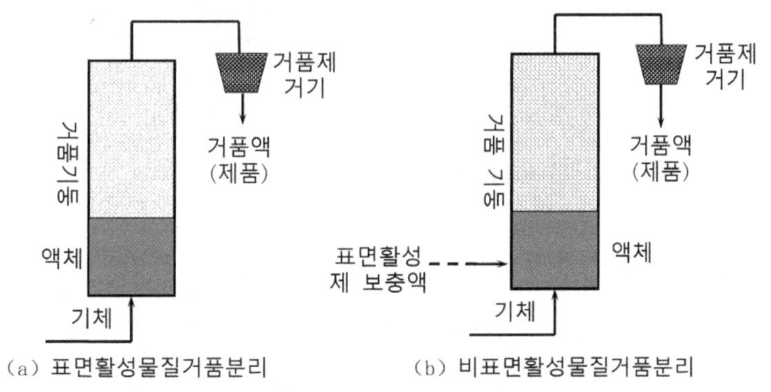

〈그림 4.2〉 간헐적 거품 분리 공정 개략도

목표 생성물의 물리 화학적 특성에 따라 운영 절차는 적절히 조정해야 한다. 분리 대상 물질 자체가 표면 활성을 가질 경우(그림 4.2a), 그 계면 흡착 특성을 직접 활용하여 분리할 수 있다. 비표면 활성 물질(그림 4.2b)의 경우, 적절한 계면활성제를 운반체로 첨가하고 분리 과정에서 적절히 보충하여 목표 성분의 고효율 회수를 보장해야 한다. 이러한 유연한 운영 방식은 거품 분리 기술이 다양한 특성의 분리 체계에 적응할 수 있게 한다.

거품 분리 과정의 효율은 핵심 조작 매개변수의 정밀한 조절에 달려 있다. 기체 유속은 핵심 제어 요소로 거품 안정성을 보장하기 위해 임계 유속 2m/min 이하로 유지해야 하며, 동시에 유속이 너무 낮아 처리 능력에 영향을 미치지 않도록 해야 한다. 표면활성제 농도는 안정적인 거품 체계를 형성하기 위해 임계 미세구 농도를 초과해야 한다. 예를 들어, 단백질 분리 시 라우릴황산나트륨의 적정 농도는 0.5-2mmol/L이다. 온도는 분리 효과에 현저한 영향을 미치며, 10℃ 상승 시 표면 장력이 약 2mN/m 감소한다. pH 값은 용질의 전하 상태를 변화시켜 표면 흡착 행동을 조절하며, 단백질은 등전점 근처에서 일반적으로 최대 흡착량을 보인다. 타워 내 구성 요소인 체판과 충전재는 기액 접촉 면적을 효과적으로 증가시키고 액막 배출을 지연시켜 분리 효율을 향상한다.

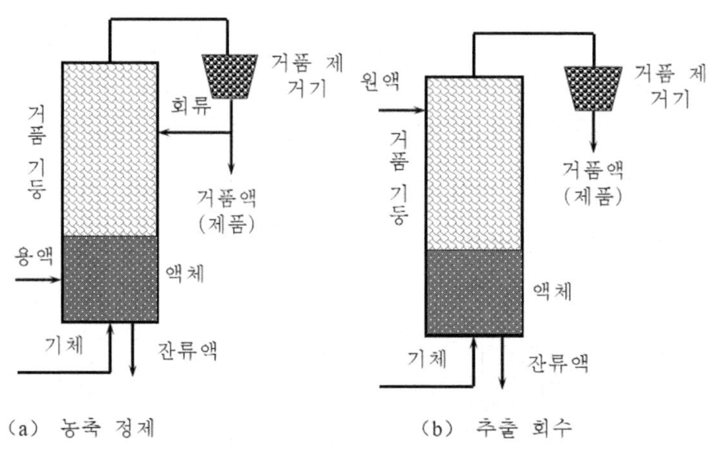

〈그림 4.3〉 연속 거품 분리 공정 개략도

그림 4.3에 표시된 두 가지 작동 방식은 각각 장단점이 있어 분리 목적에 따라 선택할 수 있다. 높은 수율과 분리 정제 효과를 얻기 위해 다중 컬럼 직렬 작동 모드를 채택할 수 있다. 그림 4.4와 같이 그림 4.3(a)의 농축 정제 컬럼을 다단계로 직렬 연결한다. 다중 컬럼 직렬 운전에서는 원료액이 첫 번째 컬럼 하부로 투입되며, 상위 컬럼의 잔류액이 하위 컬럼의 원료로

사용된다. 각 컬럼에서 배출된 거품상은 탈포 처리 후 농축 정제된 목표 생성물을 얻게 된다. 잔류액이 다단계 분리를 거치므로 거품액 내 목표 생성물의 수율과 정제 배율이 모두 높아진다.

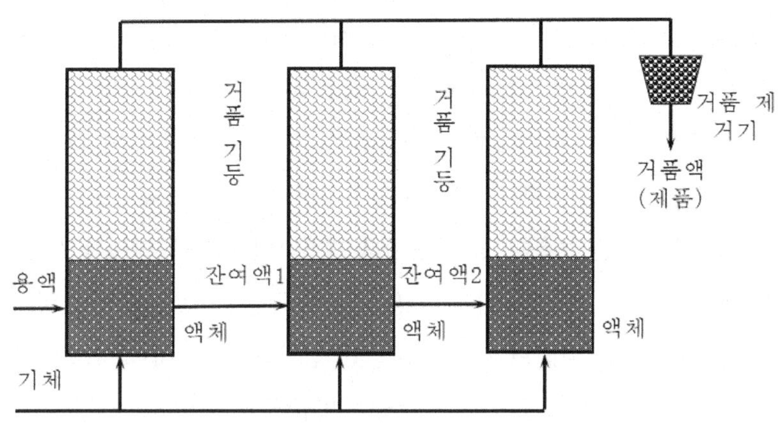

〈그림 4.4〉 다중 기둥 직렬 연결 거품 분리

거품 분리 기술은 여러 산업 분야에서 뚜렷한 응용 가치를 보여주고 있다. 폐수 처리 과정에서 EDTA와 같은 킬레이트제를 도입해 중금속 이온과 계면활성제의 결합 능력을 강화하면 구리, 카드뮴 등의 중금속 농축 배율을 15~30배까지 높일 수 있다. 생물학적 제품 분리 분야에서는 단백질 자체의 표면 활성 특성을 직접 활용하여 발효액으로부터 아밀라아제 등의 효소 제제를 고효율로 추출할 수 있으며, 70%에서 85%의 회수율을 달성한다. 광물 가공 산업에서는 계면활성제가 석영, 장석 등의 광물 입자 표면에 선택적으로 흡착되어 거품 부양 선별을 통해 가치 있는 성분을 효과적으로 회수한다.

현재 이 기술은 세 가지 주요 방향으로 지속해서 발전하고 있다. 공정 통합 측면에서는 거품 분리 기술과 초여과 등 막 기술을 결합한 복합 공정을 통해 최종 제품 순도를 현저히 향상했다. 장비 혁신 측면에서는 신형 회전 충전층 분리기(Rotary Packed Bed Separator)가 원심장력을 활용해 기액 전달 과정을 강화함으로써 분리 효율을 기존 버블 타워 대비 약 30% 향상했다. 지능 제어 측면에서는 거품 시스템의 전기적 특성과 광학적 파라미터를 기반으로 한 온라인 감시 시스템이 계면활성제의 정밀 투입과 공정 지능화 제어 실현을 위한 기술적 기반을 제공한다. 이러한 혁신 방향들은 거품 분리 기술이 더욱 효율적이고 정밀한 방향으로 지속해서 발전하도록 공동으로 추진하고 있다.

4.2.3 거품 분리의 응용

거품 분리 장비는 작동 모드에 따라 주로 간헐식과 연속식 두 가지 유형으로 구분되며 핵심 구조 단위에는 기포 발생 장치, 분리 탑체, 거품 수집 시스템 및 공정 제어 시스템이 포함된다. 포화탑은 대표적인 분리 장비로, 바닥에 구경 50-100μm의 다공성 분배기를 설치하여 기체 분산을 통해 균일한 미세 기포를 형성한다. 탑체 설계는 직경 대비 5-10배의 높은 직경비(고경비)를 채택하며, 내부에는 체판이나 라시 링 등의 충전재를 추가 설치하여 물질 전달 효율을 증대시킬 수 있다. 고점도 물질 계통의 경우 분사식 분리기(벤츄리 구조)를 사용하여 기액 두 상의 고속 혼합과 거품 생성을 실현한다. 장비 재질은 일반적으로 316L 스테인리스강 등 내식성 소재를 선택하며, 기계식 또는 초음파 탈포 장치를 병행하여 시스템 안정적 운전을 보장한다.

공정 흐름은 간헐적 및 연속적 두 가지 운영 모드로 구분된다. 간헐적 운영은 원액 전처리, 거품 생성 및 거품 제거 수집 세 단계로 구성된다. 먼저 시스템 pH를 조절하고 적정 농도의 계면활성제를 첨가한 후 기체 유속을 0.1-1m/min 범위에서 제어하여 안정적인 거품층을 형성한다. 거품 구역 높이는 탑 전체 높이의 2/3를 유지하며, 최종적으로 열적 또는 화학적 거품 제거 방식으로 농축 생성물을 얻는다. 연속 운전은 중간 급액, 하부 가스 공급, 상부 오버플로 방식으로 운영되며, 10-50:1의 기액비와 5-15분의 체류 시간을 조절하여 대규모 연속 처리를 실현한다.

공정 파라미터 제어는 분리 효율에 결정적 영향을 미친다. 기체 유속은 거품 안정성을 보장하기 위해 2m/min 임계값 이하로 유지해야 하며, 계면활성제 농도는 임계 미세입자 농도를 초과해야 한다. 온도가 10℃ 상승할 때마다 표면 장력은 약 2mN/m 감소한다. pH 값은 용질의 전하 상태 조절을 통해 계면 흡착 행동에 영향을 미치며, 타워 내 구성 요소는 기액 접촉 시간을 효과적으로 연장하고 거품 구조를 개선한다. 이 기술은 중금속 폐수 처리, 생물학적 효소 제제 추출 및 광물 부양 선별 등 분야에서 현저한 성과를 거두었으며, 중금속 농축 배율은 15~30배, 효소 분리 수율은 70~85%에 달한다.

현재 기술 발전은 세 가지 주요 추세를 보인다. 공정 통합 측면에서 거품 분리 및 초여과 기술의 병용으로 조합 공정을 형성하여 제품 순도를 향상했다. 장비 혁신 측면에서 회전 충전층 분리기(Rotary Packed Bed Separator)는 원심장력을 이용하여 질량 전달을 강화해 효율이 기존 장비 대비 약 30% 향상되었다. 지능형 제어 측면에서 거품 물성 매개변수를 기반으로 한 온라인 감시 시스템은 공정 지능화를 실현하기 위한 새로운 기술 경로를 제공했다. 이러한 발전 방향은 거품 분리 기술이 고효율화 및 정밀화를 향해 지속해서 진보하도록 공동으로 추진하고 있다.

단백질 연속 거품 분리 공정 흐름도는 그림 4.5와 같다.

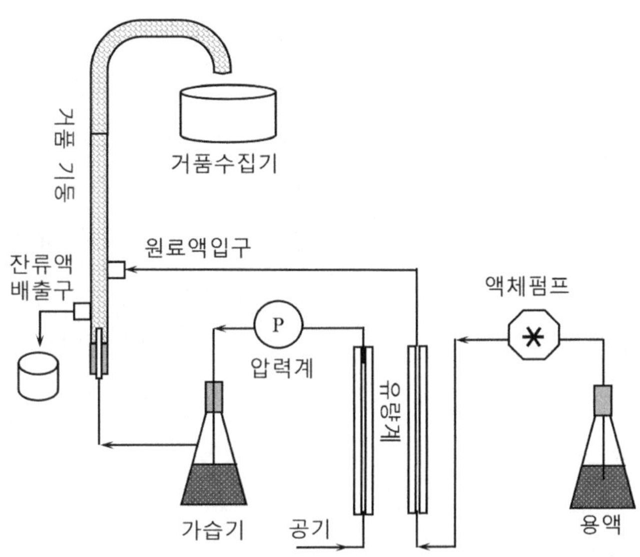

〈그림 4.5〉 단백질 연속 거품 분리 공정 흐름도

4.3 본 장 요약

1차 분리는 생물학적 다운스트림 공정에서 핵심 단계로 복잡한 원료 액으로부터 목표 생성물을 예비 추출하는 중요한 임무를 담당한다. 본 장에서는 침전 분급과 거품 분리라는 두 가지 기술 체계의 이론적 기초, 공정 특성 및 실제 적용을 체계적으로 설명했다. 침전 기술은 용액 환경 매개변수를 변경하여 목표 생성물의 용해도 변화를 이용해 분리를 실현하며, 그중 염 분리법은 조건이 온화하고 조작이 간편하다는 장점으로 단백질 분리에서 가장 널리 사용되는 방법이다. 등전점 침전은 양이온성 전해질이 등전점에서 용해도가 가장 낮다는 특성에 기반한다. 유기 용매 침전은 용액의 유전 상수를 낮추어 수화층을 파괴한다. 열 침전은 생물 고분자의 열 안정성 차이를 이용해 선택적 분리를 실현한다. 이러한 방법들은 각기 특색을 지니며, 함께 완전한 침전 분리 기술 체계를 구성한다.

거품 분리는 계면 흡착 효과를 기반으로 한 독특한 분리 방법으로 기액 계면을 통해 목표 성분의 선택적 농축을 실현한다. 이 기술의 핵심은 계면활성 물질이 기액 계면에서 방향성 배열과 흡착 행동을 보이는 데 있으며, 분리 효율은 표면 장력 감소와 계면 흡착 강화의 시너지 효과에 달려 있다. 간헐적 조작에서 연속 공정으로, 단일 단계 분리에서 다단계 직렬연결로 거품 분리 기술은 이미 다양한 성숙한 공정 모드를 발전시켜 중금속 폐수 처리, 생물학적 효소 분리 및 광물 부양 선별 등 분야에서 독특한 우위를 보여주고 있다.

두 분리 기술은 원리상 완전히 다르지만, 물리 화학적 성질 차이를 이용해 분리를 실현한다는 공통된 이념을 구현한다. 침전 기술은 용해도 조절에 중점을 두는 반면 거품 분리는 계면 행동 제어에 초점을 맞춘다. 이러한 원리적 상호보완성은 복잡계 분리에 다양한 기술 선택지를 제공한다. 실제 적용에서는 원료 특성, 제품 요구사항 및 생산 규모에 따라 서로 다른 분리 방법을 합리적으로 선택하거나 조합하는 것이 1차 분리 효율 향상의 핵심이다.

생명공학 기술의 발전에 따라 1차 분리 기술은 지능화, 통합화 방향으로 지속해서 진보하고 있다. 공정 매개변수의 정밀 제어, 신형 분리 매질 개발 및 다양한 분리 기술의 조합 혁신은 1차 분리 기술을 더 높은 효율과 더 낮은 비용 방향으로 발전시키고 있다. 이러한 기술적 진보는 생물학적 제품의 대규모 생산에 강력한 지원을 제공할 뿐만 아니라 후속 정밀 정제 공정에도 유리한 조건을 창출한다.

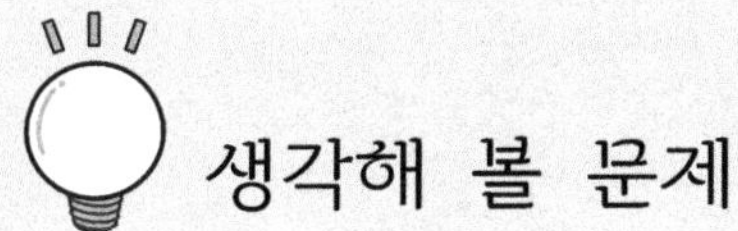

생각해 볼 문제

염 침전과 등전점 침전의 작용 원리, 조작 조건 및 적용 범위 측면에서의 유사점과 차이점을 비교한다.

유기 용매 침전법에서 왜 저온 조건에서 조작해야 하는가? 온도 변화가 침전 효과에 미치는 구체적인 영향은 무엇인가?

호프마이스터 절차가 염분 침전제 선택에 주는 지침적 의미를 설명하고, 황산암모늄이 가장 흔히 사용되는 염분 침전제가 된 원인을 분석한다.

거품 분리 기술에서 계면활성제 농도를 왜 임계 미세구 농도 이상으로 제어해야 하는가? 계면 흡착 관점에서 그 필요성을 설명한다.

다단계 직렬 거품 분리 시스템은 단일 단계 시스템에 비해 어떤 장점이 있는가? 이러한 설계는 어떻게 분리 효율과 제품 순도를 향상하는가?

실제 적용 사례를 바탕으로 목표 생성물 특성에 따라 침전법과 거품 분리법 사이에서 합리적인 선택을 하는 방법을 논의한다.

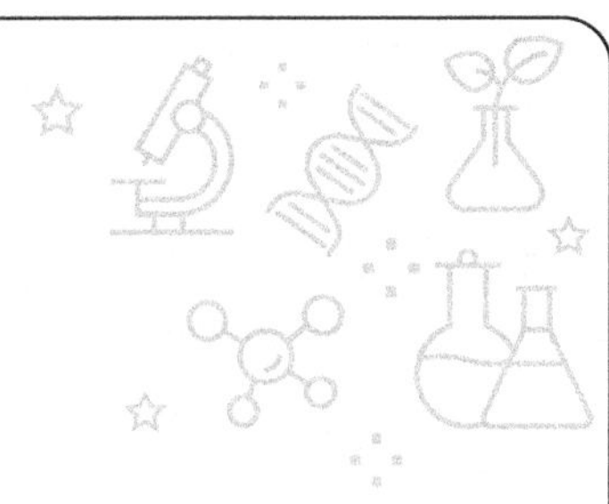

5. 막 분리

막 분리 기술은 20세기 초에 탄생하여 1960년대 이후 급속히 부상한 새로운 분리 기술이다. 전통 기술과 비교하여 막 분리 기술은 분리, 농축, 정제 및 정밀화 기능을 겸비하고 있다. 고효율, 에너지 절약, 환경 친화성, 분자 수준 여과 및 여과 과정의 단순성, 제어 용이성 등의 특징을 지니고 있어 현재 화학 공학, 생명공학, 의학, 식품 산업, 환경 보호, 해수 담수화, 석유 탐사 등 다양한 분야에 널리 적용되어 막대한 경제적 효과와 사회적 효과를 창출하고 있다. 또한, 현대 분리 과학에서 가장 중요한 수단 중 하나가 되었다. 생물 분리 과정에서 채택된 막 분리법은 주로 물질 간 투과성의 차이를 이용한다. 막은 분리 과정에서 다음과 같은 기능을 발휘한다. 물질의 식별과 투과, 상계면, 반응장. 물질의 식별과 투과는 혼합물 내 각 성분 간 분리를 실현하는 내재적 요소이다. 상계면으로서 막은 투과액과 잔류액을 상호 혼합되지 않는 두 상으로 구분한다. 반응장으로서 막 표면 및 막 구멍 내 표면에는 특정 용질과 상호작용 능력을 갖춘 기능군이 존재하며, 물리적 작용, 화학 반응 또는 생화학적 반응을 통해 막 분리의 선택성과 분리 속도를 향상한다.

5.1 막 재료와 그 특성

5.1.1 막 재료

고효율의 막 분리 공정을 실현하기 위해 막 재료에는 다음과 같은 요구사항이 있다.

(1) 여과 작용을 하는 유효 막 두께가 작고, 초여과 및 미세여과 막의 개공률이 높아 여과

저항이 작아야 한다.

(2) 막 재료는 불활성이며 용질을 흡착하지 않아 막이 오염되기 어렵고, 막 구멍이 막히기 어렵다.

(3) 적용 가능한 pH 및 온도 범위가 넓고 고온 살균에 견디며, 산·알칼리 세정제에 내성이 있으며, 안정성이 높아야 한다.

(4) 세척을 통해 투과 성능을 쉽게 회복할 수 있어야 한다.

(5) 분리 목적 달성을 위한 다양한 요구사항을 충족한다.

현재 사용되는 막 재료는 주로 셀룰로스 유도 체류, 폴리 설폰류, 폴리아마이드류, 폴리에스터류, 폴리올레핀류, 에틸렌계 중합체, 실리콘 함유 중합체, 불소 함유 중합체 등으로 구성된다.

5.1.1.1 셀룰로스계 막 재료

셀룰로스 및 그 유도체는 분리 막 재료로 사용된 역사가 100년 이상으로 거슬러 올라간다. 구리 암모니아 법으로 재생셀룰로오스 막을 제조했으며, 1960년 Loeb과 Sourirajan은 아세틸 셀룰로스를 이용해 역삼투 탈염 막을 성공적으로 제조하여 막 기술 발전 사상 중요한 이정표가 되었다. 역삼투, 초여과, 미세여과, 가스 분리, 투과 기화 등 다양한 막 공정에 성공적으로 적용되었으며, 수처리, 식품, 제약, 생물학적 제품과 가스의 분리, 농축, 정제 등 분야에서 광범위하게 활용되고 있다.

5.1.1.2 키토산/콘키타닌 계열 막 재료

키토산의 주요 원료는 갑각류(새우, 게 등)의 외피와 일부 균류, 조류의 세포벽이다.

키토산은 키토산에서 아세틸기를 제거하여 생성된 유도체이다. 키토산의 용해성은 크게 개선되었으며, 묽은 산은 키토산을 용해하고 키토산 분자 사슬에 양전하를 띠게 한다. 다량의 아미노기, 하이드록실기, 아세틸 아미노기 등의 활성기를 함유하고 있어 키토산은 우수한 반응 기능성과 현저한 생리 활성을 지닌다.

5.1.1.3 알긴산나트륨 분리 막 재료

알긴산나트륨은 갈색 해조류인 다시마나 갈조류에서 요오드와 만니톨을 추출한 후 얻어지는 다당류 탄수화물이다. 음이온성 고분자 전해질로, 다량의 하이드록실기와 카복실기를 함유하여 강한 친수성을 가지며 동시에 막 형성이 우수하여 흔히 사용되는 투과 기화 탈수 막 재료이다.

나트륨 알지네이트 막은 유연성이 우수하고 투기성이 높으며 밀도가 낮은 등의 장점이 있으나 용제 내성, 고온 내성 및 기계적 특성이 모두 열악하다.

5.1.1.4 폴리비닐리드 플루오라이드 분리 막 재료

폴리 비닐라덴 플루오라이드(PVDF)는 막 제조에 흔히 사용되는 막 재료 중 하나로, 비닐라덴 플루오라이드의 중합으로 생성된 반 결정성 고분자이다. 우수한 내 노화성, 내후성, 자외선 방사 저항성 및 기계적 특성이 있으며, 화학적 안정성이 좋아 강산, 강알칼리 및 강산화제의 부식을 받지 않는다. 그러나 PVDF의 낮은 표면 에너지와 강한 소수성 특성으로 인해 사용 과정에서 막 구멍이 막히기 쉽다.

5.1.1.5 폴리에테르설폰(PES)

폴리에테르설폰(PES)은 분리 분야에서 널리 사용되며 우수한 내노화성, 내열성, 가수분해 안정성 및 우수한 기계적 특성이 있다. PES 막은 주로 평판 막과 중공섬유 막 두 가지 형태로 존재한다. 평판 폴리에테르설폰 막은 일반적으로 상전환법을 통해 제조되며, 폴리머 용액을 지지체(유리, 폴리머, 금속, 부직포) 위에 주조한 후 비용매(일반적으로 물)에 침지하여 PES 평판 막을 얻는다. 중공 섬유 PES 막은 최소한 노즐판과 권취 장치를 포함한 전문 장비가 필요하며, 상전환을 기반으로 건식/습식 방사 기술을 적용하여 제조된다.

5.1.1.6 폴리올레핀계 소재

폴리올레핀계 재료에는 폴리에틸렌, 폴리프로필렌, 폴리에틸렌을, 폴리프로필렌아크릴로 나이트릴, 폴리아크릴아마이드 등이 포함된다. 이 재료들은 대량 생산되는 산업 제품으로 재료 조달이 용이하고 가공이 간편하다.

폴리에틸렌은 수용성 중합체로, 다량의 하이드록실기를 함유하여 우수한 친수성과 내산성을 지닌다. 막 형성 후 탁월한 내유성 및 단백질 오염 저항성을 나타내어 주로 초여과막과 역삼투막 제조에 사용된다. 그러나 폴리에틸렌 막 재료는 팽창이 쉽고, 강도가 낮으며, 내압성이 나쁘고, 크리프 현상이 발생하기 쉬워 일반적으로 폴리 페닐아민, 아세테이트 셀룰로스 등으로 개질한다.

폴리아크릴로나이트릴 분자 기단에는 강한 극성 시안기가 존재하여 응집 에너지가 크며 우수한 유기 용제 내성, 곰팡이 저항성, 가수분해 저항성 및 산화 방지성을 지닌다. 폴리아크릴로나이트릴은 막 형성 후 매끄럽고 유연하여 초여과막 제조에 널리 사용된다. 그러나 열 안정성이 낮고 분리막 표면의 친수성이 부족하여 막 오염을 유발하기 쉽다.

5.1.1.7 폴리아마이드계 재료

폴리아마이드계 고분자는 아마이드 사슬 단편을 포함하는 일련의 중합체를 지칭하며, 기계적 강도가 높고 화학적 안정성이 우수하며 특히 고온 성능이 뛰어나 기계적 강도가 높은 분리 막 제작에 적합하다. 폴리아마이드계 막은 단백질 용질에 대한 강한 흡착 작용으로 막 오염이 발생하기 쉬우며, 막 유량의 회복을 지연시킨다.

폴리아마이드는 분자에 방향족 고리 구조를 포함하여 우수한 기계적 성능, 열 안정성 및 화학적 안정성을 지니며, 그 분리 막은 높은 투기성과 높은 선택성을 갖춰 가스 분리 막에 널리 응용된다.

5.1.2 막 유량

막 유량은 일정 압력에서 단위 시간당 단위 막 면적을 통과하는 용질의 체적 유량을 나타낸다. 막을 탈 이온수로 세척한 후 0.4MPa에서 30분간 예압한 다음 서로 다른 압력에서 일정 체적의 투과액을 수집하는 데 필요한 시간을 측정하여 아래 공식에 따라 막의 유량 J를 계산할 수 있다.

$$J=Vp/(Am\cdot t)$$

공식에서 J는 막의 유량, A_m은 막의 유효 면적, V_p는 투과액의 부피, t는 운전 시간이다.

막 분리 시스템의 장비 비용과 운영 비용은 막의 투과 유량과 밀접한 관련이 있다. 단위 막 면적당, 단위 시간당 물의 유량이 클수록, 주어진 설계 유량에 대해 필요한 막 면적이 작아지므로 막 모듈의 비용을 낮출 수 있다. 실제 운영에서는 막 교체 비용이 전체 운영 비용 대부분을 차지하므로 고유량 막을 채택하고 교체 면적을 줄임으로써 교체 비용을 절감할 수 있다. 동시에 투과 유량 및 그 크기에 영향을 미치는 다양한 요인들은 막 성능과 장비 비용을 결정하는 핵심 요소이다.

5.1.3 막 구조

5.1.3.1 기공 구조

막의 기공 구조는 막 재료와 제조 방법에 따라 다르다. 막의 기공 구조는 막의 투과 유량,

오염 저항성 등 운영 성능에 큰 영향을 미친다. 초기 막은 대칭 막이 대부분이었는데, 이는 막 단면의 두께 방향으로 기공 구조가 균일함을 의미한다. 대칭 막은 물질 전달 저항이 크고 투과 유량이 낮으며 오염되기 쉬워 세척이 어렵다. 1960년대에 개발된 비대칭 막은 이러한 대칭 막의 단점을 해결하여 막 분리 기술의 발전을 촉진했다. 비대칭 막은 주로 분리 기능을 하는 활성층(0.2-0.5μm)과 지지 및 강화 기능을 하는 불활성 층(50-100μm)으로 구성된다. 불활성 층의 기공은 매우 커서 유체의 투과에 저항이 없다. 비대칭 막은 분리 작용을 하는 표면활성층이 매우 얇고 기공이 미세하므로 투과 유량이 크고 막 기공이 막히기 어렵고 세척이 용이하다. 현재의 초여과 막과 역삼투 막은 대부분 비대칭 막이다.

고분자 미세여과막은 대칭 막이 주를 이루며 비대칭 막은 지상 구조로, 주로 초여과 막에 사용된다. 역삼투 막의 구조는 대부분 스펀지 모양이다. 신형 무기 세라믹 미세여과막은 대부분 비대칭 막이다. 또 다른 미세여과막은 전자 기술을 이용해 제조된 핵공 미세여과막으로 기공 형태가 규칙적이고 기공 통로가 직통하며 원통형 구조를 띤다. 기공 크기 분포 범위가 좁아 투과 유량, 분리 성능 및 오염 저항성 측면에서 모두 굴곡형 기공 구조의 미세여과막보다 우수하나 제조 비용이 많이 든다.

5.1.3.2 기공 특성

막의 기공 특성에는 기공 크기, 기공 크기 분포 및 기공률이 포함된다. 초여과 및 미세여과 막의 기공 크기 및 분포는 전자현미경으로 직접 관찰 및 측정을 할 수 있다.

막 공극률은 막 구멍의 부피가 막 전체 부피에서 차지하는 백분율을 의미하며, 막 구조 연구에서 이 지표는 매우 중요하다. 건습 중량법은 막 공극률을 나타내는 간단한 방법이다. 구체적인 시험 방법은 다음과 같다. 제조된 습막을 3cm×3cm 정사각형으로 절단하고, 면적을 S로 표기한다. 무진지로 표면 수분을 닦아낸 후 즉시 무게를 측정하여 M_w로 기록한다. 이후 나사식 마이크로미터로 초여과 막 두께를 측정하여 h로 기록한다. 막마다 6개 지점을 측정하여 평균값을 구한다. 이후 초여과 막을 40℃ 오븐에 넣어 건조해 수분을 완전히 제거한다. 탈수 완료 후 다시 무게를 측정하여 M_d로 기록한다. 다음 식에 따라 기공률을 계산한다.

$$\epsilon = \frac{M_w - M_d}{Sh}$$

5.2 각종 막 분리법 및 그 원리

생물 분리 분야에 적용되는 막 분리법에는 미세여과(microfiltration, MF), 초여과(ultrafiltration, UF), 역삼투(reverse osmosis, RO), 투석(dialysis, DS), 전기투석(electrodialysis, ED) 및 투과증발(pervaporation, PV) 등이 있으며, 각종 막 분리법의 원리와 적용 범위는 표 5.1에 정리되어 있다.

표 5.1 각종 막 분리법의 원리와 적용 범위

막 분리법	질량 전달 동력	분리 원리	응용 예시
미세여과(MF)	압차(0.05-0.5MPa)	체질	균체, 세포 및 바이러스 분리
초여과(UF)	압차(0.1-1.0MPa)	체질	단백질, 펩타이드, 다당류 회수 및 농축, 바이러스 분리
역삼투(RO)	압차(1.0-10MPa)	체질	염류, 아미노산, 당류 농축, 담수 제조
투석(DS)	농도차	체질	탈염, 변성제 제거
전기 투석(ED)	전위차	전하 부착, 체질	탈염, 아미노산 및 유기산 분리
투과 기화(PV)	압차, 온도차	용질과 막의 친화력	유기 용매와 물의 분리, 공비 물 분리(예: 에탄올 농축)

5.2.1 초여과 및 미세여과

초여과는 저압 막 분리 기술로, 콜로이드 및 고분자량 물질의 분리에 사용된다. 압력 차를 추진력으로 삼아 용액 측에 일정한 압력을 가하면 원액 중 분자량이 막 표면 미세공보다 큰 물질은 막에 의해 유입 측에 차단되고, 저분자량 용질과 용매는 막 층을 통과하여 원액의 분리, 정제 또는 농축을 실현한다. 초여과의 분리는 주로 물리적 체 분리 작용이며, 막 표면의 정전기 흡착 등 화학적 특성도 차단 성능을 갖추어 분리 효과에 영향을 미친다. 초여과막의 표층은 선택성을 가지며, 주요 역할은 특정 크기와 형태의 구멍을 생성하는 것이다. 적절한 구멍 크기의 초여과막은 서로 다른 분자량과 형태의 물질을 계층화하거나 분리할 수 있다.

초여과 필터링 메커니즘은 3가지 측면을 포함한다. 막 구멍에 의한 원액 내 고분자 및 미립자의 기계적 체 분리 메커니즘, 입자가 막 구멍 내에서 막히는 차단 메커니즘, 그리고 막 표면과 구멍에 의한 이온 흡착 메커니즘이다. 초여과는 사류 여과(cross-flow filtration)이며, 그림 5.1은 초여과 기술의 기본 원리를 보여준다.

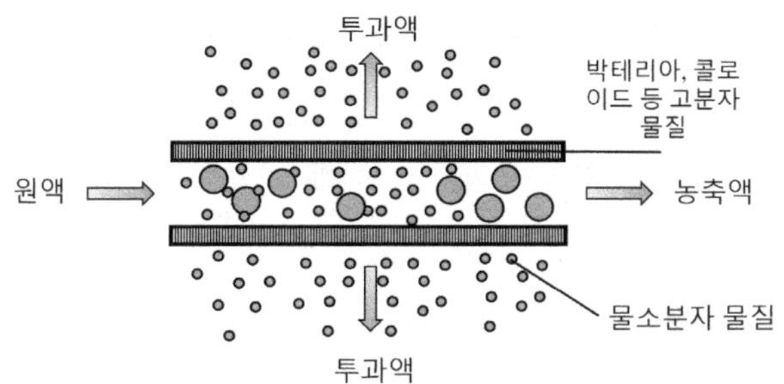

〈그림 5.1〉 초여과 기본 원리

초여과막은 일반적으로 비대칭 구조로 얇은 피막층과 비교적 두꺼운 지상 구멍 구조 또는 스폰지 구조의 지지층으로 구성된다.

구조 지지층으로 구성되며 분리 및 선택 작용을 하는 것은 미세여과막과 나노 여과막 사이의 기공 크기를 가진 치밀한 얇은 피층이다. 분리 메커니즘은 주로 기계적 차단, 가교, 흡착 등을 포함한다. 서로 다른 크기의 분자를 포함한 혼합 액체가 일정한 막을 가로지르는 압력에서 초여과막을 통과할 때 분자 직경이 막 구멍 직경보다 훨씬 큰 고분자는 막 표면에서 차단된다. 분자 직경이 막 구멍 직경과 비슷한 중간 분자는 막 구멍에 머물러 막 구멍을 막게 되며, 분자 직경이 막 구멍 직경보다 훨씬 작은 저분자는 막 구멍을 통과한다. 실제 분리 과정에서 분자 크기가 작은 물질도 차단될 수 있는데, 이는 초여과막 표면의 표면 자유 에너지 및 전하 효과 등 이화학적 특성과 관련될 수 있다.

초여과는 가장 초기에 개발된 고분자 분리 막 기술로 1960년대 이미 산업화가 이루어졌으며 이후 급속히 발전하였다. 초여과 기술은 미립자, 콜로이드, 세균, 열감수성 물질 제거에 있어 탁월한 성능을 발휘하며, 주로 고분자 용질 용액 농축, 용매 정제, 혼합 용질 분급 등에 활용된다.

미세여과막 분리 기술은 19세기 중반에 시작되었으며, 정압차를 추진력으로 삼아 체망 모양의 여과 매질막의 체 분리 작용을 이용하여 분리하는 막 공정이다. 주로 기상 및 액상 현탁액에서 미립자, 세균 및 기타 오염물질을 차단하여 정화, 분리 및 농축 등의 목적을 달성하는 데 사용된다. 미세공 여과를 수행하는 막을 미세여과막이라 한다. 미세여과막은 균일한 다공성 박막으로 두께는 약 90-150μm, 여과 입자 크기는 0.025-10μm 사이이며, 작동 압력은 0.01-0.2MPa이다.

미세여과막의 주요 장점은 다음과 같다. 구멍 크기가 균일하고 여과 정밀도가 높아 액체 내 지정된 구멍 크기보다 큰 모든 미립자를 완전히 차단할 수 있다. 구멍이 커서 유속이 빠르며, 일반적으로 미세여과막의 구멍 밀도는 10^7/cm^{2}로 미세공 부피가 막 전체 부피의 70~80%를 차지한다. 막이 매우 얇아 저항이 작으며, 그 여과 속도는 일반 여과 매체보다 수십 배 빠르다. 흡착이 없거나 적으며, 미세공 막 두께가 얇아 흡착량이 매우 적어 무시할 수 있다. 매체 탈락이 없으며, 미세여과막은 균일한 고분자 재료로 여과 시 섬유나 부스러기가 떨어지지 않아 고순도 여과액을 얻을 수 있다.

미세여과막은 생활하수 처리, 음료 산업, 양조 산업, 유제품 산업, 해수 담수화 전처리 등 다양한 산업 분야에 활용될 수 있다.

5.2.2 역삼투(RO)

역삼투(RO)는 압력 차를 추진력으로 하는 막 분리 공정으로, 용액 측에 용액의 삼투압보다 높은 압력을 가하면 용액 내 기타 물질(무기염, 유기물, 중금속 이온 등)이 반투막 한쪽에 차단되고 물 또는 소분자 용질만 선택적으로 막층을 통과하여 액체 혼합물의 분리를 실현한다. 역삼투막의 작동 원리는 그림 5.2와 같다. 역삼투막의 기공 크기는 작으며(약 1nm), 분자량 차단 한계는 일반적으로 200 미만으로 대부분의 소분자 물질을 제거할 수 있다. 역삼투막은 거의 모든 용질에 대해 높은 제거율을 보인다.

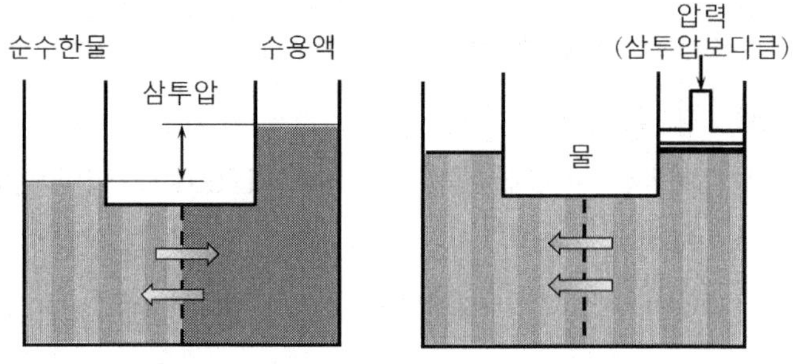

〈그림 5.2〉 투과와 역 투과 기본 원리

역삼투 기술은 광범위하게 응용되며 관련된 분야는 다음과 같다. 전력 및 음료용 수처리, 무균 음용수, 초순수 제조, 염분 함유 담수 탈염, 해수 담수화, 발전소 용수 처리, 신장 투석, 약물 정제, 화학 공정의 분리, 농축, 정제, 약액·과즙·커피 추출액 농축, 염색·식품·제지 폐수 처리 등이다.

5.2.3 투석

특정 구멍 크기를 가진 고분자 용질이 통과할 수 없는 친수성 막을 이용해 고분자 용질과 기타 소분자 용질이 포함된 용액을 순수 또는 완충액(투석액이라 함)과 분리한다. 막 양측의 용질 농도 차이로 인해 농도 차에 의해 고분자 용액 내 소분자 용질(예: 무기염)이 투석액 쪽으로 이동하고, 투석액의 물은 고분자 용액 쪽으로 이동하는 현상을 투석이라 한다. 투석 작업에 사용되는 친수성 막을 투석막이라 한다.

투석막은 일반적으로 5-10nm 구멍 크기의 친수성 막으로 셀룰로스 막, 폴리프로필렌 나이트릴 막, 폴리아마이드 막 등이 있으며 주로 생물학적 고분자 용액의 탈염에 사용된다. 투석 과정은 농도 차이를 질량 전달 동력으로 삼기 때문에 막의 투과 유량이 매우 작아 대규모 생물학적 분리 과정에는 적합하지 않으며, 주로 실험실에서 활용된다.

투석법은 임상에서 신부전 환자의 혈액 투석에 흔히 사용된다. 혈액 투석 장비는 투석기, 수처리 시스템, 투석액 시스템이나 투석기 등으로 구성되며, 인체의 신장 기능을 대체하여 혈액 정화의 목적을 달성한다.

5.2.4 투과 기화

투과 기화의 원리는 그림 5.3에 표시되어 있다. 소수성 막의 한쪽에는 원료 액을 공급하고, 다른 쪽(투과 측)에는 진공을 유지하거나 불활성 가스를 공급하여 막 양측에 용질 분압 차를 발생시킨다. 분압 차의 작용으로 원료 액의 용질이 막 내부에 용해되어 확산을 통해 막을 통과한 후 투과 측에서 기화된다. 기화된 용질은 막 장치 외부에 설치된 응축기에서 응축되어 회수된다. 따라서 투과 기화법은 용질 간 막 투과 속도의 차이에 따라 혼합물을 분리한다. 막과 용질의 상호작용이 용질의 투과 속도를 결정하며, 유사상용성 원리에 따라 소수성이 큰 용질은 소수성 막에 용해되기 쉬워 투과 속도가 높아 투과 측에서 농축된다. 기화에 필요한 잠열은 외부 열원으로 공급된다.

투과 기화 과정은 다음과 같은 단계를 포함한다. 액체 혼합물이 막의 상류층을 통과하며 선택적으로 흡착된다. 원료액의 성분은 화학 전위 차이에 의해 막을 통과하며, 이 차이는 진공, 가스 세척 또는 막 하류 차원의 온도 차 생성으로 얻을 수 있다. 투과된 증기는 막의 하류 차원에서 탈착된다. 투과 기화 과정에서 액상에서 기상으로의 상변화가 발생하지만, 이 과정에는 소량의 열만 필요하다. 따라서 널리 사용되는 증류 공정과 비교할 때 투과 기화는 더 에너지 효율적인 방법이다. 또한, 어떠한 첨가제(즉, 제3의 성분인 캐리어 또는 추출제)도 필요하지 않아 투과 기화가 공비 증류 및 추출 증류보다 환경친화적임을 결정한다.

역삼투와 비교하여 투과 기화 과정에서 용질은 상변화를 일으키며 투과 측 용질은 기체 상태로 존재하므로 삼투압의 작용이 제거된다. 이로 인해 투과 기화는 낮은 압력에서 진행되며 고농도 혼합물의 분리에 적합하다.

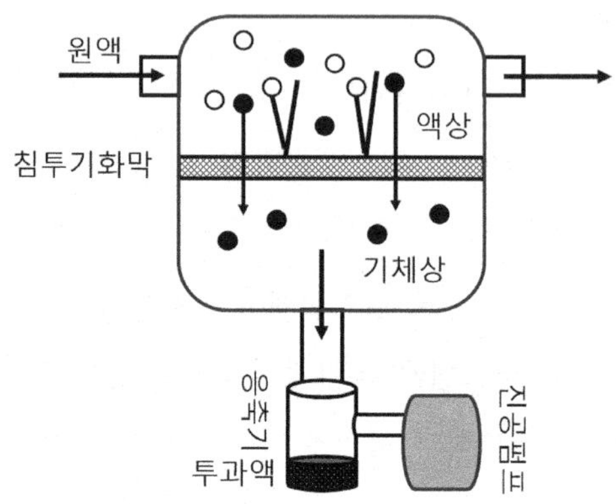

〈그림 5.3〉 투과 기화 개략도

투과 기화법은 용질 간 막 투과성의 차이를 이용하므로 높은 선택성, 낮은 에너지 소비 및 적절한 비용 효율성을 지니며, 전통적 분리 공정을 대체할 이상적인 기술로 간주한다. 주로 공비/준비 혼합물 분리, 수용액으로부터 미량 물질 및 열감성 화합물 회수에 사용되며, 환경, 녹색 에너지, 식품, 화학 및 제약 등 다양한 분야에 광범위하게 적용될 수 있다.

5.2.5 전기투석

전기투석은 분자 전하 특성과 분자 크기 차이를 이용한 막 분리법으로, 소분자 전해질(예: 아미노산, 유기산) 분리 및 용액 탈염에 활용된다. 전기투석에 사용되는 막 재료는 이온 교환막으로, 막 표면과 기공 내에 공액 결합한 이온 교환 기단(예: 황산 기단 등 산성 양이온 교환 기단, 4급 암모늄 기단 등 알칼리성 음이온 교환 기단을 가진다. 양이온 교환 기단이 결합한 막은 양이온 교환 막, 음이온 교환 기단이 결합한 막은 음이온 교환 막이라 한다. 전기장의 작용하에서 전자는 양이온을 선택적으로 투과시키고, 후자는 음이온을 선택적으로 투과시킨다.

그림 5.4와 같이 양이온 교환 막 C와 음이온 교환 막 A를 각각 두 장씩 교차 배열하여 분리기를 5개의 소실로 구획하고, 양단에 막에 수직 방향으로 전기장을 가하면 전기투석 장치가 구성된다. 용액의 탈염을 목적으로 할 때, 원액은 탈염 실(1, 3, 5)에 배치하고, 나머지 두 실(2, 4)에는 적절한 전해질을 넣는다. 전기장의 작용으로 전해질이 전기영동을 일으키며, 이온 교환막의 선택적 투과 특성으로 인해 탈염 실의 용액은 탈염되고, 2, 4실의 염 농도는 증가한

다. 전기투석 과정은 연속적으로도 운영 가능하며, 이때 원액은 탈염실(1, 3, 5)을 연속적으로 통과하고, 저농도 전해액은 2, 4실을 연속적으로 통과한다. 탈염 실 출구에서는 탈염된 용액을, 2·4실 출구에서는 농축된 염 용액을 얻을 수 있다.

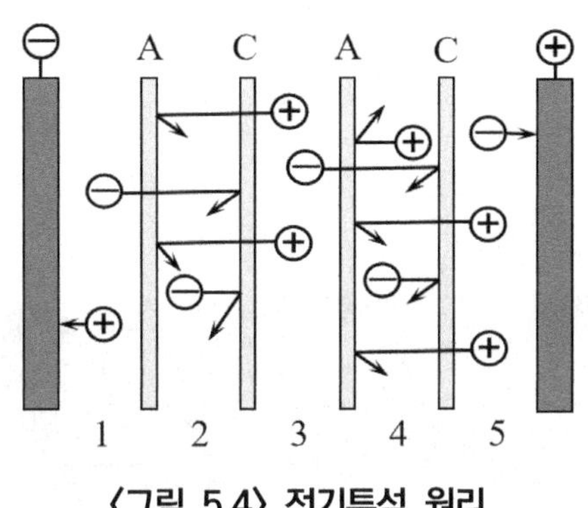

〈그림 5.4〉 전기투석 원리

A: 음이온 교환 막, C: 양이온 교환 막

식품 및 제약 산업에서 전기투석은 유기 용액에서 전해질 이온을 제거하는 데 활용되며, 유청 탈염, 당류 탈염 및 아미노산 정제 분야에서 성공적으로 적용되고 있다. 신흥 막 분리 기술인 전기투석은 천연수 담수화, 해수 농축 제염, 폐수 처리 등에서 중요한 역할을 하며 이미 비교적 성숙한 수처리 방법으로 자리매김하였다.

5.3 막 모듈

막이나 막을 고정하는 지지체, 간격물 및 이러한 부품을 수납하는 용기로 구성된 단위를 막 모듈 또는 막 장치라고 한다. 막 모듈의 구조는 막의 형태에 따라 다르며, 시판되는 막 모듈은 주로 관형, 평판형, 나선형 및 중공 섬유(모세관)형 네 가지가 있다. 이중 관형과 중공 섬유형 막 모듈은 작동 방식에 따라 내압식과 외압식으로 다시 구분된다.

5.3.1 관형 막 모듈

일반적인 여과 과정에서 여과 찌꺼기는 여과 매질 표면에 형성된다. 여과 찌꺼기의 증가는 여과 속도의 감소를 동반한다. 매우 미세한 입자로 구성된 슬러리 현탁액을 처리할 때 압축이 어려운 여과 찌꺼기가 형성되는 경우가 많으며, 매우 얇은 여과 찌꺼기라도 큰 저항을 발생시켜 높은 여과 속도를 유지하기 어렵다. 회전관형 막 미세여과를 적용하면 막 관의 회전으로 발생하는 전단력이 지속해서 여과 케이크를 막 표면에서 긁어내어 케이크의 저항을 장시간 낮은 수준으로 유지할 수 있으므로 높은 여과 속도를 유지할 수 있다. 연구에 따르면 회전관형 막을 사용하여 분리하기 어려운 마이크로미터급 슬러리 현탁액 및 서브 마이크로미터급 슬러리 물질을 여과할 때 일반적인 케이크 여과보다 더 높은 여과 속도를 얻을 수 있다.

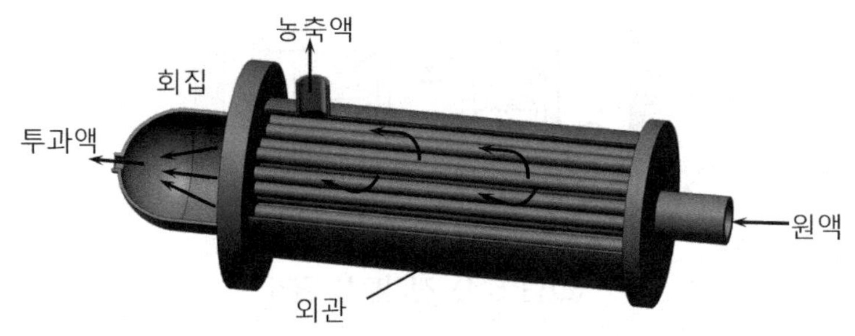

〈그림 5.5〉 관형 막 모듈 개략도

그림 5.5는 관형 막 모듈의 개략도로 내부 튜브는 막 튜브이거나 내부 및 외부 튜브 모두 막 튜브이다. 내통이 회전하며, 막 튜브는 외통과 동축을 이룬다. 현탁액은 두 통 사이의 환형 틈새를 통과하며, 압력 차에 의해 맑은 액체는 막 벽을 통해 내통으로 유입되어 배출된다. 막 튜브의 회전 속도가 일정 수준에 도달하면 환형 틈새 내 현탁액 흐름에 테일러 소용돌이(Taylor vortex)가 발생한다. 이는 막 표면에 발생하는 강한 전단 유동을 통해 입자 침적을 매우 감소시켜 여과 효율을 향상한다.

관형 막 모듈의 적용은 주로 수처리와 생물공학 두 분야로 나뉜다. 음용수 내 미생물 및 미세 오염물질 등 유해 물질을 효과적으로 제거하여 물의 탁도를 낮출 수 있다. 관형 막 분리는 발효액 처리의 효과적인 수단으로, 막 튜브 회전으로 생성된 Taylor 소용돌이가 막 오염을 최소화한다.

5.3.2 판형 막 모듈

판형 막 모듈은 오염 저항성이 높고 세척 주기가 길며 수명이 길고 단일 판 교체 가능하지만, 충전 밀도가 낮고 순수 유량이 낮으며 역세척이 불가능하고 막 비용이 많이 든다. 판형 막 모듈의 개략도는 그림 5.6과 같다.

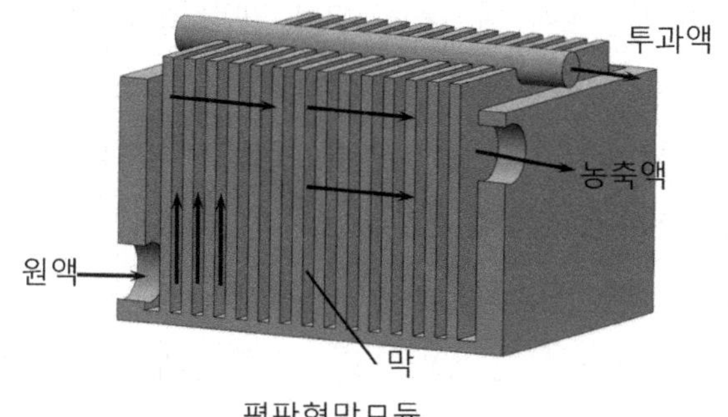

〈그림 5.6〉 판형 막 모듈 개략도

판형 막 모듈은 판형 열교환기나 가압 엽 필터와 유사하게 다수의 원형 또는 직사각형 판형 막을 약 1mm 간격으로 중첩 가공하여 제작되며, 막 사이에 다공성 박막을 삽입하여 공급액 또는 여과액이 흐르도록 한다. 판형 막 모듈은 관형 막 모듈보다 표면적이 훨씬 크다. 실험실에서는 종종 한 장의 판형 막을 용기 바닥의 교반조식 필터에 고정하여 사용한다.

5.3.3 중공 섬유(모세관) 막 모듈

중공 섬유 막은 섬유 모양의 외형을 가지며 자체 지지 기능을 하는 막으로 분리 막 분야의 중요한 분지이다. 중공 섬유(모세관) 막 모듈의 개략도는 그림 5.7과 같다. 중공 섬유(모세관) 막 모듈은 수백 개에서 수백만 개의 중공 섬유 막(모세관)이 원통형 용기 내에 고정되어 구성된다. 내경이 40~80μm인 막은 중공 섬유 막이라 하고, 내경이 0.25~2.5mm인 막은 모세관 막이라 한다.

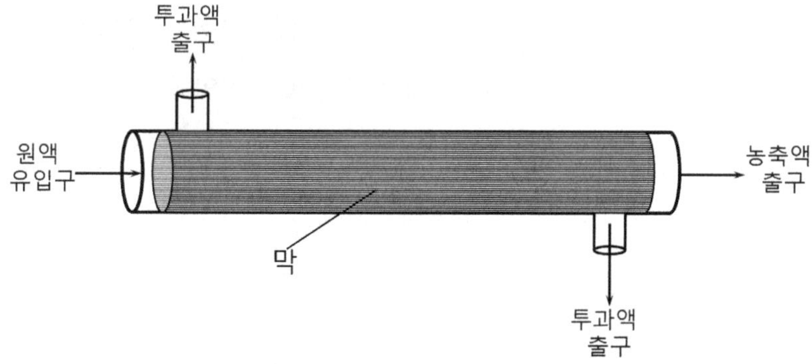

〈그림 5.7〉 중공 섬유(모세관) 막 모듈 개략도

두 종류의 막 모듈 구조가 기본적으로 동일하므로 일반적으로 이 두 막 장치를 통칭하여 중공 섬유 막 모듈이라 부른다. 모세관 막의 내압 능력은 1.0MPa 이하로 주로 초여과와 미세여과에 사용되며, 중공 섬유 막의 내압 능력은 상대적으로 높아 역삼투에 주로 사용된다. 중공 섬유 막 모듈은 매우 가는 중공 섬유 다수로 구성되어 있어, 외부 압력 방식(원료액이 외피를 통과)으로 작동할 경우 유체 흐름에서 골류 현상이 발생하기 쉬우며, 겔 흡착층 제어에 어려움이 있다. 내부 압력 방식(원료액이 내부를 통과)으로 작동할 경우 막힘을 방지하기 위해 원료액의 사전 처리가 필요하며, 이 과정에서 고형 미립자를 제거해야 한다.

다른 분리 막과 비교하여 중공 섬유 막은 다음과 같은 장점이 있다.

첫째, 막이 자체 지지 구조를 가지므로 별도의 지지체가 필요 없어 막 모듈의 가공이 단순화되고 비용이 절감된다.

둘째, 단위 부피당 충전 밀도가 높아 매우 큰 비표 면적을 제공한다. 예를 들어, 0.3m^3 중공 섬유 막 모듈은 500m^2의 유효 막 면적을 제공하며, 동일 조건에서 판형 막 모듈은 20m^2, 관형 막 모듈은 5m^2에 불과하다.

셋째, 재현성이 우수하여 공정 확대가 용이하다.

중공 섬유 막의 분리 과정은 압력 구동과 농도차 구동 두 가지로 구분된다. 압력 구동형 막 분리 공정은 막 양측의 압력 차가 구동력이다. 압력 작용 하에서 용매 또는 용매와 용질, 혼합 기체 중 특정 성분이 막을 통과하는 반면, 혼합 유체 내 대분자 물질이나 특정 소분자 성분은 막을 통과하지 못하고 차단된다. 일반적으로 막의 기공 크기가 작을수록 막의 질량 전달 저항이 커지며, 유량과 차단 물질의 크기 및 분자량이 적어진다. 유량을 높이기 위해 비교적 높은 압력을 사용하여 압력 구동형 막 분리 공정의 유량을 증가하는 경우가 많다. 압력 구동형 막은 주로 액체 유체의 분리에 사용된다.

농도 차 구동형 막 분리 공정에는 기체 분리, 투과 기화, 투석 등이 있다. 이러한 막 분리 공정에서 물질이 막을 통과하는 동력은 막 양측 성분의 농도 차이며, 분리 기전은 용해 확산이다. 기체 분리 및 투과 기화 공정에서 상류 유체 내 성분의 농도를 높이기 위해 높은 압력을 적용할 수 있다.

5.3.4 나선형 막 모듈

나선형 막 모듈은 충전 밀도가 높으며 조작 편의성, 오염 저항성, 투과 속도 및 충전 밀도 간의 균형을 이루므로 분리 공정에 널리 적용된다. 해수 담수화, 물 처리, 물 회수, 산업 폐수 처리, 일상 화학 제품 처리, 제약 산업에서의 고가치 제품 회수 및 기체 분리 공정 등에 활용된다. 나선형 막 모듈은 두 장의 평판 막을 다공성 여과액 격망(격망은 여과액 유로)에 고정하고 양단을 밀봉한다. 두 장의 막 상하에는 각각 한 장의 원액 격망(원액 유로)을 덧대어 중공관에 감아 감는다. 중공관은 여과액 회수에 사용된다.

표 5.2는 다양한 막 모듈의 특성과 적용 범위를 요약한 것이다.

표 5.2 각종 막 모듈의 특성 및 적용 범위

막 모듈	비표 면적/(m^2/m^3)	설비비	운영비	막 표면 흡착층 제어	응용
관식	20-30	매우 높음	높음	매우 쉬움	UF, MF
판형	400-600	높음	낮음	쉬움	UF, MF, PV
나선형	800-1000	낮음	낮음	어려움	RO, UF, MF
모세관식	600-1200	낮음	낮음	쉬움	UF, MF, PV
중공섬유식	약 104	매우 낮음	낮음	매우 어려움	RO, DS

5.4 작동 특성

5.4.1 농도차 분극화

농도차 분극화는 막 분리 과정에서 빠른 투과 성분이 추진력의 작용으로 막을 빠르게 통과하는 반면 느린 투과 성분이 막 표면에 축적되어 질량 전달 경계층을 형성하여 빠른 투과 성분의 막 통과에 전달 저항을 일으키는 현상을 말한다. 이 현상의 근본 원인은 막의 선택적 투과성에 있으며, 막 분리 운영 시 완전히 제거할 수 없다. 그러나 농도차 분극화는 가역적이어서 막 분리 과정이 중단되면 농도차 분극화 현상도 사라진다.

압력 구동형 막 분리 공정(예: 미세여과, 초여과, 역삼투)에서는 농도차 분극화 현상이 매우 심각하다. 투과 유량은 추진력과 비례하고 질량 전달 저항과 반비례하므로, 농도차 분극화가 발생하면 유량 감쇠가 상당히 현저할 수 있다. 막 표면 근처 농도 상승은 막 양측의 투과압 차이를 증가시켜 유효 압력 차를 감소시키고 투과 유량을 낮춘다. 막 표면 근처의 농도가 용질의 용해도를 초과하면 용질이 침전되어 겔층을 형성한다. 균체, 세포 또는 기타 고형 성분을 포함한 원액을 분리할 때도 막 표면에 겔 층이 형성되며, 이를 겔 극화 현상이라 한다. 겔 층 형성은 추가적인 물질 전달 저항을 발생시킨다.

농도차 분극화는 겔 층 형성 외에도 흡착 및 막 구멍 막힘은 원료가 막을 통과하는 데 새로운 저항을 가하여 투과 유량을 감소시킵니다. 막을 통한 유량은 다음 공식으로 표현할 수 있다.

$$J=\frac{\Delta P}{\eta R_t}$$

막 분리 과정에서 농도차 분극화와 막 오염 등의 문제로 인해 투과 유량이 감소하며, 이는 투과 유량이 시간에 따라 감소함을 의미한다. 이는 막 분리 기술의 대규모 산업적 적용을 심각하게 저해한다. 농도차 분극화와 막 오염 현상이 발생하면 침적 층이나 겔 층 형성으로 인한 질량 전달 저항 증가, 삼투압 상승에 따른 질량 전달 추진력 감소, 막 분리 성능 저하, 공정 에너지 소비 증가 등 막 공정에 추가적인 악영향을 미친다. 따라서 농도차 분극화와 막 오염을 완화하거나 방지하여 막 공정의 삼투 유량을 증가하는 다양한 강화 조처를 하는 것이 지속해서 추구되는 목표이다.

5.4.2 초여과막의 분자 차단 작용

막의 기공 크기는 "체"와 유사하여 기공보다 큰 분자는 통과할 수 없어 차단된다. 또한, 전하 배척, 분자 친화력 등의 작용을 통해 차단될 수도 있다. 분자 차단이란 일반적으로 막 분리 등의 기술을 통해 막의 기공 크기나 분자 간 상호작용을 이용하여 특정 크기나 성질의 분자를 혼합물에서 분리하고 차단(차단)하는 과정을 의미한다. 막의 차단 분자량은 해당 막이 차단할 수 있는 최소 분자 질량으로 막의 분리 능력을 측정하는 지표로 사용된다.

판막의 차단율은 간헐 교반 조형 초여과기로 측정할 수 있다. 농도차 분극화가 발생하지 않도록 낮은 압력과 적절한 교반 속도에서 조작한다. 초여과 전후의 잔류액 농도와 부피를 측정하여 다음 식으로 차단율을 계산할 수 있다.

$$R=\frac{\ln(c/c_0)}{\ln(V_0/V)}$$

여기서, c_o와 c는 각각 용질의 초기 농도와 초여과 후 농도이며, V_o와 V는 각각 원액의 초기 부피와 초여과 후 부피이다. 실제 막 분리 과정에서 차단율(표면 차단율)에 영향을 미치는 요인은 많으며, 상대 분자량 외에도 주로 다음과 같은 측면이 있다.

첫째, 분자 특성: 상대 분자량이 동일할 경우 선형 분자의 차단율은 낮고, 분지 사슬을 가진 분자의 차단율은 높으며, 구형 분자의 차단율이 가장 높다. 전하를 띤 막의 경우, 막과 반대 전하를 가진 분자의 차단율은 낮고, 반대의 경우 차단율이 높다. 막이 용질에 대해 흡착 작용을 할 경우, 용질의 차단율이 증가한다.

둘째, 운전 조건: 온도가 상승하면 점도가 감소하여 차단율이 낮아진다. 막 표면 유속이 증가하면 농도차 분극화 현상이 완화되어 차단율이 감소한다. 또한, 원액의 pH가 함유된 단백질의 등전점과 같을 때 단백질의 순전하가 0이 되어 단백질 간 정전기적 반발력이 최소화된다. 이로 인해 해당 단백질이 막 표면에 형성하는 겔 극화 층의 농도가 최대가 되어 투과 저항이 최대가 된다. 이때 용질의 차단율은 다른 pH 조건에서의 차단율보다 높다.

셋째, 기타 고분자 용질의 영향: 두 가지 이상의 고분자 용질이 공존할 때 그중 특정 용질의 차단율은 단독 존재 시보다 높아진다. 이는 주로 농도차 분극화 현상으로 인해 막 표면 농도가 주체 농도보다 높아지기 때문이다.

막 분리 기술에서 분자 차단 효율과 유량 균형을 최적화하려면 막 재료, 운전 조건, 공정 설계 등 여러 방면에서 종합적으로 조정해야 하며, 핵심은 분리 효과를 보장하면서 막 오염과 저항을 줄이는 것이다.

5.4.2.1 막 재료 및 구조 최적화

친수성 재료를 선택하여 용질과 막의 흡착을 줄이고 오염을 감소시키며 유량을 유지한다. 소수성 막은 단백질 등의 흡착으로 인해 막힘이 발생하기 쉽다.

막의 기공 크기 분포와 기공률을 최적화한다. 기공 크기 균일화는 대공 누출 현상을 줄여 차단율을 높인다. 적절히 기공률을 증가시키면 유량을 향상할 수 있으나 기공이 지나치게 커져 차단 효율이 떨어지는 것은 피해야 한다. 비대칭 구조의 막을 제조한다. 표층은 밀집 분리 층(차단 제어)으로, 하층은 다공성 지지층(유량 향상)으로 하여 분리 효율과 질량 전달 효율을 균형 있게 한다.

5.4.2.2 운전 조건 조절

일정 범위 내에서 운전 압력을 증가시키면 유량을 증가할 수 있으나 임계 압력을 초과하면 농도차 분극화가 심화하여 오히려 유량 감소와 차단율 변동을 초래하므로 압력 균형점을 찾아야 한다.

원액 유속을 높이면 막 표면의 용질 침착을 완화하고 농도차 분극화를 약화하며, 전단력을 통해 오염물질 부착을 줄여 유량을 유지할 수 있다. 그러나 유속이 지나치게 높으면 에너지 소비가 증가하므로 실제 공정과 연계하여 최적화해야 한다.

온도를 높이면 원액 점도가 낮아지고 분자 확산 속도가 빨라지며, 막 질량 전달 저항이 감소하여 유량이 현저히 향상된다. 그러나 온도가 막 재료의 내열 범위를 초과하면 막 구조가 연화되거나 변형되어 기공 크기가 증가하여 차단율이 떨어질 수 있다. 동시에 고온은 용질의 변성 및 응집을 촉진하여 막 표면에 비가역적 오염층을 형성할 수 있으며, 이는 오히려 막 기공을 막아 후속 유량이 급감하게 된다.

pH 값을 용질의 등전점 범위를 벗어난 수준(예: 단백질 분리 시)으로 조절하면 용질이 전하 중화로 인한 응집 침적을 줄여 막 오염을 감소시키고 유량을 유지할 수 있으며, 동시에 극단적인 pH가 막 재질을 손상하는 것을 방지할 수 있다.

5.4.2.3 공정 및 오염 제어 전략

여과 전 원액의 대립자 불순물을 제거하여 막 구멍 막힘을 줄인다. 응집제를 첨가하여 콜로이드 입자를 응집시켜 막 표면 오염 부하를 낮춘다.

역세척(물 또는 가스로 막 표면을 역방향으로 세척) 및 펄스 세척을 통해 침적 오염물을 직접 제거하여 유량을 회복한다. 산, 알칼리 또는 계면활성제를 사용하여 유기/무기 오염물을 용해하되 농도와 시간을 제어하여 막 손상을 방지한다.

막 표면에 실시간으로 동적 여과 케이크층 형성(예: 규조토 첨가)하고, 여과 케이크층으로 소분자 차단과 동시에 막 자체의 유량 유지 기능을 활용하여 차단과 유량 간 균형을 유지한다.

막 양측에 전기장을 가해 전기투석 작용으로 이온 이동을 촉진하고 농도차 분극화를 감소시키며, 특히 전하를 띤 용질 체계에 적합하다.

5.4.2.4 수학적 모델링 및 시뮬레이션 최적화

전산 유체역학(CFP)을 활용해 막 표면 유동장을 시뮬레이션하고, 구성 요소 구조를 최적화하여 사각 수역과 농도차 분극화 영역을 감소시킨다. 포집률-유량 수학적 모델을 구축하여 다양한 조건 아래의 평형 상태를 예측하고, 매개변수 최적화를 지원한다.

5.5 분리막의 분리 메커니즘과 특성

5.5.1 분리 메커니즘

분리 대상 물질이 막의 한쪽에서 막 재료의 저항을 극복하고 분리막을 통과하려면 특정 내재적 요인과 적절한 외적 조건이 필요하다. 분리 대상 물질의 막 투과 능력 차이가 존재한다는 것은 각 물질과 막 간의 상호작용이 일관되지 않음을 의미한다. 막 분리 작용은 주로 체질 작용과 용해 확산 작용이라는 두 가지 작용 메커니즘에 의존하며 역삼투막의 메커니즘은 더욱 복잡하다.

5.5.1.1 체질 분리 메커니즘

고분자 분리막의 체질 작용은 물리적 체질 과정과 유사하며, 그 특징은 막의 기공 크기가 훨씬 작다는 점이다. 분리 대상 물질이 체망을 통과할 수 있는지는 물질의 입자 크기(길이, 부피, 형상 매개변수)와 망 눈금의 크기에 달려 있다. 미세여과막과 초여과막의 분리 과정은 체질 메커니즘이 주도적 역할을 하며, 분리막과 분리 대상 물질의 친수성, 상용성, 전기 음성도 등의 특성도 상당히 중요한 역할을 한다. 막 분리 과정에서는 종종 흡착, 용해, 교환 등의 작용이 동반되므로, 막 분리 과정은 막의 거시적 구조와 밀접한 관련이 있을 뿐만 아니라 막 재료의 화학적 조성 및 구조, 그리고 이로 인해 발생하는 분리 대상 물질과의 상호작용 관계 등의 요인에 의해서도 결정된다.

5.5.1.2 용해 확산 메커니즘

용해 확산 작용은 막 분리의 또 다른 작용 방식으로 막 재료는 분리 대상 물질에 대해 일정한 용해 능력을 가진다. 외력에 의해 구동될 때 해당 물질은 막 재료 내에서 먼저 용해되고, 이후 확산(막의 한쪽에서 다른 쪽으로 확산)하며, 마지막으로 분리된다. 용해 확산 작용은 혼합기체 분리 및 역삼투막을 통한 용질과 용액의 분리 과정에서 주로 작용한다. 용해 능력에 영향을 미치는 요인으로는 주로 분리 대상 물질의 극성, 구조 유사성 및 산염기성 등이 있다. 확산에 영향을 미치는 요인으로는 분리 대상 물질의 크기, 모양, 막 재료의 결정 구조 및 화학 조성 등이 있다.

5.5.1.3 선택적 흡착 메커니즘

재료가 혼합물 내 일부 물질에 대해 선택적 흡착을 보일 때, 흡착성이 높은 성분은 표면에 농축되며 해당 성분이 막을 통과할 확률이 높아진다. 반대로 흡착되기 어려운 성분은 해당 분리막을 통과하기 어렵다. 막 분리에 작용하는 흡착 작용은 주로 판데르발스력 흡착과 정전기 흡착을 포함한다. 역삼투막이 물의 정화 및 탈염 과정에 사용될 때 선택적 흡착이 중요한 역할을 한다.

5.5.2 분리막의 분리 특성

분리막은 서로 다른 물질에 대한 막의 투과성 차이를 이용하여 혼합물을 분리하며, 이러한 막의 투과성 차이는 반투과성이다. 특정 조건에서 물질이 단위 면적의 막을 통과하는 절대 속도를 막의 투과율이라 하며, 일반적으로 단위 시간당 통과하는 물질의 양을 단위로 한다. 두 가지 다른 물질(입자 크기 또는 물리 화학적 성질이 다름)이 동일한 분리막을 통과하는 투과율 비율을 투과 선택성이라고 한다. 분리막에 대한 분리 대상 물질의 투과성과 다른 물질에 대한 선택적 투과성은 분리막을 평가하는 가장 중요한 두 가지 기준이다. 전자는 막의 분리 속도를 나타내고, 후자는 막 분리 품질을 나타낸다.

5.6 막의 오염과 세척

실제 적용 과정에서 발생하는 막 오염은 막의 여과 성능을 저하하며, 막 세척 및 교체로 인해 막 기술의 적용 비용이 증가하여 각 분야에서의 막 활용을 크게 제한한다. 따라서 막 오염은 현재 시급히 해결해야 할 과제이다.

막 오염은 주로 침전 오염, 흡착 오염, 생물학적 오염의 세 가지 유형으로 구분된다. 침전 오염은 세척 방법으로 제거할 수 있으나 생물학적 오염 억제가 막 오염 제어의 핵심이다. 분리막 재료 표면의 생물학적 오염은 크게 세 단계로 진행된다. 박테리아가 분리막 표면에 흡착되어 부착되는 단계, 부착된 박테리아가 증식하며 세포 외 다당류를 분비하는 단계, 박테리아 군집이 확대되고 세포 외 다당류가 서로 결합하여 막 재료 표면에 생물 막을 형성하는 단계이다.

현재 폴리설폰 및 폴리불화비닐리덴과 같은 고분자 필름을 제조하는 재료는 강한 소수성을 가지고 있다. 소수성 표면은 물속의 미생물, 콜로이드 입자 또는 용질 고분자와 소수성 상호작용 및 판데르발스 힘을 일으키기 쉬워 막 표면이나 막에 흡착 및 침착되어 막 직경이 작아지거나 막히고 막힘을 형성한다.

산업용 막 분리 공정의 경우 막 분리 효율이 급격히 저하되고 세척 횟수가 증가하며 운영 비용이 상승한다. 생물의약품 재료의 경우 생물 막 형성은 감염을 유발하거나 심지어 생명을 위협할 수 있다.

전통적인 막 생물학적 오염 제어 방법은 다음과 같다.

5.6.1 원료액의 전처리

현재 폐수 처리에서는 일반적으로 살균제를 첨가하는 방법으로 미생물 생장을 제어한다. 또한, 막 탈염 시스템에서는 일정량의 저농도 황산구리를 첨가하면 조류 생장을 억제할 수 있다. 일부 계면활성제 및 기타 화학 시약도 막 표면에 박테리아가 부착되는 것을 방해할 수 있으나 동시에 소독제가 막에 미치는 분해성 영향을 고려해야 한다.

5.6.2 막 표면 유동 개선

특정 제어 시스템을 사용하여 일정한 주파수와 진폭의 펄스 유동을 생성하면 원료액이 맥동 유동 형태로 막 표면을 통과하게 되어 생물 막 생성을 완화할 수 있다. 또한, 난류 정도를 증가시키고 막 표면의 용질 농도를 감소시키며 겔 층의 영향을 낮추면 막 필터 내 세균 생성을 방지하는 데 유리하며 막의 생물학적 오염을 효과적으로 방지할 수 있다.

5.6.3 막 세척

막 세척은 물리적 세척, 화학적 세척 및 생물학적 세척으로 구분된다. 물리적 세척 방법은 주로 기계적 작용을 이용하여 수행된다. 예를 들어, 주입수 정반 세척, 스폰지 볼 세척, 기액 혼합 세척, 흡입 세척 등이 있다. 물리적 세척 방법은 막의 투과성을 일정 수준 회복시킬 뿐이며, 이렇게 처리된 막은 단기간 운영 후 각 성능이 시간에 따라 급격히 저하되므로 반드시 화학적 세척 또는 생물학적 세척을 병행해야 한다.

5.6.3.1 세척에 영향을 미치는 요소

시간 일반적으로 세척 시간이 지나치게 길어도 세척 효과가 증가하지 않으며, 오히려 운영 비용이 증가하고 때로는 부정적인 영향을 미칠 수 있다.

온도 온도 상승은 세척에 유리하나 가열 비용을 고려해야 한다.

막 압력 차이 세척 시 압력 차이 존재는 오염물 제거에 불리하므로 일반적으로 세척 초기에는 무압력 상태에서 세척을 수행할 것을 권장한다.

세정제 세정제의 종류, 농도, pH 값 및 이온 강도. 적절한 세정제 농도에서 세정 효과가 가장 우수하며, 이를 초과하면 오히려 재오염되기 쉽다. 서로 다른 pH 값에서 오염물의 용해도, 전하성 및 산화 가능성 등이 달라진다. 세정제의 이온 강도를 적절히 높이면 오염층의 확장을 촉진하여 세정 효과를 향상할 수 있다.

세척 수질 물의 경도가 증가하면 세척 효과가 저하된다.

막 세척에는 다단계 세척 방식을 채택하며, 특정 세척제와 다른 시약의 병용으로 우수한 효과를 얻을 수 있다.

5.6.3.2 일반적인 세정제 유형 및 사용 범위

산성 세정제 염산, 옥살산, 시트르산 및 질산 등 주로 칼슘, 마그네슘 등의 이온 산화물, 수산화물 및 탄산염, 규산염 등의 무기 오염물 제거에 사용된다.

알칼리성 세정제 수산화나트륨, 수산화칼륨 수용액 등 알칼리성 시약은 어느 정도 지방을 비누화하고 단백질을 용해할 수 있으며, 일반적으로 기름, 펙틴 등 유기물질을 제거하는 데 사용된다.

산화 세정제 과산화수소, 과망간산 칼륨, 차아염소산나트륨, 아지드산 나트륨 등은 세균체 및 폴리펩타이드, 다당류 등 고분자 오염물 제거에 효과적이며, 일반적으로 산화 저항성이 있는 막에 사용된다.

생물학적 효소 유형 각종 단백질 분해 효소, 지질 분해 효소 등을 포함하며, 단백질 및 기름류 오염 제거에 사용된다. 효소 세정제는 온화한 시약으로 비교적 완만한 pH, 온도, 이온 강도 조건에서 적용 가능하며 막 표면을 손상하지 않는다.

5.7 본 장 요약

본 장에서는 막 분리 기술의 원리, 재료, 구성 요소 및 응용을 체계적으로 소개하였다. 막 분리 기술은 고효율, 에너지 절약, 환경 친화성 등의 장점으로 다양한 분야에 널리 적용되고 있다.

막 재료는 다양하며, 셀룰로스 유도체, 폴리 설폰계, 폴리아마이드계 등을 포함하며, 낮은 여과 저항, 높은 안정성, 쉬운 세척 등의 요구 사항을 충족해야 한다. 막 유량은 핵심 지표로, 단위 시간당 단위 막 면적의 투과액체량을 반영하며, 막 구조와 밀접한 관련이 있다. 비대칭 막은 물질 전달 저항이 작고 유량이 높아 주류가 되었다.

주요 막 분리법은 각각 특성이 다르다. 미세여과와 초여과는 압력 차이를 동력으로 삼아 체 분리 원리에 기반해 서로 다른 입자 크기의 물질을 분리한다. 역삼투는 고압이 필요하며 소분자를 차단한다. 투석은 농도 차를 이용한 분리, 전기투석은 전위차를 이용하며, 투과 기화는 용질과 막의 친화력에 기반한다.

막 모듈에는 관형, 평판형, 나선형, 중공 섬유형 등이 있으며 각각 적용 분야가 다르다. 운영 시 농도차 분극화와 막 오염 문제를 해결해야 하며, 운전 조건 최적화, 원료액 전처리, 합리적 세척 등을 통해 완화한다.

막 분리 기술은 수처리, 식품, 의약품 등 분야에서 광범위하게 적용되며, 그 발전 방향은 고성능 막 재료 개발과 오염 제어 기술 향상에 집중된다.

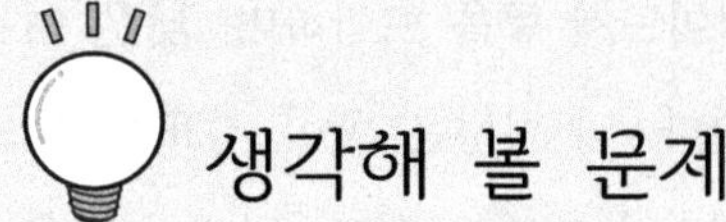

생각해 볼 문제

어떤 초여과 실험에서 막의 유효 면적은 $0.1m^2$ 이며, 30분 동안 투과액 1.5L를 수집했다. 막 유량을 계산한다. 만약 작동 압력이 0.2MPa에서 0.4MPa로 증가하면, 유량이 두 배가 될 것인가? 농도차 분극화 현상을 결합하여 원인을 설명한다.

미세여과, 초여과, 역삼투는 모두 체 분리 원리에 기반하지만, 분리 대상과 작동 압력에 현저한 차이가 있다. 막 구멍 크기, 물질 전달 추진력 및 응용 사례 세 가지 측면에서 세 가지의 핵심적 차이를 비교한다.

농도차 분극화와 막 오염은 모두 막 유량을 감소시키는데, 이 둘의 본질적 차이는 무엇인가? 이 두 현상을 완화하기 위해 취할 수 있는 구체적 조치는 무엇인가? 각각 예시를 들어 설명한다.

중공 섬유형 막 모듈과 나선형 막 모듈은 구조, 비표 면적 및 작동 특성에서 어떤 차이가 있는가? 중공 섬유 막 모듈이 역삼투 공정에 더 적합한 반면 나선형은 초여과에서 널리 적용되는 이유는 무엇인지 설명한다.

어떤 제약 기업이 막 분리 기술을 이용해 단백질 용액을 정제할 때 막 오염이 심해지고 유량이 급격히 감소하는 문제가 발생했다. 오염이 주로 단백질 흡착과 미생물 증식으로 인한 것이라면 어떤 유형의 세정제를 선택해야 하는가? 세정 과정에서 막 손상을 방지하기 위해 어떤 핵심 매개변수를 제어해야 하는지 설명한다.

6. 추출

6.1 기본 개념

추출은 용질이 상호 용해되지 않거나 부분적으로 용해되는 두 상 사이의 분배 행동 차이를 이용하여 목표 성분을 선택적으로 분리 및 정제하는 단위 조작이다. 이 기술은 서로 다른 물질이 상 경계에서 물질 전달 과정에서 나타내는 선택적 분배 특성에 기반하며, 두 상 체계와 조작 조건을 최적화함으로써 탁월한 분리 효과와 제품 농축 목적을 달성할 수 있다.

생물학적 제품 분리 분야에서 추출 기술은 광범위한 응용 가능성을 보여주고 있다. 유기산, 아미노산, 항생제 등의 생물학적 소분자에 대해서는 전통적인 유기 용매 추출이 여전히 주류 방법이다. 기술 발전에 따라 1960년대 이후 등장한 액막 추출은 추출과 역추출을 동시에 수행할 수 있게 했으며, 역미립자 추출은 펩타이드, 단백질 등의 생물학적 대분자 분리 정화 분야로 성공적으로 확장되었다. 70년대에 등장한 이중 수상 추출 기술은 세포 내 단백질 추출에 온화하면서도 효율적인 해결책을 제공했으며, 이후 발전한 초임계 유체 추출 기술은 추출 방법 체계를 더욱 풍부하게 하여 다양한 생물학적 산물의 분리 요구에 대응할 수 있게 했다.

분배에 참여하는 두 상의 상태 특성에 따라 추출 기술은 액체-고체 추출, 액체-액체 유기 용매 추출, 이중 수상 추출 및 초임계 유체 추출 등 주요 유형으로 분류된다. 이들 방법은 각각 특색이 있다: 액체-고체 추출은 생물 재료에서 유효 성분을 추출하는 데 적합하며, 액체-액체 추출은 소분자 분리에서 기술적으로 성숙해 있다. 이중 수계 시스템은 생물 고분자에 대해 우수한 상용성을 가지며, 초임계 유체 추출은 높은 투과성과 온화한 조작 조건을 동시에 갖는다. 이러한 기술적 다양성은 서로 다른 특성의 생물학적 산물을 분리 정제하는 데 유연한 선택지를 제공한다.

생물학적 다운스트림 공정에서 핵심적인 1차 분리 기술로서 추출은 원료 부피 감소와 대부분의 불순물 제거 및 제품 농도 향상 측면에서 대체 불가능한 역할을 수행한다. 본 장에서는 추출 분리의 기본 원리부터 출발하여 각종 추출 기술의 작용 메커니즘, 공정 특성 및 실제 적용을 체계적으로 설명하고, 관련 장비 선정과 공정 설계에 대한 이론적 지침을 제공한다.

6.1.1 추출

추출(Extraction)은 목표 성분이 서로 다른 상 사이에서 나타내는 분배 행동의 차이를 이용하여 상간 물질 전달을 통해 분리를 실현하는 단위 조작이다. 이 과정은 용질이 두 가지 상호 용해되지 않거나 부분적으로 용해되는 용매에서 용해도가 다르다는 점에 기반하여, 목표 물질을 원료 상에서 선택적으로 추출 상으로 이동시켜 분리 정제 또는 농축의 목적을 달성한다. 상 형태에 따라 추출은 주로 액-액 추출과 고액 추출 두 가지 유형으로 구분된다.

액-액 추출은 액체 혼합물의 분리에 적용되며, 시스템은 원료상과 추출상이라는 두 액상을 포함한다. 원료상은 일반적으로 목표 용질, 희석제 및 불순물로 구성되며, 추출상은 목표 용질에 대해 높은 선택성을 지닌 추출제로 이루어진다. 고액 추출은 고체 물질로부터 가치 있는 성분을 추출하는 데 적용되며, 용매가 고체 내 목표 성분을 용해해 용질이 풍부한 침출액을 형성함으로써 고체 잔류물과의 분리를 실현한다.

분리 기전에 따라 추출 기술은 물리적 추출과 화학적 추출로 구분된다. 물리적 추출은 용매의 대상 성분에 대한 고유한 용해 능력에 의존하며, 전 과정은 물리적 용해 작용만 발생하고 화학 반응은 일어나지 않는다. 반면 화학적 추출은 추출제와 목표 용질 간 특이적 화학 반응을 통해 가역적 화합물 또는 복합체를 생성함으로써 용질의 이상 간 분배 행동을 현저히 변화시켜 더 높은 선택성의 분리를 실현한다. 이러한 기전적 차이로 인해 두 기술은 각각 다른 분리 시나리오와 물질 특성에 적용된다.

6.1.2 역추출

역추출은 수상의 물리 화학적 조건(pH, 이온 강도, 온도 등)을 조절하여 목표 용질이 부하된 유기상에서 새로운 수상으로 재분배되는 물질 전달 과정이다. 액-액 추출 공정에서는 일반적으로 두 가지 핵심 단계가 포함된다. 정추출은 목표 물질을 원료 수상에서 유기상으로 이동시켜 예비 분리를 실현하고, 역추출은 목표 물질을 유기상에서 회수하여 새로운 수상으로 이동시켜 용질의 최종 농축 및 회수를 완료한다.

역추출은 산업 분리에서 다중 역할을 수행한다. 첫째, 용질 농축을 실현하여 대상 물질을 대용적 유기상에서 소용적 수상으로 이동시킴으로써 제품 농도를 현저히 높인다. 둘째, 추출제 재생을 촉진하여 유기상의 순환 사용을 가능케 하고 공정 비용을 절감한다. 셋째, 제품 순도를 향상하며, 서로 다른 용질의 역추출 행동 차이를 활용하여 공추출 불순물을 효과적으로 제거할 수 있다. 분리 효과를 최적화하기 위해 완전한 추출 공정에서는 정방향 추출과 역방향 추출 사이에 세척 단계를 추가하여 유기상에 포함된 불순물을 제거하며, 그 대표적인 공정 흐름은 그림 6.1과 같다.

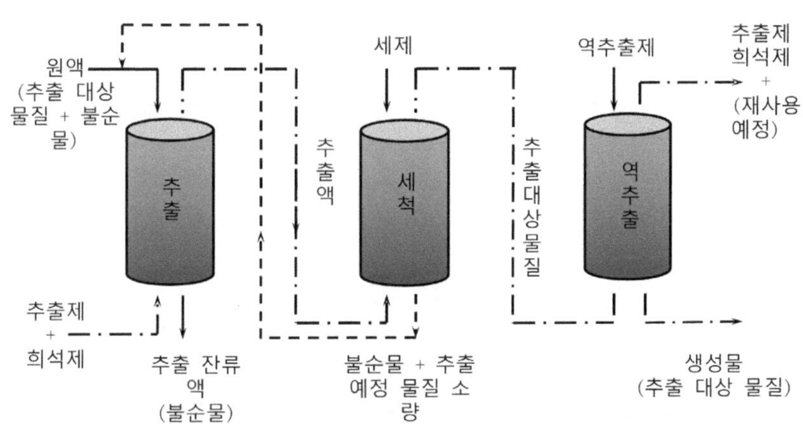

〈그림 6.1〉 추출, 세척 및 역추출 작업 과정 개요도

6.1.3 물리적 추출과 화학적 추출

물리적 추출은 목표 용질이 두 가지 상호 용해되지 않는 상에서 용해도 차이에 기반하여 실현되는 분리 과정이며, 본질에서 용질 분자의 양상 간 물리적 분배 행동이다. 이 과정은 어떠한 화학 반응도 포함하지 않으며, 주로 반데르워스 힘, 수소 결합 또는 쌍극자 상호작용 등의 분자 간 힘에 의존하여 물질 전달을 실현한다. 그 선택성은 "유사한 것은 서로 용해된다"라는 원칙을 따르며, 즉 극성이 유사한 용질과 용매가 서로 더 용해되기 쉽다. 물리적 추출 과정은 완전히 가역적인 특성을 가지며, 일반적으로 온도 조절이나 용매 비율 조정만으로 용질 회수 및 용매 재생을 실현할 수 있다. 대표적인 적용 체계로는 유기물-수 이원계(예: 에틸아세테이트-물-페놀 체계)가 있으며, 이 기술은 온화한 조작 조건, 화학 오염 없음, 단순한 장비 구조 등의 장점으로 산업 분리 분야에서 널리 활용된다.

화학적 추출은 용질과 추출제 사이에서 특이적 화학 반응을 통해 분리를 실현하는 기술로, 그 과정의 본질은 화학 평형과 상 평형의 결합 작용이다. 추출제는 배위 반응, 이온 교환 또는 산-염기 반응 등의 화학적 메커니즘을 통해 목표 용질과 가역적 결합체를 형성함으로써 용질의 상간 분배 행동을 현저히 변화시켜 분리 선택성을 높인다.

6.2 분배 법칙과 분배 평형

분배 법칙은 독일 화학자 넵스트가 제안한 것으로, 그 핵심 내용은 다음과 같다. 일정 온도와 압력 조건에서 어떤 용질이 두 가지 상호 불용성 용매에서 분배 평형에 도달할 때, 두 상에서의 농도 비율은 일정한 상수이며, 이 상수를 분배 계수라고 부른다.

용질이 두 상에서의 농도를 각각 C_1(용매 1)과 C_2(용매 2)라고 할 때 분배 법칙은 다음과 같이 표현된다.

$$K = \frac{C_1}{C_2}$$

여기서 K는 온도, 용질 및 용매의 성질에만 의존하며, 용질의 양과 두 상의 부피와는 무관하다.

분배 법칙이 성립하려면 특정 조건을 충족해야 하며, 주로 다음 세 가지 측면을 포함한다. 첫째, 계는 희석 용액이어야 한다. 즉, 용질 농도가 낮을 때 분자 간 상호작용을 무시할 수 있을 때 법칙이 엄격히 성립한다. 둘째, 용질은 두 상에서 동일한 분자 형태를 유지해야 하며, 이온화, 결합 또는 복합체 형성 등의 분자 상태 변화를 일으켜서는 안 된다. 마지막으로, 두 상의 용매는 우수한 불상용성을 가져야 하며, 이는 용매가 서로 용해되어 계의 상평형 행동을 변화시키는 것을 방지하기 위함이다.

분배 평형은 용질이 두 상 사이에서 질량 전달이 이루어지는 최종 상태로 그 본질은 용질이 한 상에서 다른 상으로 이동하는 속도와 그 반대 방향의 속도가 동적 평형을 이루는 것이다. 이때 두 상의 용질 농도는 이제 시간에 따라 변화하지 않는다. 이때 분배 법칙의 농도 비율 K

는 일정하게 유지된다. 이는 동적 평형(거시적으로는 농도가 변하지 않지만, 미시적으로는 용질 분자가 양상에서 양방향으로 계속 이동함)과 열역학적 평형(깁스 자유 에너지 변화 만족, 즉 용질의 양상 내 화학 포스가 동일함)을 갖는다.

분배 평형의 확립과 분배 계수의 크기는 다양한 물리 화학적 요인의 현저한 영향을 받는다. 온도는 핵심 변수로, 그 변화는 용질의 양상 간 용해도 변화를 통해 분배 계수에 영향을 미치며, 이러한 온도 효과는 용해열이 큰 계에서 특히 두드러진다. 용질 자체의 물리 화학적 특성, 즉 분자 극성, 분자 크기 및 분자 간 상호작용력 형성 능력은 특정 용매 환경에서의 용해 행동을 공동으로 결정한다. 용매의 특성(극성, 유전율, 용질과의 수소 결합 또는 배위 작용 형성 능력 등) 역시 상평형 위치를 직접 조절한다. 또한, 용질이 어느 한 상에서 이온화나 착화 등의 화학 반응을 일으킬 때 그 유효 분자 형태가 변화하게 되며, 이때는 해당 이온화 상수나 착화 상수를 도입하여 고전적 분배 법칙을 수정함으로써 계의 평형 상태를 정확히 기술해야 한다.

분배 평형은 상평형의 일종으로, 두 액상 사이에서 용질의 평형을 의미한다. 상평형의 일반적 법칙(예: 레샤트렐의 법칙)은 분배 평형에도 동일하게 적용된다.

한 상의 부피를 증가시키면 평형은 농도 비율 K를 일정하게 유지하기 위해 해당 상 쪽으로 이동한다.

만약 용질이 특정상에서 반응(예: 이온화)을 일으키면 평형은 해당 형태의 용질을 소모하는 방향으로 이동한다.

분배 법칙은 분배 평형의 정량적 기술로, 분배 계수 K를 통해 평형 시의 농도 관계를 나타낸다. 용질이 두 상에서 이온화, 결합 등의 반응을 일으킬 때 분배 법칙은 겉보기 분배 계수로 수정될 수 있다.

여기서 우리는 요오드가 물과 사염화탄소 사이에서 분배되는 예를 들어 설명한다.

계: 요오드 I_2가 물과 사염화탄소 CCl_4 사이에서 분배되며, 물과 CCl_4는 서로 용해되지 않는다.

평형 상태: 요오드의 CCl_4에 대한 용해도는 물보다 훨씬 크며, 분배 계수는 다음 공식을 계산한다.

$$K=\frac{c_{ccl4}}{c_{물}}\approx 85$$

6.3 유기 용매 추출

유기 용매 추출은 액-액 추출의 핵심 형태로, 목표 용질이 두 가지 상호 용해되지 않는 용매 간에 분배 차이가 존재한다는 점에 기반하여 원료 상에서 추출 상으로 방향성 이동을 실현하는 분리 공정이다. 이 기술은 처리 유량이 높고, 에너지 소비가 상대적으로 낮으며 물질 전달 속도가 빠르다는 두드러진 장점으로 인해 석유화학 및 생물 제품의 다운스트림 가공에서 핵심 분리 수단이 되었다. 동시에 공정 과정이 연속화 운영과 자동화 모니터링을 쉽게 구현할 수 있어 현대 산업 생산에 중요한 기술적 기반을 제공한다.

6.3.1 약한 전해질의 분배 평형

용매 추출 기술은 유기산, 아미노산 및 항생제 등 약한 전해질 생물학적 산물의 분리 정제에 널리 적용된다. 이러한 약산성 또는 약알칼리성 전해질은 수상에서 부분적으로만 이온화되며, 그 분배 행동은 독특한 메커니즘을 가진다. 이온화되지 않은 자유 산 또는 자유 염기 분자만이 상 경계를 넘어 유기상으로 이동할 수 있는 반면 상에 대응하는 산 음이온 또는 염기 양이온은 강한 수화 작용으로 인해 수상에 제한된다. 따라서 추출계가 평형에 도달할 때 두 가지 상호 연관된 평형 상태가 동시에 존재한다. 하나는 약전해질의 수상 내 이온화 평형이고, 다른 하나는 비 이온화 형태 분자의 상간 분배 평형이다. 이러한 이중 평형 특성은 약전해질의 추출 효율이 그 이온화 정도와 밀접하게 관련됨을 결정한다. 약산 HA를 예로 들면, 그 수상 이온화 평형은

$$HA \leftrightarrow H^{+} + A^{-}$$

해리 상수는

$$K_a = \frac{[H^{+}][A^{-}]}{[HA]}$$

분배 계수는

$K = \frac{[HA]_{유기상}}{[HA]_{수상}}$ 으로 계산한다.

6.3.2 화학 추출 평형

화학 추출은 액-액 추출의 특정 형태로 용질이 액-액 두 상 사이에서 물리적 분배를 진행하는 동시에 추출제와 선택적 화학 반응을 일으킨다는 특징이 있다. 이러한 반응에는 킬레이트 반응, 이온 교환 또는 산-염기 중화 등의 메커니즘이 포함될 수 있다. 용해도 차이만 의존하는 물리적 추출과 달리 화학적 추출 과정의 평형 상태는 화학 반응 평형과 물리적 분배 평형이 공동으로 결정하며, 이러한 시너지 효과는 분리 과정의 선택성을 현저히 향상한다.

분배 계수(K_D) : 특정 온도에서 용질이 유기상(O)과 수상(W) 사이에서 평형을 이룰 때의 농도 비율이다.

$$K_D=\frac{[A]_O}{[A]_W}$$

여기서 $[A]_O$: 용질 A의 유기상 내 평형 농도; $[A]_W$: 용질 A의 수상 내 평형 농도를 나타낸다.

추출 평형 상수(K_{ex})는 용질이 두 상에서 화학 반응(예: 킬레이트화, 이온화)을 일으킬 때 화학 평형을 고려해야 한다. 예를 들어, 금속 이온(M^{n+})과 추출제(HL)의 반응이다.

$$M^{n+}_{(W)}+\mathrm{nHL(O)} \rightleftharpoons \mathrm{MLn(O)}+\mathrm{n}H^{+}_{(W)}$$

추출 평형 상수 표현식:

$$\mathrm{Kex} = \frac{[ML_n]_O \cdot [H^+]^n_W}{[M^{n+}]_W \cdot [HL]^n_O}$$

분배 계수와의 관계:

$$\mathrm{KD} = \frac{[ML_n]_O}{[M^{n+}]_W} = \mathrm{Kex}\cdot\frac{[HL]^n_O}{[H^+]^n_W}$$

화학 추출 과정의 평형 상태는 다중 요인의 협동적 조절을 받는다. 온도 변화는 용질 용해도와 화학 반응 평형 상수를 동시에 영향을 미친다. 수상 pH 값은 용질 이온화 형태 및 추출제 반응 활성을 직접 결정한다(예: 산성 환경에서 금속 이온은 추출 가능한 복합체를 더 쉽게 형성함). 추출제 농도와 분배 계수는 양의 상관관계를 보이나 과도한 사용은 유기상 점도 상승을 초래한다. 희석제의 극성, 점도 등의 물리적 특성은 추출 선택성과 상 분리 효율에 영향을 미친다. 수상 이온 강도는 염분 분리 또는 염 용해 효과를 통해 용질의 표면 용해도 변화를 유발한다. 또한, 금속 이온 초기 농도와 양상 체적비 등의 조작 매개변수도 최종 평형 상태에 현저한 영향을 미치므로 최적의 분리 효과를 달성하기 위해 체계적인 최적화가 필요하다.

이 기술은 여러 핵심 분야에서 중요한 응용을 실현했다. 습식 제련에서는 P204 등의 추출제를 이용해 희토류 금속을 선택적으로 분리하며, pH를 정밀 제어하여 원소별 단계적 정제를 달성한다. 핵연료 후처리 분야에서는 TBP-등유 체계를 활용해 우라늄과 플루토늄을 고효율로 추출하여 핵연료 순환 이용을 실현한다. 환경 관리 분야에서는 디설포나이트 등의 킬레이트제를 활용해 폐수 중 수은 등 중금속 오염물질을 심층 제거한다. 분석 화학 분야에서는 APDC-MIBK 등의 추출 체계를 통해 미량 금속을 사전 농축하여 검출 감도를 현저히 향상한다. 이러한 성공 사례들은 복잡계 분리에서 화학 추출 기술의 독보적인 가치를 충분히 입증한다.

6.3.3 용매 추출 작업

6.3.3.1 APDC-MIBK 용매 추출 시 수상 물리 조건의 영향

용매 추출 공정에서 수상 물리 화학적 조건의 조절은 분리 효율에 결정적 영향을 미치며, 이는 주로 온도, 산도, 이온 강도 및 용액 조성 등의 핵심 매개변수에 반영된다. 온도 변화는 용질 용해도, 분자 확산 성능 및 반응 평형을 동시에 변화시킨다. 적절한 가열은 상간 물질 전달을 가속하지만, 발열형 추출 체계의 경우 고온은 평형 상수 감소를 초래한다. 동시에 용매 휘발성과 작업 안전성 제한도 고려해야 한다.

pH 값은 용질 이온화 상태 조절을 통해 직접 분배 행위에 영향을 미친다. 약산성 용질은 낮은 pH 조건에서 분자 형태로 존재할 때 유기상으로 더 쉽게 이동하며, 추출제 자체도 특정 pH 범위 내에서 최적 반응 활성을 유지해야 한다. 예를 들어, 킬레이트 추출제는 적절한 산도 조건에서만 금속 이온과 안정적인 복합체를 형성할 수 있다.

이온 강도는 염 효과로 계통 평형을 변화시킨다. 적정량의 전해질은 염분침전 작용을 일으켜 용질의 수상 용해도를 낮추지만, 지나치게 높은 이온 강도는 용액 점도를 증가시켜 물질 전달 효율을 저해한다.

수상 조성 내 공존 성분은 경쟁적 추출 또는 킬레이트 반응을 유발할 수 있다. 예를 들어,

완충물질이나 불순물 이온은 목표 물질과 추출제 결합을 경쟁하거나 킬레이트 작용을 통해 용질의 존재 형태를 변화시켜 최종적으로 분리 선택성에 영향을 미친다.

따라서 용매 추출 분리를 성공적으로 수행하기 위한 핵심은 수상 온도, pH 값, 이온 강도 및 화학적 조성에 대한 체계적 최적화와 협동적 제어에 있다.

6.3.3.2 유기용매 또는 희석제의 선택

액-액 추출 공정에서 유기용매 또는 희석제의 합리적 선택은 분리 효과와 공정 실현 가능성을 결정하는 핵심 요소이다. 유사상용성 원리에 기반하여 목표 생성물의 극성과 일치하는 용매를 선택하면 분배 계수를 크게 향상할 수 있으며, 동시에 주요 요소를 체계적으로 평가해야 한다.

용매는 추출제와의 우수한 호환성을 갖춰 D2EHPA, TBP 등의 추출제를 충분히 용해해야 하며, 제3상 생성이나 유효 성분의 분리를 방지해야 한다. 극성 일치 원리는 용매의 극성이 목표 물질의 소수성과 조화를 이루어야 함을 요구한다. 비극성 체계에서는 중성 분자 처리를 위해 등유 등을 선택하는 것이 적절하며, 극성 물질의 경우 클로로폼, 메틸이소부틸케톤 등을 사용하여 추출을 강화해야 한다. 선택성 측면에서는 목표물에 대한 특이적 분배 능력을 갖춘 용매를 우선 고려해야 한다. 예를 들어, 희토류 분리 시 포스페이트계 추출제와 황화 석유의 조합을 통해 금속 이온의 정밀 분리가 가능하다.

용매의 물리 화학적 파라미터는 공정 요구 사항을 충족해야 한다. 상간 밀도 차이는 분상 효율을 보장해야 하며, 적절한 점도는 질량 전달 속도와 유동성을 동시에 고려해야 한다. 끓는점과 휘발성은 직접 작업 안전성과 에너지 소비 제어와 연관된다. 환경 친화성 측면에서는 저독성, 난연성 및 생분해성 용매를 우선 선택해야 한다. 예를 들어, 지방산 에스터로 기존 할로겐화탄화수소를 대체하는 방식이 있다. 경제성 평가는 원료 비용, 회수 효율 및 순환 안정성을 종합적으로 고려해야 하며, 산업용 등유는 경제성과 재생성 덕분에 주류 희석제로 자리 잡았다.

실천을 통해 혼합 용매 개발이나 옥틸 올 등의 상 조절제 도입을 통해 추출 시스템의 종합적 성능을 효과적으로 최적화할 수 있으며, 이는 산업화 적용에 이상적인 해결책을 제공한다.

6.3.3.3 화학적 추출제

화학 추출제는 목표 용질과 특이적 화학 반응(예: 킬레이트, 이온 결합 또는 산-염기 반응)을 일으켜 소수성 복합체를 형성함으로써 용질이 수상에서 유기상으로 방향성 이동하도록 하는 기능성 시약이다. 그 작용 본질은 배위 결합, 이온 결합 등의 화학적 인력에 기반하며, 용해도 차이만 의존하는 물리적 추출 과정과 현저히 구별된다.

화학 추출제를 선택할 때는 세 가지 핵심 원칙을 준수해야 한다. 첫째, 우수한 화학적 적합성이다. 즉, 대상 물질에 대한 높은 선택적 반응 능력을 갖추고 반응 가역성을 보장하여 후속 역추출 작업에 유리해야 한다. 둘째, 적절한 물리적 특성을 충족해야 하며, 희석제와의 우수한 상호 용해성, 낮은 점도 및 적절한 상간 밀도 차이를 포함한다. 예를 들어, 산업 현장에서는 TBP를 등유와 혼합하여 유체 성능을 최적화한다. 마지막으로, 충분한 화학적 안정성을 가져야 하며, 추출 환경의 산, 알칼리 및 산화성 물질의 침식을 견딜 수 있어야 한다. 예를 들어, 4급 암모늄염류 추출제를 사용할 때는 수상의 알칼리도를 엄격히 제어하여 분해를 방지해야 한다. 이러한 원칙들은 화학 추출 과정의 효율성과 가동성을 함께 보장한다.

6.3.3.4 유화 현상

유화 현상은 두 가지 상호 용해되지 않는 액체(예: 유상과 수상)가 계면활성제나 기계적 에너지의 작용으로 한 상이 마이크로미터 크기의 액적 형태로 다른 상에 안정적으로 분산된 체계를 말한다. 분산 형태에 따라 수상유형과 유수형이라는 두 가지 기본 유형으로 구분된다. 전자는 유액이 수상에 분산된 형태로 우유가 해당하며, 후자는 수상 액적이 유상에 분산된 형태로 버터가 해당된다.

생물 추출 과정에서 발효액 내 단백질, 세포 파편 등의 계면활성 물질은 상간 장력을 현저히 낮추어 유기용매와 물이 안정된 유탁액을 형성하도록 촉진한다. 이러한 유화 현상은 유액 막 추출 기술의 이론적 기반을 마련했으나 일반 용매 추출에서는 상 분리 효율을 심각하게 저해한다.

유화 방지 및 제거를 위해서는 체계적인 조치가 필요하다. 정밀 여과나 응집 침전과 같은 전처리 공정을 통해 발효액 내 유화 유발 성분을 제거함으로써 유화 형성을 근원에서 차단할 수 있다. 이미 형성된 유탁액의 경우 그 유형과 정도에 따라 맞춤형 유화 방지 방법을 선택해야 한다. 가벼운 유화는 원심분리나 여과를 통해 상 분리가 가능하다. 안정화된 유탁액의 경우 계면활성제의 상 전환 유화파괴 원리를 활용한다. 즉, 물 포유형 유탁액에 친유성 계면활성제를 첨가하여 물 포유형으로 전환하거나 물 포유형 유탁액에 친수성 계면활성제를 첨가하여 기존 유화 평형을 파괴함으로써 유화를 제거한다. 이러한 방법들은 추출 과정에서의 유화 문제에 대응하는 효과적인 기술 체계를 구성한다.

6.4 액-액 추출 조작

6.4.1 혼합-침전식 추출

혼합-침전식 추출기는 그림 6.2와 같이 액-액 추출 공정에서 대표적인 단위 장비로, 혼합실과 침전실의 조합 설계를 통해 두 상 액체의 효율적인 물질 전달과 분리를 실현한다. 이 장비는 용질이 상호 불용성 두 상 사이에서 분배되는 차이를 기반으로 하며, 다단계 직렬 조작을 통해 목표 성분의 연속적인 추출과 정제를 할 수 있어 습식 야금, 생물공학 등 분야에서 널리 활용된다.

그 작동 원리는 세 단계로 구성된다.

혼합 단계: 수상과 유기상이 일정 비율로 혼합실에 유입되어 교반 작용 하에 유화액을 형성하며, 용질은 계면 질량 전달을 통해 한 상에서 다른 상으로 이동한다.

침전 단계: 혼합액이 침전실로 유입되면 중력 작용으로 밀도 차이에 따라 가벼운 상과 무거운 상이 점차 층을 이루며 선명한 상간 경계를 형성한다.

다단계 직렬연결: 단일 혼합-침전 유닛(단계)의 효율은 제한적이므로 산업 현장에서는 여러 유닛을 직렬로 연결하여 "추출 탱크"를 구성하고 연속 역류 또는 동류 조작을 실현함으로써 추출률과 분리 효과를 향상한다.

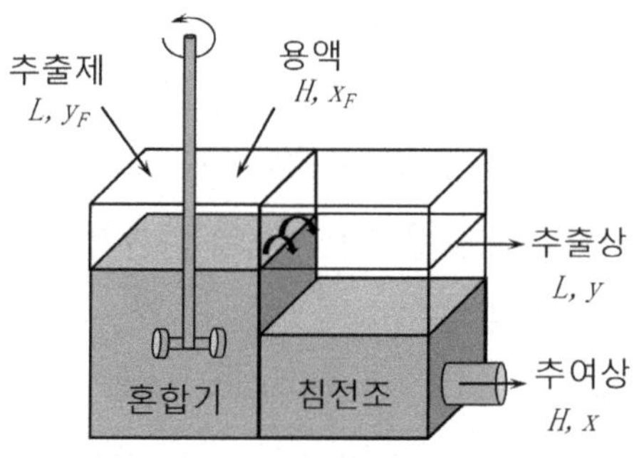

〈그림 6.2〉 혼합-침전식 추출 장치 개략도

6.4.2 다단계 교류 접촉 추출

다단계 교류 접촉 추출(그림 6.3)은 여러 독립 추출 단위를 직렬로 연결하여 총 추출 효율을 향상하는 공정 설계이다. 이 작동 모드에서 각 단계에는 신선한 유기상이 공급되며, 원료액은 순차적으로 각 추출 장치를 통과하여 순수 용매와 다중 접촉 질량 전달을 실현한다. 이러한 단계별 추출제 첨가 방식은 목표 용질이 원료액에서 용매상으로 이동하는 정도를 현저히 향상할 수 있다. 단일 단계 추출 공정보다 다단계 교차 흐름 구조는 단계별 농축 및 분리를 통해 원료액 내 용질 잔류 농도를 지속해서 낮출 수 있어 최종 수율에 대한 요구가 엄격한 산업화 분리 시나리오에 특히 적합하다.

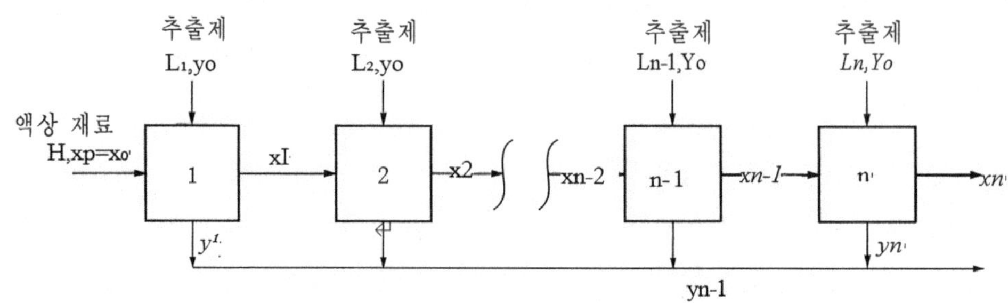

〈그림 6.3〉 다단계 교류 접촉 추출 장치 개략도

6.4.3 다단계 역류 접촉 추출

다단계 역류 접촉 추출(그림 6.4)은 고효율 액-액 추출 공정 설계로, 원료액과 추출제가 직렬로 연결된 다단계 장치 내에서 반대 방향으로 유동하며 단계별로 접촉하여 물질 전달이 이루어지는 것이 핵심 특징이다. 이러한 역방향 유동 모드는 전체 시스템에서 높은 농도 구배를 유지함으로써 물질 전달 추진력을 현저히 강화하고 용질 이동 효율을 향상한다.

이 과정은 두 가지 기본 원리에 기반한다. 첫째, 역류 흐름은 신선한 추출제가 배출 직전의 잔류액과 접촉하게 하고, 용질이 풍부한 추출상은 공급액과 만나게 하여 시스템의 물질 전달 잠재력을 극대화한다. 둘째, 각 단계는 상평형 상태에 가까워지며, 다단계 직렬연결을 통해 용질의 방향성 풍부화 및 분리를 실현한다.

이 기술은 세 가지 측면에서 두드러진 장점이 있다. 역류 모드는 지속적이고 안정적인 물질 전달 구동력을 창출하여 추출 효율이 단일 단계 또는 교차류(cross-flow) 조작보다 현저히 우수하며, 추출제는 재활용할 수 있어 용매 소비량과 회수 비용을 크게 절감한다. 따라서 단계 수와 유속을 조절함으로써 다양한 분리 요구 사항에 유연하게 대응할 수 있다. 그러나 다음과 같은 한계도 존재한다. 다단계 직렬 구조로 인해 설비 투자 비용이 증가하므로 공정 제어 시 각 단계의 운영 매개변수를 정밀하게 조율해야 한다. 또한, 설비 설계 및 상 분리 효과에 대한 요구 수준이 높다. 이러한 특성으로 인해 고순도 분리 및 대규모 산업화 생산 시나리오에 특히 적합하다.

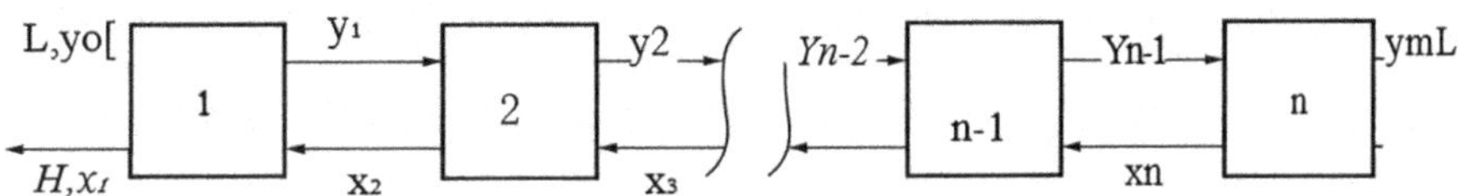

〈그림 6.4〉 다단계 역류 접촉 추출 개략도

6.4.4 분별 추출

분별 추출(그림 6.5)은 다단계 역류 추출과 증류 원리를 융합한 정밀 분리 기술로 환류 설계를 도입하여 성질이 유사한 성분의 고효율 분리를 실현한다. 이 기술은 희토류 원소와 동위원소 정제처럼 분배 계수 차이가 미미한 체계에 특히 적합하다. 핵심 메커니즘은 추출 단, 세척단, 역추출 단의 체계적 조합에 회류 조작을 결합해 분리 효과를 강화하는 데 있다.

이 기술의 작동 원리는 두 가지 핵심 메커니즘에 기반한다. 환류 메커니즘은 세척액 또는 역추출액의 환류를 도입하여 증류 과정에서의 액상 환류 작용을 모사함으로써 물질 전달의 추진력을 지속해서 향상한다. 분별 효과는 다성분 간의 상간 분배 행동의 미세한 차이를 이용하여 다단계 역류 접촉과 회류 조작의 시너지 강화를 통해 서로 다른 성분이 추출 장비 축 방향으로 점차 서로 다른 위치에 농축되도록 하여 최종적으로 혼합물의 정밀한 분리를 실현한다. 이러한 이중 메커니즘으로 인해 분별 추출은 일반적인 추출 기술로는 달성하기 어려운 높은 분리 정밀도를 달성할 수 있다.

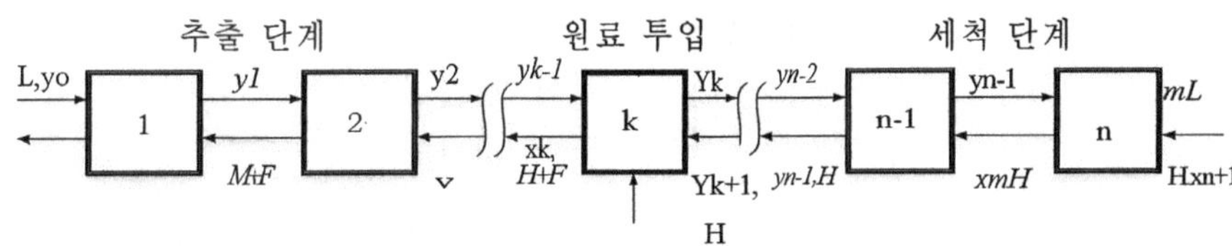

〈그림 6.5〉 분별 추출 개념도

분별 추출 기술의 주요 장점은 탁월한 분리 정밀도에 있으며, 환류 메커니즘 도입을 통해 성분 간 표면 분리 계수를 현저히 증폭시킬 수 있어 희토류, 동위원소 등 성질이 매우 유사한 물질의 정제에 특히 적합하다. 이 공정은 또한 높은 운영 유연성을 지니며 환류비와 상비율 등 핵심 매개변수 조정을 통해 제품 순도와 수율을 정밀하게 제어할 수 있다. 동시에 연속적인 역류 작동 모드는 대규모 산업적 적용의 기반을 마련했으며, 현재 희토류 제련 등 산업 분야에서 완전 자동화 생산 설비가 구축되었다.

그러나 이 기술은 명백한 한계도 존재한다. 장비 구조가 복잡하여 추출, 세척 및 역추출 등 다기능 유닛의 협동 운전이 필요해 초기 투자 비용이 많이 든다. 운영 과정에서는 원료 조성, 온도 및 산도 등 매개변수를 정밀하게 제어해야 하므로 자동화 감시 시스템에 대한 요구가 엄격하다. 또한, 세척액과 역추출제의 순환 사용은 원료 소비를 줄였으나 용매 회수 시스템의 운영 부하를 현저히 증가시켰다. 이러한 특징들로 인해 분별 추출은 효율적이지만 비용이 많이 드는 정밀 분리 기술로 자리매김했다.

6.4.5 미분 추출

미분 추출(그림 6.6)은 전형적인 연속 역류 추출 공정으로 핵심은 두 상의 유체가 탑형 장비 내에서 축 방향으로 역류하며 지속해서 접촉하여 물질 전달이 이루어지는 데 있다. 다단계 역류 추출의 계단식 작동과 달리 이 공정에서는 용질이 연속상 계면에서 중단 없이 전달되어 장비 내부에 부드러운 축 방향 농도 분포를 형성한다. 이러한 물질 전달 특성은 이론적으로 무한한 미소 접촉 단위로 구성된 것으로 간주될 수 있으며 다단계 역류 추출의 이상적인 한계 형태를 나타낸다.

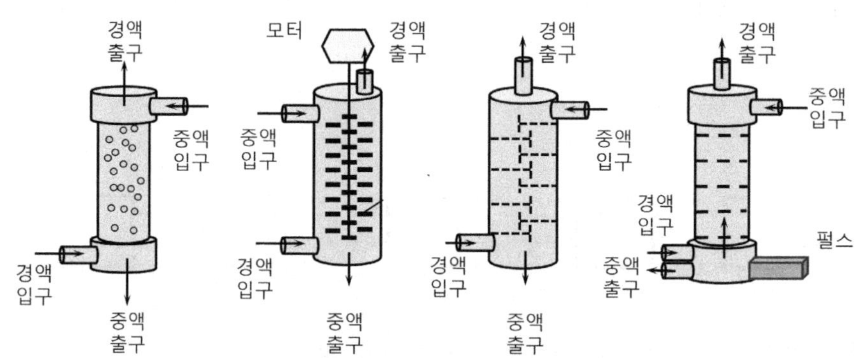

〈그림 6.6〉 일부 타워형 추출 장비 개략도

6.5 이중 수상(水相) 추출

이중 수상 추출(Aqueous Two-Phase Extraction, ATPE)은 두 가지 친수성 고분자 또는 고분자와 염류가 물속에서 적절한 농도로 혼합될 때 용액이 자발적으로 상호 용해되지 않는 두 개의 수상(水相)을 형성하고, 용질이 두 상 사이에서 분배 계수의 차이로 인해 분리되는 기술을 의미한다. 전통적인 유기용매 추출과의 근본적인 차이는 두 상 환경 모두 물이 연속 상이며, 높은 수분 함량 특성으로 생물 활성 물질에 천연에 가까운 온화한 미세 환경을 제공한다는 점이다. 이러한 독특한 물리 화학적 특성으로 인해 단백질, 핵산 및 세포 소기관 등 생물학적 구성 요소의 분리 정제에서 탁월한 우위를 보이며, 목표 산물의 구조와 기능적 완전성을 효과적으로 유지할 수 있다.

6.5.1 이중 수상 시스템

이중 수상 시스템은 두 가지 친수성 고분자, 또는 하나의 고분자와 하나의 염류가 수용액 내에서 분자 간 상호작용을 통해 형성된 상 분리 체계이다. 이 체계는 전통적인 유기용매 추출의 이상적인 대체 방안으로, 양상이 모두 물을 연속 상으로 하여 생체분자의 천연 활성을 효과적으로 유지할 수 있다. 일반적인 이중 수상 시스템은 주로 고분자-고분자 및 고분자-염류 두 가지 유형으로 구분된다.

고분자-고분자 체계에서는 분자 구조와 크기가 다른 폴리머(예: 폴리에틸렌글라이콜과 글루코사민 글루칸)가 분자 간 배척 작용으로 인해 임계 농도를 초과하면 자발적으로 두 개의 수상으로 분리된다. 폴리에틸렌글라이콜은 분자량이 작고 약한 소수성 사슬을 포함하는 반면, 글루코사민 글루칸은 강한 친수성과 더 큰 분자 부피를 지닌다. 이러한 물성 차이가 상 분리를 유도하는 근본 원인이다.

고분자-염류는 염분 분리 효과를 통해 상 분리를 실현한다. 무기염의 첨가는 물의 활도를 현저히 낮추어 폴리머 용해도를 급격히 감소시킨다. 예를 들어, 폴리에틸렌글라이콜-황산염계에서 황산염 이온의 강한 수화 작용은 폴리머 분자 표면의 수화 층을 경쟁적으로 박탈하여 최종적으로 상 분리 현상을 유발한다. 이러한 용해 경쟁에 기반한 상 분리 메커니즘은 생물학적 분리에 온화한 추출 환경을 제공한다.

6.5.2 이중 수상 시스템의 분배 평형

이중 수상 시스템은 양상이 모두 물을 연속 상으로 하여 생물 활성 물질에 온화하고 안정적인 분리 환경을 제공한다. 특히, 단백질, 핵산, 세포소기관 및 완전한 세포 등의 생물학적 구성요소 분리 정제에 적합하다. 20세기 중반, 이 기술이 등장한 이래 그 적용 범위는 미생물 세포, 바이러스 입자, 엽록체, 미토콘드리아 및 생물 막 등 다양한 생물 입자와 생물 고분자의 추출 과정으로 확대되었다. 용질의 두 수상 간 분배는 주로 그 표면 특성에 의해 결정되며, 두 상 사이의 선택적 분배를 통해 분리된다. 분배 능력의 크기는 분배 계수 k로 표현할 수 있다.

$$K = \frac{c_t}{c_b}$$

여기서 c_t, c_b는 각각 추출 대상 물질이 상층과 하층에서 가지는 농도(mol/L)이다. 분배 계수 k는 용질의 농도나 상의 부피 비율과 무관하며, 일반적으로 상 시스템의 성질, 추출 대상 물질의 표면 성질 및 온도에 의해 결정된다.

이중 수상 추출 체계에서 생물 입자와 주변 매질 사이에는 수소 결합, 소수성 상호작용, 정전기적 상호작용 등 다양한 분자간 힘이 존재한다. 이러한 힘들고 복잡한 상호작용 네트워크를 형성하여 지배적 요인을 사전에 판단하기 어렵게 한다. 그러나 목표 입자가 두 상의 계면에서 받는 순 작용력은 일반적으로 관측 가능한 차이를 보인다. 입자를 제2상에서 제1상으로 이동시키는 데 필요한 에너지라고 할 때 시스템이 평형에 도달하면 추출 분배 계수는 다음 식으로 표현될 수 있다.

$$\frac{c^1}{c^2} = e^{\frac{\Delta E}{KT}}$$

여기서 K는 볼츠만 상수, T는 열역학적 온도, c_1은 용질이 제1상에서 농도 mol/L로 용질이 제2상에서 농도는 mol/L이다.

E는 분배되는 입자의 크기와 관련이 있으며, 입자가 클수록 외부로 노출된 입자 수가 많아지고 주변 상계와의 상호작용력도 향상된다. 따라서 E는 입자의 표면적 A 또는 분자량 M에 비례한다고 볼 수 있다.

6.5.3 이중 수상 추출에 영향을 미치는 요인

이중 수상 추출 과정은 다중 요인의 영향을 받으며 그 핵심은 목표 물질과 상계 구성 요소 간의 복잡한 분자 상호작용에 있다. 여기에는 수소 결합, 정전기적 상호작용, 소수성 효과 및 공간 구조 등 다양한 힘의 종합적 균형이 포함된다. 따라서 상계를 구성하는 고분자 분자의 특성(예: 분자량, 기능 구성)과 목표 물질의 물리 화학적 특성(예: 분자 크기, 표면 특성)이 함께 분리 효과를 결정한다.

추출 과정에서 물질 분배는 일반적으로 상 경계 영역에서 발생하므로, 목표 성분의 표면 특성은 그 분배 행동에 영향을 미치는 핵심 매개변수가 된다. 전하를 띤 물질의 경우 염 이온은 두 상 사이에서 선택적 분배를 통해 도난 전위를 발생시키며, 이 경계 전위는 전하를 띤 분자나 입자의 상간 이동 과정을 현저히 조절하여 최종 분배 계수에 결정적인 영향을 미친다.

이중 수상 추출에 영향을 미치는 요인은 다양하다. 추출 효과에 영향을 주는 다양한 매개변수를 각각 연구할 수도 있고, 여러 매개변수를 종합적으로 고려하여 만족스러운 분리 효과를 얻을 수도 있다.

6.5.3.1 상 형성 고분자 농도와 계면 장력

계통 구성이 임계점에 가까워지면 단백질 등 생물학적 거대분자의 분배 계수는 1에 접근한다. 고분자 농도 증가로 계통이 임계점에서 이탈함에 따라 분배 계수는 비선형 변화를 보이며, 일반적으로 먼저 상승한 후 감소하는 경향을 나타낸다. 이는 상하층 고분자 구성이 용질 활도 계수에 미치는 차별적 영향을 반영한다. 동시에 계면 장력은 폴리머 농도 증가에 따라 현저히 증가하며, 막 구조 등 입자 물질의 분배 계수 로그값은 계면 장력 값과 근사적인 선형 관계를 보인다.

6.5.3.2 염 효과와 상간 전위

전해질은 두 가지 메커니즘으로 분배 과정에 영향을 미친다. 첫째, 서로 다른 이온이 양상 간에서 불균형 분배되어 도난 전위를 형성함으로써 전하를 띤 생체분자의 상간 이동을 직접 조절한다. 둘째, 염 농도 변화는 상 계통의 조성 및 상 부피 비율을 변경시키며 동시에 단백질 표면의 소수성 특성에 영향을 준다. 이온 강도와 종류를 정밀하게 조절함으로써 서로 다른 단백질의 선택적 분리가 가능하다.

6.5.3.3 온도 영향과 공정 최적화

온도 변화는 시스템 상도를 변경하지만, 임계점에서 멀리 떨어진 공정 범위 내에서는 그 영향이 미미하다. 폴리에틸렌글라이콜(PEG)의 단백질 안정화 효과 및 상온에서의 적절한 시스템 점도 등 장점을 고려하여 산업 규모의 이중 수상 추출은 일반적으로 실온에서 수행된다. 이는 생물학적 활성을 보장하면서 에너지 소비를 줄인다.

6.5.3.4 소수성 작용과 친화 추출

염 조성 조절을 통해 상간 전위를 제거한 후에는 소수성 작용이 배분 행동을 주도하는 핵심 요인이 된다. 고분자에 소수성 기단을 도입하면 이 효과를 강화하여 소수성 표위(表位)를 가진 단백질의 배분 계수를 현저히 변화시킬 수 있다. 이러한 소수성 친화 배분 메커니즘은 생체분자의 표면 특성 연구에 활용될 뿐만 아니라 선택적 분리를 위한 새로운 기술적 접근법을 제공한다.

6.5.4 이중 수상 추출의 응용

이중수상 추출 기술은 단백질, 효소, 핵산 및 사이토킨 등 생물 활성 물질의 분리 정제에 성공적으로 적용되었다. 이 기술은 전통적인 고액 분리 과정을 보다 효율적인 액-액 분리 모드로 전환하며, 성숙한 산업용 액-액 분리 장비를 직접 활용할 수 있어 대규모 생산에 편의를 제공한다. 그림 6.7은 연속 이중 수상 추출 공정이다.

이 기술 체계는 상 분리 과정이 신속하며, 시스템의 수분 함량이 높고 계면 장력이 극히 낮아 전단력에 민감한 생체분자에 우수한 보호 환경을 제공한다. 운영 측면에서 이 방법은 공정 흐름이 간결하고 비용이 통제 가능하며 뚜렷한 확장성을 지닌다. 실험을 통해 공정 매개변수가 10㎖ 규모에서 1㎥ 규모로 직접 선형 확장 가능함이 입증되었으며, 최대 10만 배까지 확장해도 제품 수율을 안정적으로 유지할 수 있다. 이러한 우수한 확장성은 생물 분리 공학 분야에서 매우 드문 특성이다.

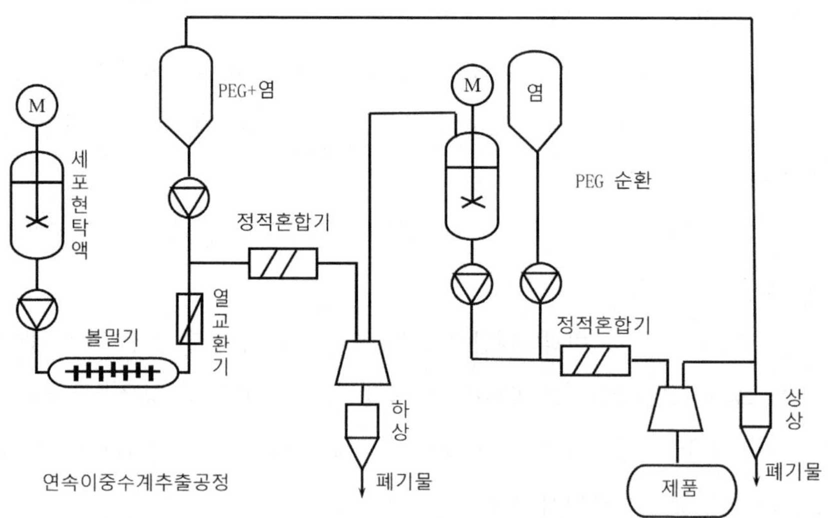

〈그림 6.7〉 연속 이중 수상 추출 공정

6.6 액막 추출

액막 추출(Liquid Membrane Extraction)은 용매 추출의 높은 선택성과 막 분리 공정의 효율성을 결합한 혁신적인 분리 기술이다. 이 기술은 선택성 액체 막을 분리 매질로 활용하여 목표 성분이 혼합물 내에서 방향성 이동 및 농축되도록 한다. 이 기술은 미국계 화교 과학자 리넨즈 박사가 1968년 최초로 이론적 틀을 제시한 이후 금속 추출, 폐수 정화 및 생물 의약 분리 등 분야에서 광범위한 연구와 응용을 얻었다. 탁월한 물질 전달 효율, 우수한 선택성 및 낮은 에너지 소비 요구를 바탕으로, 액막 추출은 현대 분리 과학에서 매우 발전 잠재력이 큰 첨단 기술 방향이 되었다.

6.6.1 액막의 종류

액막 분리 기술은 독특한 물질 전달 메커니즘과 우수한 분리 효율로 현대 분리 과학에서 중요한 위치를 차지한다. 이 기술의 핵심 장점은 액막 시스템의 특수한 구조 설계에 기인하며, 선택적 투과 장벽을 구축하여 목표 성분의 효율적인 분리 및 농축을 실현한다. 구조적 특징과 응용 특성에 따라 액막은 주로 유화 액막(Emulsion Liquid Membrane, ELM), 지지 액막(Supported Liquid Membrane, SLM), 유동 액막(Flowing Liquid Membrane, FLM)의 세 가지 기본 유형으로 분류되며, 이들 유형은 산업 현장과 과학 연구에서 모두 상당한 응용 가치를 입증하고 있다.

6.6.1.1 유화 액막(Emulsion Liquid Membrane, ELM)

유화 액막은 리넨즈(N. N. Li) 박사가 최초로 창안하고 특허화한 고전적인 액막 형태로, 분리 분야에서 중요한 위치를 차지한다. 막 형성상 상태의 차이에 따라 주로 (W/O)/W형과 (O/W)/O형 두 가지 기본 구조로 구분된다.

(W/O)/W형 유화 액막은 생물학적 분리 분야에서 널리 적용되며, 그 구조적 특징은 "수상이 유상에 둘러싸이고, 유상이 다시 수상에 분산되는" 형태이다. 제조 과정은 두 단계로 나뉜다. 먼저 내부 수상과 계면활성제 및 첨가제를 포함한 유상을 혼합하여 고속 교반을 통해 유포수형 초기 유액을 형성한다. 이후 이 초기 유액을 외부 수상에 분산시켜 2차 유화를 통해 완전한 삼상 구조를 구축한다. 이 체계에서 외부 수상은 연속상이며, 유화액 방울 직경은 약 0.1-2mm, 내부로 둘러싸인 미세 수상 직경은 수 마이크로미터, 액막 두께는 1-10 마이크로미터 사이이다.

(O/W)/O형 유화 액막의 구조 논리는 이에 대응하여 "유상이 수상에 둘러싸이고, 수상이 다

시 유상에 분산되는" 특성을 나타낸다.

구성 측면에서 유화 액막은 막 용매를 주성분(질량 분율 90% 이상)으로 하며, 1~5%의 계면활성제와 동량의 기능성 첨가제가 보조 역할을 한다. 계면활성제는 유수 계면에 배향 배열함으로써 액막의 구조적 안정성을 유지하며, 첨가제는 유동 매개체 역할을 하여 액막에 특이적 물질 전달 기능을 부여한다. 계면활성제가 막 형성 과정에서 핵심적 역할을 하므로, 이 유형의 액막은 계면활성제 액막(SLM)이라고도 불린다.

6.6.1.2 지지 액막(Supported Liquid Membrane, SLM; Contained Liquid Membrane, CLM)

지지 액막의 핵심은 "다공성 고분자 고체막 + 막 용매"의 복합 구조이다. 다공성 고분자막(예: 폴리테트라플루오로에틸렌, 폴리에틸렌, 폴리프로필렌으로 제작된 고수 소성 막, 유상 액막에 흔히 사용)을 막 용매(주로 유기용매, 필요할 때 유동 매개체 첨가 가능)에 막 용매가 막의 기공을 채워 지지 액막이 형성된다.

그 작동 원리는 원료 액상과 역추출상을 분리하고, 액막의 용질 선택성을 이용해 투과 용질을 추출 회수하거나 제거하는 것이다. 유화 액막에 비해지지 액막은 구조가 단순하고 확대가 쉽지만, 뚜렷한 단점이 존재한다. 막상은 표면 장력과 모세관 현상에 의해서만 다공성 막 기공 내부에 흡착되므로 작동 중 유실되기 쉬워 성능 저하를 초래한다. 해결 방안은 정기적으로 막상 용액을 보충하는 것이다. 즉, 작동을 일시 중단하고 역추출상 측에서 막 용매와 운반체를 보충하여 액막 기능을 유지한다. 이러한 '간헐적 막 보충' 특성은 공정 설계 시 학습자가 막 보충 공정과 시간 비용을 미리 고려해야 함을 의미한다.

6.6.1.3 유동 액막

유동 액막은 지지 액막을 기반으로 발전된 개선형 기술로, 주로 막상 유실이라는 핵심 문제에 대한 구조적 혁신을 이루었다. 핵심 돌파구는 막 용매의 동적 순환 구현에 있다. 폐쇄형 막상 유동 회로를 구축하여 액막이 작동 과정에서 지속해서 갱신·보충되도록 함으로써 분리 계면의 안정성을 효과적으로 유지하며, 재생 작업을 위해 생산 공정을 중단할 필요가 없다.

이러한 유동 설계는 막 상층 유실이라는 기술적 난제를 해결했을 뿐만 아니라, 유체 역학적 조건을 최적화하여 질량 전달 효율을 현저히 향상했다. 막 상층의 강제 유동은 경계층 두께를 얇게 하고 상간 접촉을 강화하여 질량 전달 저항을 매우 감소시켰으며, 분리 속도와 효과를 동시에 개선했다. 이 기술은 액막 분리 기술이 연속화 및 산업화 적용으로 나아가는 중요한 발전 방향을 대표한다.

6.6.2 액막 추출 메커니즘

액막 추출의 핵심은 용질의 막 횡단 이동이며, 분리 대상 용질의 물리 화학적 특성 차이에 따라 이동 기전은 세 가지 기본 유형으로 구분된다.

6.6.2.1 단순 이동(물리적 투과)

이 과정은 용질이 막 상에서 보이는 용해도 차이에 의존하여 분리를 실현한다. 서로 다른 용질의 확산 계수는 일반적으로 유사하므로 분배 계수 차이가 주요 분리 동력이 된다. 간헐적 운전에서 양상의 용질 농도가 평형에 도달하면 물질 전달이 중단된다. 특히 이 메커니즘은 농축 효과를 가지지 않으며, 주로 물리적 물질 전달의 기본 법칙을 이해하는 데 사용된다는 점을 명시해야 한다.

6.6.2.2 역추출상 화학 반응에 의한 이동 촉진(Ⅰ형 촉진 이동)

유기산 분리를 예로 들면 (W/O)/W형 유화액 막에서 내부 수상(水相)의 강알칼리와 유기산이 가역적이지 않은 반응을 일으켜 막상에 불용성인 염을 생성한다. 이 메커니즘은 막 양측에 항상 최대 농도 차를 유지해 물질 전달 속도를 현저히 향상할 뿐만 아니라 용질이 내부 수상에서 농축·집적되도록 하여 화학 반응이 물질 전달 과정에 미치는 강화 효과를 보여준다.

6.6.2.3 막상 운반체 수송(Ⅱ형 이동 촉진)

막 상에 기능성 운반체를 도입하여 목표 용질과 가역적 복합체를 형성함으로써 "추출-확산-탈착"의 막을 통한 순환을 실현한다. 이러한 메커니즘은 물질 전달 선택성을 향상할 뿐만 아니라 용질이 농도 구배에 반하는 방향으로 이동하도록 유도한다. 운반체의 에너지 공급 방식에 따라 다음과 같이 분류할 수 있다. 역방향 이동: 아미노산 분리를 예로 들면, 음이온성 아미노산이 4급 암모늄염 운반체와 복합체를 형성하여 막을 가로질러 확산하며, 염화이온의 역방향 이동이 추진력을 제공하여 전형적인 "이온 펌프" 효과를 형성한다. 동 방향 이동: 칼륨 이온 분리 과정에서, 관에테르 운반체는 칼륨 이온과 염화이온을 동시에 콤플렉스화하며, 염화이온의 농도 차를 이용하여 칼륨 이온의 동 방향 이동을 구동하여 목표 이온의 선택적 농축을 실현한다. 이 두 가지 이동 모드는 운반체 유형, 물질 전달 형태 및 에너지 이용 방식에서 각각 독특한 특징을 지니며, 함께 운반체 촉진 이동 기술 체계를 구성한다.

6.6.3 액막 추출 조작

액막 추출 공정의 성공적 수행은 장비, 재료 및 운전 조건의 체계적 통합에 달려 있다. 이 기술 체계는 네 가지 핵심 구성 요소를 포괄한다. 전용 추출 장비의 설계 및 선정, 기능화 막상 용액의 정밀 조제, 안정적인 유화액 제조 및 고효율 유화액 분산 공정, 그리고 질량 전달 효율에 결정적 영향을 미치는 운전 매개변수 최적화한다. 아래에서는 추출 장비 및 공정, 막상 조성, 유화 및 유화파괴, 액막 추출에 영향을 미치는 조작 매개변수라는 네 가지 측면에서 액막 추출 조작의 핵심 내용을 체계적으로 설명한다.

6.6.3.1 추출 장비 및 공정

액막 추출 공정의 장비 선정은 액막 유형에 따라 합리적으로 구성하여 효율적인 상간 접촉과 물질 전달 분리를 실현해야 한다.

유화 액막 추출 장비 이 유형의 장비는 주로 교반 조형과 미분 탑형 두 가지 대표적 구조로 구분된다. 교반 조형 장비는 혼합-침전기 설계를 채택하여 기계적 교반으로 유화액과 원료액의 완전한 혼합을 촉진한 후 침전기에서 상 분리를 수행하고 최종적으로 유화파괴를 통해 농축 산물을 얻는다. 이 장비의 유상 성분은 재활용할 수 있다. 조작이 간편하여 중소규모 생산에 적합하다.

미분 탑형 장비는 스프레이 타워를 대표로 하며, 연속 역류 작동 모드를 채택하여 전달 면적과 추진력을 증가시켜 분리 효율을 높인다. 그 간결한 공정 흐름은 대규모 연속 생산에 더욱 적합하다. 두 장비는 전달 모드, 작동 복잡도 및 적용 규모 측면에서 각기 특색을 지니며, 서로 다른 생산 시나리오에서의 기술적 적응성을 보여준다.

지지 액막 추출 장비 이 유형 장비의 핵심은 막 모듈 설계에 있으며, 일반적인 형태로는 평판식, 나선형 코일식, 중공 섬유식이 있다. 평판식 모듈은 구조가 단순하여 질량 전달 메커니즘 이해에 용이하나 질량 전달 효율이 제한적이어서 주로 실험 연구에 사용된다. 나선형 코일식과 중공 섬유식 모듈은 큰 비표 면적을 갖춰 질량 전달 효율을 현저히 향상할 수 있어 산업 규모 분리 공정에 적합하다.

지지 액막은 운전 과정에서 막 상 손실 현상이 발생하므로 장기 안정적 운전을 위해 정기적 보충 메커니즘을 구축해야 한다. 이러한 특성으로 인해 실제 공학 적용 시 장비 유지보수의 편의성과 운전 연속성을 충분히 고려해야 한다.

6.6.3.2 막상 조성

막상은 액막 분리 시스템의 기능적 핵심으로서, 그 조성 설계는 액막의 안정성, 질량 전달 효율 및 분리 선택성을 직접 결정한다. 합리적인 막상 배합은 목표 분리 시스템의 특성에 따라 최적화되어야 하며, 주로 다음과 같은 핵심 구성 요소를 포함한다.

막 용매는 막 상의 주체를 구성하며 90% 이상을 차지하며, 그 점도 특성은 액막 성능에 결정적 영향을 미친다. 고점도 용매는 액막의 기계적 강도를 강화하고 운영 과정에서의 파손 위험을 줄이는 데 도움이 되지만 이에 따라 물질 전달 저항이 증가한다. 저점도 용매는 물질 전달 속도를 높일 수 있지만 액막 안정성에 영향을 미칠 수 있다. 실제 적용에서는 분리 요구 사항에 따라 균형을 고려하여 선택해야 한다.

표면활성제는 유화 액막의 필수 구성 요소로 1~5%를 차지하며, 유수 계면에서 방향성 배열을 통해 계면 장력을 효과적으로 낮추어 유화액 방울의 구조적 안정성을 유지한다. 그 종류와 농도 선택은 시스템 물성과 일치해야 하며, 부적절한 선택은 액막의 안정성과 투과 성능에 직접적인 영향을 미친다.

유동 캐리어는 1%~5%를 차지하며 선택적 질량 전달을 실현하는 핵심 구성 요소이다. 목표 용질과 가역적 복합체를 형성하여 “추출-확산-탈착”의 막을 통한 순환을 구축한다. 캐리어 선택은 목표 물질의 화학적 특성에 기반해야 한다. 예를 들어 전하를 띤 물질을 분리할 때는 해당 전하 작용을 한 캐리어 유형을 선택해야 한다. 이는 분리 과정에서 분자 인식의 중요성을 보여준다.

6.6.3.3 유화 및 유화파괴

유화 및 유화파괴는 유화 막 추출 기술의 핵심 공정 단위로, 액막 시스템의 물질 전달 성능과 공정 경제성을 직접 결정한다. 이 두 공정의 최적화는 분리 효율 보장 및 운영 비용 절감에 중요한 의미를 지닌다.

유화 과정은 이상적인 계면 특성이 있는 유화액 체계를 구축하는 것을 목표로 한다. (W/O)/W형 액막을 예로 들면, 그 제조에는 단계적 유화 전략이 채택된다. 먼저 계면활성제(예: Span-80)와 유동 캐리어(예: LIX-64N)를 포함한 유상에서 고속 전단(10000-20000rpm) 또는 초음파 처리(20-40kHz)를 통해 내수상을 직경 1-10μm의 미세 액적으로 분산시켜 안정적인 W/O형 초기 유화액을 형성한다. 이후 온화한 교반 조건(500-1000rpm)에서 초유를 외부 수상 상에 분산시켜 2차 유화 과정을 완료함으로써 (W/O)/W형 다중 구조를 형성한다.

핵심 공정 파라미터는 정밀하게 제어해야 한다. 전단 속도는 액적 입도 분포에 직접적인 영향을 미치며, 일반적으로 8000-15000rpm을 유지하면 입도가 균일한 유화액을 얻을 수 있다. 유화 온도를 25~40℃ 범위로 제어하면 계면 장력을 낮추고 유화액 형성을 촉진하는 데 유리하다. 계면활성제 농도(일반적으로 2%~5%)는 안정성과 물질 전달 저항 사이에서 균형을 이루어야 한다. 연구에 따르면 막 유화기 등 첨단 장비를 사용하면 액적 입자 크기 변동 계수를 15% 이내로 제어할 수 있어 배치 간 일관성을 현저히 향상할 수 있다.

유화 분해 과정은 농축된 생성물과 막 상을 효율적으로 분리하여 운반체 재활용을 실현하는 것을 목표로 한다. 유화 분해 기전에 따라 세 가지 기술로 분류된다.

물리적 유화파괴법은 비 화학적 수단으로 액막 안정성을 파괴한다. 정전기 유화파괴(2000-4000V/cm)는 액적 쌍극자 모임을 유도하여 적용되며, 제품 순도 요구가 엄격한 제약 분야에 적합하다. 원심 유화파괴(3000-6000g)는 상 밀도 차이를 이용해 신속한 분리를 실현하며, 처리 용량은 높으나 에너지 소비가 크다. 열 분산(60~80℃)은 계면 점도 저하를 통해 액적 응집을 촉진하나, 열에 민감한 제품의 분해 위험을 주의해야 한다.

화학 유화파괴법은 유화 파괴제(알코올류, 전해질 등) 첨가로 계면 특성을 변경한다. 음이온성-비이온성 계면활성제 복합계(예: SDS와 Tween-80)는 경쟁 흡착을 통해 계면 막 강도를 약화한다. 전해질(예: NaCl, $CaCl_2$)은 이중 층 압축을 통해 액적 응집을 촉진한다. 이 방법은 효율이 높으나(95% 이상) 유화제 잔류물이 후속 공정(downstream process)에 미치는 영향을 엄격히 통제해야 한다.

물리 화학적 협동 유화분해는 다양한 유화분해 메커니즘의 장점을 결합한다. 대표적인 '열-전기 복합' 공정은 먼저 60℃에서 예열하여 계면 강도를 낮춘 후, 2500V/cm의 전기장을 가해 심층 유화분해를 완료하며, 단일 방법 대비 효율이 40% 이상 향상된다. '원심-화학적' 복합 공정은 먼저 원심분리로 거친 분리를 수행한 후, 미량의 유화 분해제를 첨가하여 분해가 어려운 성분을 처리함으로써 효율을 보장하면서 화학약품 사용량을 줄인다.

유화액 분해 공정 선택 시 유화액 특성(입자 크기, 계면 강도), 제품 가치 및 환경 요구 사항을 종합적으로 고려해야 한다. 고부가가치 생물학적 제품의 경우 물리적 방법을 우선 선택하며, 산업 폐수 처리에는 고효율 화학적 방법을 적용할 수 있다. 성공적인 유화액 분해 공정은 높은 분해율(〉98%), 낮은 상 혼입률(〈2%) 및 우수한 막 상 회수율을 동시에 충족해야 하며, 이는 유화액 막 기술의 산업화 실현을 위한 핵심 보장 요소이다.

6.6.3.4 액막 추출에 영향을 미치는 조작 매개변수

액막 추출 과정의 분리 효율은 여러 운영 매개변수 상호작용의 영향을 받으며, 이러한 매개변수들은 질량 전달 동역학 과정과 상간 분리 효과를 공동으로 결정한다. 시스템 최적화를 통해 이러한 매개변수를 조절하는 것은 고효율 분리를 실현하는 데 매우 중요하다.

유수비 최적화 유화액과 원액의 부피비는 질량 전달 면적에 영향을 미치는 핵심 요소이다. 유수비를 높이면 유효 접촉 면적이 증가하여 질량 전달 추진력이 향상되지만, 이에 따라 유화제 사용량과 후속 유화분해 부하가 증가한다. 고농도 시스템(용질 농도>1 g/L)의 경우 충분한 물질 전달을 보장하기 위해 1:3~1:5의 유수비를 권장한다. 반면 저농도 시스템(<0.1g/L)에서는 1:8~1:10의 유수비가 경제적이다. 연구에 따르면 최적 유수비는 단위 부피 원액의 막 표면적이 100~200m^2/m^3에 도달하도록 설정해야 한다.

교반 강도 제어 교반 속도는 액적 분산 정도와 액막 안정성에 직접적인 영향을 미친다. 혼합 침전기에서 적절한 회전 속도 범위는 200-400rpm으로, 액적 직경을 0.5-2mm로 유지시켜 충분한 물질 전달 면적을 보장하면서도 과도한 전단으로 인한 액막 파열을 방지할 수 있다. 탑식 장비에서는 표면 유속을 0.5-2cm/s로 제어하여 안정적인 역류 접촉을 보장해야 한다. 주목할 점은 서로 다른 계면활성제 시스템이 전단에 대해 민감도가 다르므로 실험을 통해 특정 장비의 운영 범위를 결정해야 한다는 것이다.

추출 시간 결정 추출 시간은 물질 전달 동역학 특성에 따라 최적화해야 한다. 일반적으로 추출 과정은 초기 단계(0~10분)에 속도가 가장 빠르며, 80% 이상의 물질 전달을 완료할 수 있다. 추출률이 90%에 도달한 후에도 시간을 연장하면 총 수율 향상 효과는 제한적이지만 처리 비용은 매우 증가한다. 원료액 상 농도 변화를 관찰하여 농도 감소 곡선이 평탄화 단계에 진입하는 시점을 최적 추출 종료점으로 설정할 수 있다.

온도 조절 전략 온도는 계통 점도와 계면 특성을 변화시켜 분리 효과에 영향을 미친다. 대부분의 액막계는 30~45℃ 범위에서 최적 성능을 나타낸다. 온도가 10℃ 상승할 때마다 막상 점도는 약 30% 감소하고 확산 계수는 20~40% 증가한다. 그러나 50℃를 초과하면 계면활성제 분해나 막상 휘발이 발생할 수 있다. 열에 민감한 생물분자의 경우 25~30℃의 온화한 조건에서 운영할 것을 권장하며, 공정 설계 시 온도가 안정성과 물질 전달 속도에 미치는 이중 영향을 종합적으로 고려해야 한다.

종합하면, 액막 추출 공정의 성공적 구현은 장비 구성, 막상 조성, 유화 공정 및 운전 파라미터의 체계적 통합과 협동적 최적화에 달려 있다. 이러한 요소들은 상호 연관되고 제약하며, 복잡하면서도 정밀한 공학 기술 체계를 구성한다. 교육 과정에서는 다중 요인 간의 상호작용에 대한 체계적 인지 능력을 중점적으로 함양시키고, 공학적 전체론적 관점에서 액막 추출 기술의 본질을 이해하도록 유도하여 향후 분리 공정 설계 및 공정 확대에 필요한 견고한 이론적 기반을 마련해야 한다.

6.7 역미셀 추출

역미셀(Reverse Micelle)은 계면활성제가 비극성 유기용매에서 임계 미셀 농도를 초과할 때 자발적으로 조립되어 형성되는 나노 규모 정렬 집합체이다. 그 구조적 특징은 수상 상에서 형성되는 정상 미셀과 반대이다. 계면활성제의 친수성 머리 부분이 내부에 모여 물 분자 및 극성 물질을 수용할 수 있는 극성 핵을 구성하며, 흔히 "수조(水池)"라고 불린다. 반면 소수성 꼬리 사슬은 외부로 뻗어 주변 유기용매에 용해되어 안정적인 "유포수(油包水)"형 구조를 형성한다. 그림 6.8은 정상 미셀과 역미셀의 비교를 보여준다.

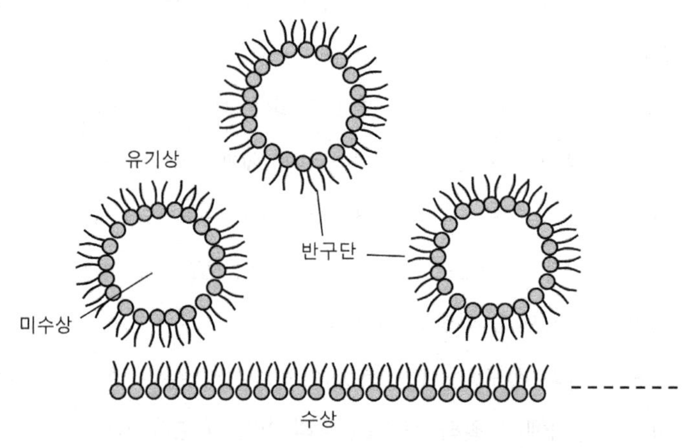

〈그림 6.8〉 정상 미셀과 역미셀 비교

역미셀의 직경은 일반적으로 5~100㎚ 사이이며, 내부 "수조"의 크기는 계면활성제의 종류, 농도 및 유기용매의 성질을 조절하여 정밀하게 제어할 수 있다. 이 극성 미세 환경은 물, 무기염 및 다양한 생물학적 극성 분자를 용해할 수 있는 능력을 갖추고 있어, 유기상에서 극성 물질의 효율적인 증용 및 전달을 실현한다.

현재 다양한 단백실이 역미셀 체계를 통해 유기용내에 성공적으로 용해될 수 있음이 알려져 있으며, 검증된 사례로는 사이토크롬 c, α-카세인, 트립신, 펩티다아제, 포스 파티다지 A, 알코올 탈수소효소, 리보뉴클레아제, 라이소자임, 카탈라아제, α-아밀라아제 및 하이드록시 스테로이드 탈수소효소 등이 있다. 이러한 단백질들은 생물학적 활성을 유지한 상태에서 역미셀의 극성 핵 내에 효과적으로 포집되어 비수성 환경에서의 용해 및 물질 전달을 실현할 수 있다.

반고체 겔 시스템은 주로 두 종류의 계면활성제를 사용한다. 양이온성(예: 4급 암모늄염)과 음이온성(예: AOT)이다. 그중, 말레산-2-에틸헥실 황산염 나트륨(AOT)은 독특한 장점으로 인해 현재 연구에서 가장 널리 사용되는 계면활성제이다. 그 장점은 주로 두 가지 측면에서 나타난다. 첫째, 상대적으로 큰 크기의 역미셀을 형성하여 단백질 등 고분자의 탑재에 유리하다는 점이다. 둘째, 보조 계면활성제를 첨가하지 않아도 자발적으로 안정된 구조를 형성할 수 있다는 점이다. AOT 사용 시 아이소옥테인이 가장 흔히 사용되는 유기용매이다.

역미셀의 형태는 일반적으로 구형으로 여겨지지만, 타원체형이나 막대형 구조가 존재할 가능성을 제기한 연구도 있다. 반경은 대부분 10~100㎚ 범위에 분포하며 입자 크기 분포가 비교적 균일하다. 역미셀의 크기는 주로 함수율 W_0(물과 계면활성제의 몰비)에 의해 결정된다. AOT 시스템은 높은 W_0 값(50-60)에 도달할 수 있는 반면 4급 암모늄염 시스템의 W_0는 일반적으로 3 미만이다.

W_0 값은 계면활성제 종류, 용매 특성, 염 농도 등 여러 요인의 영향을 받는다. 단백질 등의 생체분자가 역미셀에 진입하면 구조 매개변수(크기, 집합 수 등)의 변화를 유발하며, 이러한 구조 변환의 구체적 메커니즘은 여전히 심층 연구가 필요하다.

6.8 액체-고체 추출

액체-고체 추출은 액체 용매를 이용하여 고체 기질로부터 목표 성분을 선택적으로 용해 및 분리하는 단위 조작이다. 이 과정은 용매와 고체 물질의 밀접한 접촉을 기반으로 하여 목표 성분이 확산 작용을 통해 고상에서 액상으로 이동함으로써 고체 잔류물과 효과적으로 분리된다.

6.8.1 액체-고체 추출 공정 및 장비

액체-고체 추출은 원료 특성과 생산 규모에 따라 적합한 조작 방식 및 장비를 선택하는 중요한 단위 조작이다. 서로 다른 조작 방식은 효율성, 비용 및 적용 시나리오 측면에서 각기 다른 특징을 지닌다.

6.8.1.1 간헐식 조작

침지법 이는 가장 기본적인 액체-고체 추출 방법이다. 작업 시 고체 물질을 적절한 입도로 분쇄한 후 용매와 일정 비율(일반적으로 고체-액체 비율 1:5~1:15)로 용기에 넣고 적정 온도에서 교반하거나 정지시킨다. 추출 시간은 물질 특성에 따라 수 시간에서 수일까지 다양하다. 이 방법은 장비가 간단하고 조작이 쉽지만, 용제 사용량이 많고 추출 효율이 낮으며 시간이 오래 걸리는 단점이 있다. 주로 실험실 연구 및 소량 생산에 적합하며, 한약재의 예비 침출, 차 유효 성분 추출 등에 사용된다.

가열 추출법 물을 주 용매로 사용하여 가열하여 끓임(보통 약한 끓음 상태 유지)으로써 목표 성분의 용출을 촉진한다. 가열 온도는 일반적으로 95-100℃로 제어하며, 시간은 원료 특성에 따라 조절한다. 이 방법은 세포 구조를 효과적으로 파괴하여 성분 용출을 촉진하지만 고온 작용으로 인해 열에 민감한 성분이 분해되거나 휘발성 성분이 손실될 수 있으며 추출액 내 불순물 함량이 높은 편이다. 주로 한약 탕제 제조 및 일부 내열성 성분 추출에 활용된다.

환류 추출법 가열 장치, 추출 탱크, 응축기 및 수취기로 구성된 밀폐 시스템이다. 가동 시 용매 증기는 응축 후 추출 탱크로 되돌아가 지속적 순환을 형성한다. 생산 요구에 따라 단순 회류와 소스 추출 등 다양한 형태로 구분된다. 이 방법은 용매를 재사용할 수 있어 소비량이 적으며, 특히 고가 용매 추출 공정에 적합하다. 동시에 시스템이 밀폐되어 용매 휘발 손실과 환경 오염을 줄인다. 주로 식물성 기름, 알칼로이드 등의 유효 성분 추출에 활용된다.

6.8.1.2 연속식 조작

침출법: 고체 원료를 적절히 분쇄하여 침출 탑에 충전하고, 용매를 상부에서 연속적으로 주입하면 중력 작용으로 고정층을 균일하게 통과한다. 가동 과정에서는 적절한 유속을 제어하여 충분한 접촉 시간을 보장해야 한다. 이 방법은 용제 사용량이 적고 추출 효율이 높으며 다양한 규모의 생산에 적용 가능하다는 장점이 있지만, 장비 투자 비용이 많이 들고 가동 요구사항이 높다는 특징이 있다. 한약 제제, 천연물 추출 등 산업 분야에 널리 활용된다.

연속 역류 추출법 특수 설계된 장비를 통해 고체와 용매의 역방향 흐름과 연속 접촉을 실현한다. 대표적인 로또 셀 추출기는 회전판식 설계로 원형 원료 조를 12~24개의 부채꼴 소실로 나누며, 각 소실의 용적은 수 세제곱미터에 달한다. 작동 시 회전판은 0.5~2회전/시간의 저속으로 회전하며, 용매는 정밀한 분배 시스템을 통해 역방향으로 순차 분사되어 다단계 역류 추출을 형성한다.

그림 6.9는 전형적인 회전 목마식 역류 접촉 추출 장치인 로또 셀 추출기이다. 원반형 재료 탱크는 원주 각도 방향으로 칸막이로 여러 개의 작은 탱크로 나뉘며, 각각 고체 원료가 충전된다. 원판이 시계 방향으로 회전하면 추출제가 배출구에 가까운 소형 슬롯에 분사되며, 해당 슬롯에서 유출된 추출액은 시계 반대 방향의 다음 슬롯에 다시 분사되는 식으로 순환한다. 추출제와 원료는 지속해서 공급되고, 목표 생성물을 포함한 추출액과 추출 잔여물은 연속적으로 배출되어 연속 역류 접촉 추출을 실현한다.

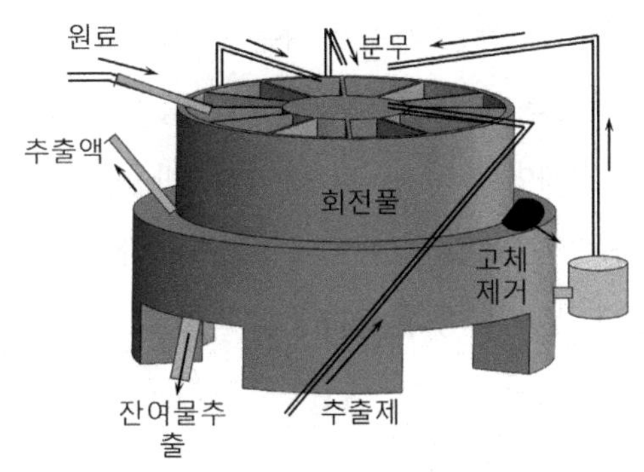

〈그림 6.9〉 Rotocel 추출기

6.8.2 추출제

추출제는 액체-고체 추출(침출) 과정에서 고체 원료 내 목표 성분을 용해하는 용매 또는 용액이다. 핵심 역할은 용해, 화학 반응 또는 킬레이트 등을 통해 목표 성분을 고체 기질로부터 분리하는 것이다. 추출계의 물리 화학적 특성(pH, 극성, 이온 강도 등)을 조절하여 추출 효율과 선택성을 높이는 것이다. 추출제는 화학적 성질과 작용 원리에 따라 물, 산, 염기, 염류 및 유기용매 등 크게 분류되며, 각 범주는 추출 과정에서 서로 다른 특성과 적용 시나리오를 보인다.

물은 가장 기본적이면서도 널리 사용되는 추출제로, 원료가 풍부하고 비용이 저렴하며 안전하고 환경친화적이어서 환경 오염이 거의 없다. 물은 주로 유사상용성 원리에 의존하여 친수성 물질(무기염, 당류, 일부 수용성 단백질 등)을 효과적으로 추출할 수 있다. 그러나 물은 소수성 물질에 대한 용해력이 낮아 이러한 물질을 처리할 때는 효과가 미미하다.

산류 추출제는 황산, 염산, 질산 등 일반적인 산을 포함하며, 이들의 두드러진 점은 추출 능력이 강하다는 점이다. 산은 많은 금속 광물, 난용성 산화물 등과 화학 반응을 일으켜 목표 성분을 수용성 물질로 전환해 추출을 실현한다. 다양한 종류의 산은 특정 물질에 대해 일정한 선택성을 지니는데, 예를 들어 염산은 칼슘, 마그네슘 등의 금속 추출 효과가 우수하다. 그러나 산은 강한 부식성을 지녀 추출 장비의 내식성에 대한 요구가 매우 높으며, 특수 재질의 장비를 사용해야 한다. 동시에 작업 과정에서도 일정한 안전 위험이 존재한다.

알칼리성 침출제인 수산화나트륨, 수산화칼륨, 탄산나트륨 등은 특정 물질을 처리할 때 독특한 장점이 있다. 산성 조건에서 불안정하거나 산과 반응하여 유해 부산물을 생성하는 물질의 경우 알칼리 침출이 더 적합하다. 알칼리는 산성 산화물, 양이온성 금속 및 그 화합물 등과 반응하여 목표 성분을 용출시킬 수 있다. 다만 알칼리 침출 후 용액은 목표 생성물을 분리 및 회수하기 위해 비교적 복잡한 처리 단계를 거쳐야 하는 경우가 많다.

염류 침출제는 주로 염화나트륨, 염화철, 황화나트륨 등이 있으며, 이들의 작용 메커니즘은 비교적 특수하여 일반적으로 킬레이트 작용이나 산화환원반응을 통해 목표 물질의 용해도를 높인다. 예를 들어, 염화나트륨은 일부 은 함유 광물 내 은 이온과 킬레이트를 형성하여 은의 침출을 촉진한다. 염화철은 산화 반응을 통해 황화광을 녹일 수 있다. 염류 침출제는 일정한 선택성을 지니지만, 일부 염류는 가격이 높으며 중금속을 함유한 염류는 사용 후 침전물과 폐수를 적절히 처리하여 환경 오염을 방지해야 한다.

에탄올, 아세톤, 에틸아세테이트 등의 유기용매는 주로 유기 성분 추출에 사용된다. 이들은 유기 화합물에 대한 용해력이 강해 목표 유기 성분을 선택적으로 추출할 수 있으며, 무기 불순물의 용해는 적어 후속 분리 정제에 유리하다. 그러나 대부분의 유기용매는 휘발성과 가연성을 지니므로 저장, 운송 및 사용 과정에서 안전에 주의해야 하며, 동시에 비용이 많이 들고 사용 후 일반적으로 회수 재활용이 필요하여 공정 복잡성을 증가시킨다.

6.9 초임계 추출

초임계 추출(Supercritical Fluid Extraction, SFE)은 물질이 초임계 상태에서 나타내는 특수한 성질을 이용한 새로운 분리 기술이다. 이 기술은 초임계 유체를 추출 매질로 사용하여 초임계 구간에서의 독특한 물리 화학적 성질을 통해 목표 성분을 녹이고, 체계의 온도, 압력 등의 조작 매개변수를 정밀하게 조절함으로써 용질의 고효율 분리 및 회수를 실현한다.

초임계 상태는 물질이 임계 온도와 임계 압력 이상에 있을 때 형성되는 특수한 물리적 상태이다. 이 상태는 전통적인 기체 상태나 액체 상태와 다르면서도 양쪽의 장점을 모두 지닌다. 액체에 가까운 높은 용해 능력을 유지하면서도 기체와 유사한 낮은 점도와 높은 확산 계수를 갖춰 물질 전달 및 분리에 이상적인 조건을 제공한다. 일반적으로 사용되는 초임계 유체에는 이산화탄소, 에탄올 등이 있으며, 이중 이산화탄소는 적당한 임계 매개변수(T_c=31.1℃, P_c=7.38MPa)를 갖기 때문에 가장 널리 사용되는 초임계 용매이다.

6.9.1 초임계 유체 성질

초임계 유체는 물질이 임계 온도와 임계 압력 이상에 있을 때 형성되는 특수한 고밀도 유체 상태이다. 이 상태의 유체는 기체와 액체의 이중 특성을 동시에 지닌다: 밀도는 액체에 가깝고(일반적으로 0.1-1g/cm^3 범위), 따라서 액체와 유사한 용해 능력을 갖춘다. 반면 점도는 기체에 가깝고(약 0.01-0.1mPa·s), 표면 장력은 거의 사라지며, 확산 계수는 일반 액체보다 10-100배 크다. 이러한 독특한 물리적 특성으로 인해 액체처럼 다양한 물질을 효과적으로 녹일 수 있을 뿐만 아니라 기체처럼 빠르게 확산 및 침투하여 탁월한 물질 전달 성능을 발휘한다.

초임계 유체의 용해 능력은 독특한 조절성을 지닌다. 계통 온도나 압력을 조절함으로써 유체의 밀도를 연속적으로 변화시켜 용매 강도를 정밀하게 제어할 수 있다. 예를 들어, 초임계 이산화탄소는 낮은 압력에서 비극성 물질에 대해 우수한 용해성을 보이며, 압력이 상승하면 용해 범위가 중간 극성 화합물까지 확장된다. 또한, 적정량의 캐리어(예: 에탄올, 메탄올 등)를 첨가함으로써 극성을 추가로 조절하여 특정 용질에 대한 용해 능력을 강화할 수 있다. 이러한 용해 능력의 조절성은 선택적 추출에 큰 편의를 제공한다.

화학적 특성 측면에서 초임계 유체는 우수한 화학적 불활성과 안정성을 보인다. 가장 널리 사용되는 초임계 CO_2를 예로 들면, 상온 상압에서 기체 상태이며 무독성, 불연성, 화학적 안정성을 지녀 대부분의 추출 대상 물질과 반응하지 않는다. 이 특성으로 인해 열에 민감한 물질이나 산화되기 쉬운 물질 처리 시 특히 적합하며, 목표 산물의 생물학적 활성과 화학적 완전성을 효과적으로 유지할 수 있다. 동시에 초임계 유체는 기액계면이 존재하지 않아 전통적 추출에서 발생하는 유화 현상을 피할 수 있으며, 상 분리 과정을 더욱 간단하고 효율적으로 만든다.

환경 및 공학적 관점에서 초임계 유체 기술은 뚜렷한 장점을 지닌다. 초임계 CO_2는 추출 완료 후 압력만 낮추면 생성물과 분리되며, 전체 과정에서 용매의 순환 사용이 가능해 폐기물이 거의 발생하지 않는다. 이러한 특징으로 인해 초임계 유체 기술은 녹색 화학 및 청정 생산의 핵심 기술로 자리매김했으며, 순도 요구가 엄격한 식품, 의약품, 화장품 등 분야에서 널리 활용되고 있다. 특히 상대적으로 온화한 작동 온도로 천연물의 활성 성분을 최대한 보존할 수 있어 고부가가치 제품 추출에 이상적인 솔루션을 제공한다.

6.9.2 초임계 추출 조작

초임계 추출 공정의 핵심은 체계 온도와 압력을 정밀하게 조절하여 초임계 유체의 물리적 특성, 특히 밀도를 변화시켜 목표 성분에 대한 용해 능력과 선택성을 최적화하는 데 있다. 전형적인 산업 설비는 두 가지 핵심 유닛으로 구성된다. 추출 탱크는 원료로부터 목표 성분의 용해 및 분리를 수행하고, 분리회수 탱크는 용질과 초임계 유체의 효과적인 분리를 완료한다. 분리 과정에서 용질의 침출을 실현하는 원리의 차이에 따라 주로 세 가지 기본 작동 모드가 형성되며, 등온법, 등압법 및 흡착법 등이 있다.

6.9.3 응용

초임계 유체 추출 기술은 독특한 장점을 바탕으로 여러 산업 분야에서 성공적으로 응용되고 있다. 이 기술의 주요 장점은 다음과 같다. 추출 효율이 전통적인 액-액 추출보다 현저히 높으며, 특히 고체 원료 처리에 적합하다. 작동 온도가 상온에 가까워 열에 민감하거나 산화되기 쉬운 물질의 활성을 효과적으로 보호한다. 열전달 성능이 우수하여 공정 매개변수를 정밀하게 제어하기 쉬우며, 비휘발성 성분에 대해 우수한 분리 효과를 보인다.

1960년대 개발 이후 현재까지 이 기술은 다수 분야에서 산업화 적용을 실현했으며, 대표적인 사례로는 커피콩의 카페인 제거, 담배의 니코틴 제거, 홉의 유효 성분 추출 등이 있다. 이중 카페인 제거 공정의 운영 매개변수는 다음과 같다. 압력 14-35MPa, 온도 70-130℃, 처리 시간 6-12시간으로 분리 단계에서는 압력을 5-10MPa로 낮추고 온도를 15~50℃로 제어한다.

성숙한 응용 외에도 이 기술은 식물 알칼로이드, 천연 향료, 기능성 오일 등 고부가가치 제품 추출 분야에서도 큰 잠재력을 보여주고 있으며, 다수의 연구가 중시 단계에 진입했다. 또한, 이 기술은 항생제 등 의약품 내 유기용매 잔류물을 효과적으로 제거하여 의약품 품질 향상을 위한 새로운 해결책을 제공한다.

6.10 본 장 요약

본 장에서는 다양한 추출 분리 기술의 이론적 기초, 공정 특성 및 공학적 응용을 체계적으로 설명하여 완전한 추출 기술 지식 체계를 구축했다. 전통적인 유기용매 추출부터 새로운 이중 수상 추출, 액막 추출 등 기술에 이르기까지 모두 용질이 상간 분배 차이를 이용하여 분리하는 핵심 원리를 구현하고 있다.

기초 이론 측면에서 넵스터 분배 법칙은 추출 과정에 정량적 설명 근거를 제공하며, 온도, 압력, pH 등의 매개변수가 분배 행동에 미치는 조절 메커니즘은 공정 최적화의 핵심이다. 유기 용매 추출에서 약한 전해질의 이중 평형 특성, 화학 추출의 선택성 증강 메커니즘은 서로 다른 추출 방법의 특징과 적용 시나리오를 보여준다.

기술 발전 측면에서는 혼합-침전, 다단계 교차류 및 역류 추출 등의 운영 방식 혁신이 추출 공정의 연속화와 고효율화를 촉진했다. 이중 수상 추출은 생체 적합성 장점을 바탕으로 생체 고분자 분리에 온화한 환경을 제공하며, 액막 추출 기술은 독특한 "삼상 전달" 메커니즘을 통해 분리 효율을 현저히 향상했다. 반 콜로이드 추출은 극성 물질의 비극성 용매 내 용해 문제를 혁신적으로 해결했으며, 초임계 유체 추출은 친환경적 특성으로 현대 분리 기술의 주요 발전 방향이 되었다.

이러한 기술들은 각기 특색을 지니면서도 상호 보완적이며, 서로 다른 분리 요구에 대응하는 기술 체계를 구성한다. 실제 적용 시에는 목표 생성물의 특성, 공정 요구사항, 경제성 등의 요소를 종합적으로 고려하여 합리적으로 선택함으로써 다양한 추출 기술의 장점을 최대한 활용해야 한다.

생각해 볼 문제

물리적 추출과 화학적 추출의 작용 메커니즘, 선택성 제어 및 적용 체계 측면에서의 본질적 차이를 비교하고, 각각의 생물학적 분리 분야에서의 대표적인 적용 사례를 예시와 함께 설명한다.

다단계 역류 추출 공정 설계에서, 어떻게 평형 관계를 통해 이론 단계를 결정하는가? 그 계산 원리를 설명하고 단계 수에 영향을 미치는 주요 요인을 분석한다.

이중 수상 추출 시스템에서 단백질의 분배 계수는 어떤 핵심 요인의 영향을 받는가? 열역학적 관점에서 이러한 요인들이 단백질의 상간 분배 행동을 어떻게 변화시키는지 분석한다.

액막 추출 과정에서의 유화수 비율, 교반 속도 및 온도 등의 조작 매개변수가 물질 전달 효율에 어떻게 영향을 미치는가? 이들 매개변수 간에는 어떤 결합 관계가 존재하는가?

초임계 CO_2 추출 기술은 천연물 추출에서 어떤 독특한 장점이 있는가? 그 용해 능력은 어떤 방식으로 조절할 수 있는가? 전통적인 유기용매 추출과 비교하여 어떤 기술적 한계가 존재하는가?

녹색 분리 공학의 관점에서 본 장에서 설명한 각종 추출 기술의 에너지 소비, 환경 영향 및 공정 경제성 측면의 특징을 분석 비교하고, 이에 따른 공정 최적화 방향을 제시한다.

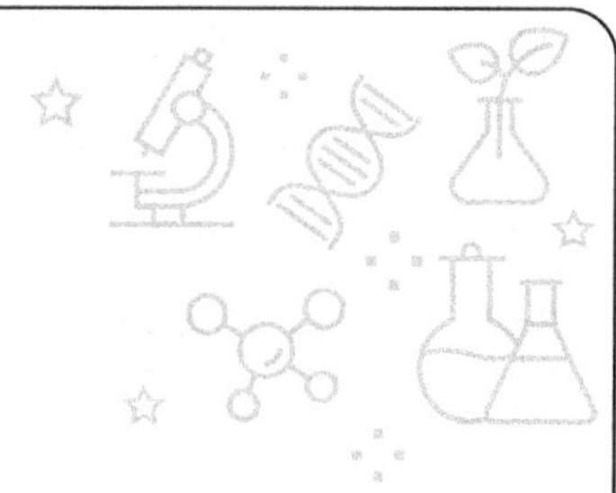

7. 흡착 분리

기술 흡착은 유체상(기체 또는 액체) 내 특정 성분이 계면 작용력을 통해 다공성 고체 표면에 선택적으로 농축되는 물리 화학적 과정으로, 물질 전달 분리 기술의 중요한 분지이다. 이 기술의 핵심은 다공성 매질 표면과 유체 분자 간의 상호작용 차이를 이용하여 목표 성분을 복잡한 혼합물로부터 선택적으로 분리하는 데 있다. 흡착 과정의 기본 원리는 유체가 발달된 기공 구조를 가진 고체 흡착제와 접촉할 때 유체 분자가 고체 표면의 불균형 힘의 영향을 받는 것이다. 첫째, 유체 내 목표 성분(흡착질)이 먼저 외부 확산을 통해 흡착제 입자 외부 표면에 도달한다. 둘째, 내부 확산을 통해 미세 기공으로 진입한다. 셋째, 반데르워스 힘, 정전기력 또는 화학 결합 등의 계면력에 의해 흡착 활성 부위에서 단일층 또는 다중층 분자 흡착이 형성된다. 이 과정은 고체 표면의 깁스 자유 에너지를 현저히 감소시켜 시스템이 열역학적 평형 상태로 수렴하게 한다.

흡착 작용의 본질은 고체 표면 원자의 배위 불포화로 인해 발생하는 불포화 힘에 달려 있으며, 그 강도 기울기는 다음과 같은 두 가지 주요 흡착 유형을 결정한다. 물리적 흡착(판데르워스 힘 또는 정전기 상호작용이 주도하며 가역성 특성을 가짐), 화학적 흡착(전자 이동을 수반하며 일반적으로 화학 결합 형성과 동반됨)과 같은 이러한 차이는 탈착 에너지 장벽 및 흡착제 재생 방식 선택에 직접적인 영향을 미친다.

이상적인 산업용 흡착 공정은 가역성을 갖춰야 하며, 탈착 과정은 시스템 조건(온도, 압력 또는 화학적 환경)을 변경하여 평형을 탈착 방향으로 이동시킨다. 일반적인 방법으로는 압력 변동 흡착(압력 순환을 통한 흡착제 재생), 온도 변동 흡착(열역학적 매개변수를 이용한 흡착 용량 조절), 치환 탈착(경쟁적 흡착질을 도입하여 기존 평형 파괴)이 있다.

제품 생산에서 선택적 흡착은 흔히 사용되는 분리 정제 수단이다. 흡착 분리 기술은 종종 다른 분리 수단과 함께 사용되며, 불순물 제거에도 활용된다. 흡착을 통해 추출액의 유효 성분을 분리하는 것을 "양(正) 흡착"이라 한다. 양 흡착은 불순물이 적은 용액에서 수행하기 쉽다. 불순물이 과다할 경우, 흡착제가 불순물에 포화되어 목적물의 흡착에 불리할 수 있으므로 흡착제로 추출액 내 불순물을 흡착하는 "부흡착"을 고려할 수 있다. 흡착 분리는 높은 선택성과 조작 편의성 등의 특징으로 생물학적 제품 정제에서 널리 활용된다. 그 핵심 원리는 흡착제(수지, 겔 등)와 목표 물질의 특이적 결합을 통해 분리를 실현하는 것이다.

7.1 흡착 분리 매체

흡착 분리의 효과는 흡착제의 성능에 크게 좌우되며, 산업적 적용을 위해서는 흡착제가 다음과 같은 요건을 충족해야 한다. 큰 내부 표면적, 높은 선택성, 일정한 기계적 강도, 우수한 물리적 및 화학적 안정성, 재생 용이성, 저렴한 가격 및 확보 용이성 등이다.

7.1.1 흡착제

대부분의 흡착 공정에서는 입상 흡착제를 사용한다. 이러한 흡착제는 천연 또는 합성 재료로 제조될 수 있다. 대부분의 흡착제는 비정질 또는 미결정 구조를 가지며, 매우 높은 비표 면적(단위 질량 또는 물질 흡착제의 표면적)을 갖는다. 표 7.1은 생물학적 분리에서 흔히 사용되는 다공성 흡착제와 그 특성을 열거한 것이다.

흡착제는 화학 구조에 따라 크게 두 가지로 분류된다. 유기 흡착제는 활성탄(비극성 표면 및 높은 비표 면적), 전분(천연 다당류 중합체), 폴리아마이드 셀룰로스(아마이드기를 함유한 변형 셀룰로스), 대공 흡착 수지(제어 가능한 기공 크기를 가진 합성 고분자) 등이 있고, 무기 흡착제는 백토(주성분은 수화 알루미늄 규산염), 알루미늄 산화물(다공성 금속 산화물), 실리카겔(무정형 이산화규소), 규조토(규질 생물 퇴적암), 탄산칼슘(염기성 무기염) 등이 있다.

생화학적 의약품 생산에서 흔히 사용되는 흡착제로는 활성탄(색소 제거용), 알루미늄 산화물

(극성 분리 매체), 실리카젤(친수성 건조제), 인공 제비석(분자체 재료), 백토(천연 점토 흡착제), 대공 흡착 수지(유기 고분자 분리 매체) 등이 있다.

〈표 7.1〉 생물학적 분리에서 흔히 사용되는 다공성 흡착제

흡착제 유형	특징	대표 적용 분야
활성탄	장점: 초고 비표 면적(500-1500m^2/g), 강한 소수성, 우수한 흡착력 한계: 넓은 기공 크기 분포로 선택성 낮음, 분진 발생 용이	탈색, 내독소 제거, 소분자 정제
실리카겔	장점: 높은 비표 면적(300-800m^2/g), 표면 수정이 용이함, 높은 기계적 강도 한계: 알칼리성 조건에서 용해됨	크로마토그래피 분리, 정상상/역상 크로마토그래피
폴리머 수지	장점: 기공 크기 조절 가능, 산·알칼리 내성(pH 1-14), 표면 기능화 가능 한계: 비표 면적 중간 수준(100-1200m^2/g)	항생제 정제, 단백질 분리, 탈염
하이드록시 인회석	장점: 이중 모드 흡착(Ca^{2+}는 핵산을, PO_4^{3-}는 단백질을 흡착), 생체 적합성이 우수함; 한계: 기계적 강도가 낮음	단일클론항체/핵산/바이러스 정제
자기성 미세구	장점: 초순자성 빠른 분리, 표면 수정 용이, 조작 간편 한계: 비용 높음	세포 분별, 핵산 추출, 표적 전달

활성탄은 가장 흔히 사용되는 흡착제로, 그 비극성 표면, 큰 비표 면적(일반적으로 500-1500m^2/g), 우수한 화학적 안정성, 탁월한 내산 알칼리성(pH 2-11 적용 가능), 높은 열 안정성(내열 온도 400℃까지 가능)을 갖추고 있으며, 동시에 저렴한 가격, 풍부한 공급원 등의 장점을 지닌다.

그러나 주의할 점은 원료 출처, 제조 공정 및 생산 배치에 따라 제품의 흡착력 이 현저히 차이가 나며, 이로 인해 제품 표준화가 어렵고 실험 결과의 재현성이 제한된다.

활성탄의 단위 부피 표면적과 기공 분포 특성은 적용 시나리오가 액상 또는 기상 공급 흐름에 속하는지에 따라 달라진다. 액상 공급 흐름에는 더 큰 기공 크기(일반적으로 >2nm)를 선택해야 하며, 이 선택 기준은 액상 시스템에서 흡착제 입자 크기가 상대적으로 크고 액체의 확산 속도가 느리기 때문이다. 대부분의 상용 흡착제와 본질적 차이에서 다른 일반적 흡착제는 대부분 극성 특성을 보이지만 활성탄은 표면 산화물 기단 및 무기 불순물 함량이 낮아 비극성 또는 약한 극성 특성을 나타낸다. 이 특성은 활성탄에 핵심적 이점을 부여한다는데 수분자 흡착 능력이 약해 물을 분산 매질로 하는 시스템에서 표적 물질을 효율적으로 흡착할 수 있다.

불순물 제거 외에도 활성탄은 생화학 의약품 분리에도 활용된다. 예를 들어 766형 입상 활성탄을 이용한 CoA 흡착은 효모 세포벽 파괴 후 추출액을 766형 입상 활성탄 컬럼에 통과시키며, 속도는 1.9~2.1L/min이다. 흡착 완료 후 물로 세척하여 유출액이 맑아질 때까지 진행한 뒤 40% 에탄올로 세척하여 유출액에 10배량의 아세톤을 첨가했을 때 백색 혼탁이 발생하지 않을 때까지 세척한다. 이후 3.2% 암모니아 에탄올(40% 에탄올 10kg에 암모니아수 320mL 첨가)로 탈착한다. 미황색이 나타나기 시작하면 수집을 시작하며, pH=6.0 전후에서 과량 아세톤을 첨가해도 백색 혼탁이 발생하지 않을 때까지 탈착하면 농도가 높은 탈착액을 얻을 수 있다.

활성 알루미늄 산화물은 고효율 극성 흡착제로서 생물 분리 분야에서 독특한 응용 가치를 지닌다. 그 핵심 특성은 수분자에 대한 특별한 친화력에 있으며, 이는 표면의 풍부한 하이드록실(-OH)기와 다공성 구조 특성에서 비롯된다.

물리 화학적 특성 측면에서 활성 알루미늄 산화물은 특수 공정 처리를 통해 얻어진 비표 면적 알루미늄 산화물 소재이다. 비정질 구조든 결정질 구조든 고온 탈수 처리 후 다량의 미세공과 중간공을 지닌 3차원 네트워크 구조를 형성한다. 이러한 구조는 비표 면적을 극대화하여 수분 흡착에 충분한 활성 부위를 제공한다. 특히 생물학적 분리 과정에서 활성 알루미늄 산화물의 기공 크기 분포는 중간 분자량 생물분자의 분리 정제에 특히 적합하다.

생물제약 분야에서는 활성 알루미늄 산화물이 주로 두 가지 방향으로 응용된다. 첫째는 생물 발효액의 탈수 처리이다. 예를 들어 항생제 생산 과정에서 발효액은 예비 여과 후 활성 알루미늄 산화물 컬럼을 이용한 심층 탈수를 거쳐 수분 함량을 0.1% 이하로 제어할 수 있으며, 이는 후속 결정화 정제에 매우 중요하다. 둘째는 생물학적 가스의 건조 정제이다. 생물학적 메탄가스 정제 과정에서 활성 알루미늄 산화물은 수분과 미량의 산성 가스를 효과적으로 제거하여 후속 막 분리 시스템을 보호한다.

활성 알루미늄 산화물의 생물학적 분리에서의 선택적 흡착 특성은 특히 주목할 만하다. 표면의 극성 특성으로 인해 서로 다른 생물분자에 대한 흡착 능력에 현저한 차이가 존재한다. 하이드록실기, 카복실기 등 극성 작용기를 가진 생물 분자(일부 항생제, 비타민 등)에 대해서는 강한 흡착 능력을 보이지만, 비극성 분자(일부 지질 물질 등)에 대해서는 거의 흡착하지 않는다. 이러한 특성으로 인해 생물 활성 성분의 분리 정제 과정에서 중요한 가치를 지닌다. 예를 들어 코엔자임 Q10 추출 과정에서 활성 알루미늄 산화물을 활용하면 불순물 색소를 선택적으로 흡착시켜 목표 생성물이 원활히 통과하도록 할 수 있다.

실리카겔, 분자체 등 다른 흡착제와 비교할 때 활성 알루미늄 산화물의 생물학적 분리에서의 장점은 주로 세 가지 측면에서 나타난다. 우수한 화학적 안정성(pH 4-9 범위에서 구조 안정성 유지), 높은 기계적 강도(생물학적 용액의 압력 변화 견딤), 그리고 상대적으로 온화한 흡착 조건(생물분자 변성 유발 가능성 작음)으로, 이러한 특징들로 인해 생물 분리 공학에서 중요한 선택지가 된다.

실리카겔은 중요한 친수성 극성 흡착제로서 생물학적 분리 분야에서 독특한 응용 가치를 지닌다. 그 화학적 본질은 합성 무정형 이산화규소로 나노 크기의 구형 콜로이드 이산화규소 입자가 실록서 결합을 통해 가교된 3차원 강성 네트워크 구조를 형성한다. 이러한 특수 구조는 우수한 흡착 성능을 부여하며, 특히 불포화 탄화수소류, 메탄올 및 물 분자에 대해 현저한 선택적 흡착 능력을 보인다.

실리카겔의 제조 과정은 높은 제어성을 지닌다. 산업 생산에서는 일반적으로 나트륨 실리 케이트 용액과 광물 산(예: 황산 또는 염산)의 중화 반응을 통해 수화 이산화규소 겔 입자를 생성한다. 반응계의 pH 값, 온도, 숙성 시간 등의 매개변수를 정밀하게 제어함으로써 실리카겔의 물리적 특성(비표 면적, 기공 부피, 기계적 강도 등 주요 지표)을 방향성 있게 조절할 수 있다. 이러한 조절 가능성 덕분에 다양한 생물학적 분리 시나리오의 특수한 요구사항을 충족시킬 수 있다.

생물학적 분리 실무에서 실리카겔은 주로 두 가지 기능을 수행한다: 용액의 심층 탈수 및 생체분자의 선택적 분리. 탈수 응용 측면에서 실리카겔은 생물학적 완충계 내 수분 함량을 효과적으로 저하한다. 예를 들어 단백질 결정화 전 완충액 처리 시 4A형 실리카겔을 사용하면 수분 활성도를 낮은 수준으로 제어할 수 있다. 분리 정제 측면에서 실리카겔은 하이드록실기, 카복실기 등 극성 작용기를 가진 생체분자에 특별한 친화력을 보이며, 이 특성은 천연물 추출에 널리 활용된다. 은행잎 추출물 정제를 예로 들면, 실리카겔 컬럼 크로마토그래피를 통해 쿼세틴 등 플라보노이드 화합물과 지용성 불순물을 효과적으로 분리할 수 있다. 실리카겔 재생은 약 150°C까지 가열하여 이루어지지만, 제올라이트는 350°C까지 가열해야 한다. 제올라이트의 수분 흡착열이 훨씬 높아서 고온 환경에서도 사용할 수 있다.

인공 제비석은 중요한 규알루미네이트 결정 재료로서 인공적으로 합성된 무기 양이온 교환제이다. 이 재료는 용액에서 나트륨 이온을 이온화하며, 알루미네이트 음이온과 규산 산소 사면체가 공유 결합을 통해 물에 불용성인 3차원 골격 구조를 형성한다. 이러한 독특한 구조로 인해 강한 극성 흡착제로 작용한다.

인공 제비석의 핵심 특성은 세 가지 측면에서 나타난다. 첫째, 골격 내 다량의 음전하 중심과 표면 하이드록실기에서 비롯된 극성 분자, 특히 물 분자에 대한 특별한 친화력이다. 둘째,

분자 크기와 형태에 따라 선택적 흡착이 가능한 균일한 기공 구조의 현저한 분자체 효과이다. 셋째, 나트륨 이온이 다양한 양이온으로 치환되어도 결정 구조가 파괴되지 않는 우수한 이온 교환 능력이다. 이러한 특성으로 인해 생물학적 분리 분야에서 대체 불가능한 가치를 지닌다.

생물학적 분리 실무에서 인공 제비석은 주로 다음과 같은 방향으로 응용된다. 단백질 정제는 대표적인 응용 분야 중 하나이다. 예를 들어 인공 제비석으로 사이토크롬 C를 흡착하는 일반적인 방법은 다음과 같다. 심근을 분쇄한 후 묽은 황산으로 추출하고, 상층액을 2mol/L 암모니아수로 pH=6.0이 되도록 중화시킨 후, 등전점 침전법으로 불순 단백질을 제거한 후, 상청액에 인공 제올라이트(추출액 1L당 10g)를 첨가하여 교반 흡착시킨다. 정지 후 인공 제올라이트를 회수하여 증류수, 0.2% 염화나트륨 용액, 증류수 순으로 세척한다. 세척액이 맑아질 때까지 반복한 후 여과하여 건조한다. 인공 펄라이트를 컬럼에 충전하고 25% 황산암모늄 용액으로 세척한다. 유출액이 붉게 변하기 시작하면 수집을 시작하여 적색이 완전히 사라질 때까지 세척을 완료한다. 세척액을 합친 후 염분 분리 및 정제를 거쳐 최종적으로 고순도 제품을 얻을 수 있다.

또 다른 중요한 응용 분야는 항생제의 분리 정제이다. 스트렙토마이신 생산을 예로 들면, 발효액은 전처리 후 인공 펄라이트 컬럼을 통과하며, 양이온 교환 특성을 이용해 양전하를 띤 스트렙토마이신이 선택적으로 흡착되고, 중성 또는 음전하를 띤 불순물은 유출액과 함께 제거된다. 세척 단계에서는 농도 구배를 가진 염화나트륨 용액을 사용하여 90% 이상의 회수율을 달성할 수 있다. 이 공정은 전통적인 용매 추출법보다 조작이 간편하고 비용이 저렴하며 환경친화적인 장점이 있다.

백토(백토, 도토, 고령토 등으로도 불림)는 천연 백토와 산성 백토로 구분되며, 두 재료는 특정 활성 물질의 분리 정제용 흡착제로 사용되거나 여과 보조제 및 발열원 제거용 흡착제로 활용된다. 천연 백토의 주성분은 수화 알루미늄 실리 케이트이다. 새로 채취한 백토는 수분 함량이 50%~60%이며, 세척·건조·분쇄 후 420℃에서 가열 활성화한 뒤 냉각하여 다시 분쇄·체질하면 사용할 수 있다. 이러한 처리를 거친 백토는 다량의 미세공과 큰 비표 면적(일반적으로 120~140㎡/g, 활성 백토라 함)을 가지며, 다량의 유기 불순물을 흡착할 수 있다. 백토를 물에 담그면 pH는 6.5~7.5가 되나 수소 이온을 흡착할 수 있으므로 강산을 중화시키는 역할을 할 수 있다.

약용 백토는 독성 아민류 물질, 식품 분해 시 발생하는 유기산 등의 독소를 흡착할 수 있으며, 세균도 흡착할 수 있다. 생화학 제약 분야에서 백토는 분자량이 큰 불순물(알레르기 유발물질 포함)을 흡착할 수 있으며, 천연 백토의 탈색에도 흔히 사용된다. 천연 백토는 산지에 따라 차이가 크며 함유 불순물도 다르다. 상업용 약용 백토나 흡착용 백토는 이미 처리되었지만, 산지에 따라 흡착 성능에 차이가 있다. 따라서 생산 시 백토 산지와 규격을 변경할 때는 시험을 거쳐야 한다. 사용 직전에 희석 염산으로 세척한 후 물로 중성에 가까워질 때까지 헹구고 건조하면 효과가 좋다.

산성 백토(또는 산성 백토라고도 함)의 원료는 특정 반 토로, 농염산으로 가열 처리한 후 건조하여 얻는다. 화학 성분은 천연 백토와 유사하지만 우수한 흡착 능력을 갖추며, 탈색 효율은 천연 백토보다 수 배 높다.

7.1.2 이온 교환제

이온 교환제는 가역적 이온 교환 기능을 가진 고분자 재료 또는 무기 화합물로, 고정 전하기를 가진 기능기가 용액 내 전하를 띤 물질과 정전기적 상호작용을 통해 선택적 흡착을 실현한다. 이러한 재료는 일반적으로 3차원 네트워크 구조를 가지며, 기능기(설포산기, 4급 암모늄기 등)가 화학 결합을 통해 골격에 고정되어 있다. 이온 교환제는 이온 교환 특성을 이용하여 용액 내 한 종류의 이온을 흡착하는 동시에 동일한 전하를 가진 다른 이온을 방출하는 과정을 통해 용액 내 동일 전하 이온의 상호 교환을 실현한다. 교환 용량, 선택성 계수 및 기계적 강도는 핵심 성능 지표이다.

이온 교환 수지의 분류 체계는 다음과 같다.

① 골격 성분에 따른 분류

유기 이온 교환 수지: 합성 고분자(예: 스타이렌-다이에틸엔 벤젠 공중합체)를 기질로 한다.

무기 이온 교환제: 예를 들어, 제올라이트 또는 인산 지르코늄으로, 고온 및 강한 방사선 환경에 적합하지만, 생체 적합성이 낮다.

② 기능기 성질에 따른 분류

강산성 양이온 교환 수지: 기능기가 황산기(-SO_3H)로, 전 pH 범위에서 이온화된다.

약산성 양이온 교환 수지: 카복실기(-COOH) 또는 인산기를 포함하며, 알칼리성 조건에서만 이온화되어 아미노산 분리에 적합하다.

강알칼리성 음이온 교환 수지: 제1형 쿼터니언 및 제2형 쿼터니언을 포함한다.

약알칼리성 음이온 교환 수지: 1차 아민(-NH_2), 2차 아민(-NHR) 등의 작용기를 포함하며, 산성 조건에서 양성자화 후 사용해야 한다.

③ 미세 구조에 따른 분류

겔형 수지: 팽창으로 형성된 일시적 통로만 포함한다.

대공형 수지: 영구적인 물리적 기공(공극 크기 〉50nm)을 가짐.

④ 중합체 단량체에 따른 분류

스타이렌계, 아크릴산계, 에폭시계 등을 포함하며, 서로 다른 단량체는 수지의 기계적 강도와 내용제성에 영향을 미친다.

이온 교환 용량은 단위 질량(건조 상태) 또는 부피(습윤 상태)의 교환제가 흡착할 수 있는 1가 이온의 밀리몰 수(mmol/g 또는 mmol/mL)를 의미하며, 재료 성능을 평가하는 핵심 매개변수이다. 그 수치는 고정기 밀도에 좌우되나 실제 유효 용량은 이론값보다 낮은 경우가 많으며 그 원인은 다음과 같다.

측정 방법은 강산성 양이온 수지를 예로 들면 다음과 같다.

첫째, 염산 처리로 수지를 H^+형으로 전환한 후 중성까지 물로 세척한다. 둘째, NaCl 용액으로 H^+를 치환하여 동량의 HCl 생성한다. 방출된 H^+를 NaOH 표준 용액으로 적정하여 교환 용량을 계산한다.

이온 교환 용량에 영향을 미치는 요인은 주로 이온 교환 재료의 입자 크기, 입자 내 공극 크기 및 분리 대상 교환 용매 성분의 크기 등이다. 이러한 요인들은 주로 이온 교환 재료 내에서 시료 성분과 작용하는 유효 표면적에 영향을 미치며, 교환 용매 성분이 이온 교환제와 작용하는 표면적이 클수록 교환 용량은 높아진다.

이온 교환 재료의 공극은 교환 이온이 최대한 들어갈 수 있도록 하여 이온 교환제 표면과 반응하도록 해야 한다. 소분자 시료를 분리할 때는 소공 이온 교환제를 선택할 수 있는데, 소분자는 공극에 자유롭게 들어갈 수 있으며 소공 이온 교환제의 표면적은 대구공 이온 교환제보다 크다. 대분자의 경우, 작은 입자 교환제를 선택할 수 있다. 매우 큰 분자는 일반적으로 기공 내부로 들어갈 수 없으며, 교환은 입자 표면으로만 제한된다. 작은 입자의 이온 교환제는 표면적이 크다. 또한, 이온 강도, pH 등은 주로 교환 용매와 이온 교환제의 전하 특성에 영향을 미친다. 일반적으로 pH는 약산성 및 약염기성 이온 교환제에 더 큰 영향을 미친다. 예를 들어, 약산성 이온 교환제의 경우 pH가 높을 때 전하 기단이 충분히 이온화되어 교환 용량이 커지지만, 낮은 pH에서는 전하 기단이 이온화되기 어려워 교환 용량이 적어진다. 동시에 pH는 교환 용매의 전하 특성에 영향을 미치며, 특히 단백질 같은 양이온성 물질의 경우 일반적으로 이온 강도가 증가할수록 교환 용량이 감소한다.

7.2 흡착 평형

유체 내 하나 이상의 흡착질이 다공성 흡착제와 접촉할 때, 초기 단계에서는 흡착 속도가 탈착 속도보다 높다. 흡착질이 흡착제 표면에 덮이는 정도가 증가함에 따라 흡착 위치가 감소하여 흡착 속도가 떨어지고, 동시에 흡착질 농도 상승으로 탈착 속도가 증가하여 결국 평형에 도달한다. 이때 흡착질의 흡착제 표면 흡착 속도와 탈착 속도가 같아지며 거시적으로는 흡착량이 시간에 따라 더 이상 변화하지 않지만, 미시적으로는 흡착과 탈착이 지속해서 진행되며 이는 동적 평형 상태이다.

일반적으로 흡착법의 특이성은 강하지 않다고 여겨지지만, 흡착제와 흡착물의 성질, 특히 흡착 선택성을 충분히 이해하고 적절한 흡착 조건과 흡착제 사용량을 제어하면 만족스러운 효과를 얻을 수 있다. 고체가 용액에 흡착되는 과정은 비교적 복잡하며, 영향을 미치는 요인도 많다. 주요 요인으로는 흡착제의 특성, 흡착질의 속성, 양자 간의 양적 관계, 흡착 용매 매질의 성질 및 조작 조건 등이 있다. 흡착 평형에 영향을 미치는 요인은 크게 흡착제 고유 특성, 흡착질 특성, 환경 매개변수 및 조작 조건, 흡착물 농도와 흡착제 사용량 등 네 가지로 분류되며, 구체적인 작용 메커니즘은 다음과 같다.

7.2.1 흡착제 고유 특성

흡착제의 특성은 그 재질, 제조 및 활성화 방법 등과 관련이 있다. 흡착은 계면에서 발생하므로 흡착 용량은 일반적으로 비표 면적(즉, 1g의 흡착제가 가지는 표면적)으로 표시된다. 비표면적이 클수록 흡착 용량도 커진다. 흡착제의 입자 크기는 흡착 용량에 영향을 미치며, 흡착 용량을 증가시키기 위해 흡착제를 매우 작은 입자로 분쇄하는 경우가 많다. 입자 크기가 작을수록 흡착 속도는 빨라진다. 흡착 크로마토그래피를 수행할 때, 흡착제 입자의 크기는 이동상이 흡착 컬럼을 통과하는 여과 속도와 여과 효과에 극히 큰 영향을 미친다. 입자가 작을수록 흡착 컬럼의 유속은 낮아진다. 만약 흡착제 입자가 지나치게 작아 흡착 컬럼 유속이 너무 낮아지면 조작에 불리하다. 분말 흡착제를 가공하여 흩어진 집합체로 만들면 흡착 균일성과 높은 유속 효과를 동시에 얻을 수 있다.

활성화 방법을 통해 흡착제의 흡착 용량을 증가시킬 수도 있다. 흡착제의 활성화란 표면 처리를 통해 표면에 특정 흡착 특성을 부여하거나 표면적을 증가시키는 것이다. 일부 흡착제는 고온에서 활성화하면 흡착 작용이 더욱 특이해진다. 예를 들어 활성탄은 500℃에서 활성화하면

산을 흡착하기 쉬우나 염기는 흡착하지 않지만, 800℃에서 활성화하면 염기를 흡착하기 쉬우나 산은 흡착하지 않는다. 제조 및 활성화 방법의 차이는 산화마그네슘 흡착제에 더 큰 영향을 미친다. 특정 조건에서 제조된 산화마그네슘은 흡착된 카로틴을 거의 완전히 분해하지만, 다른 조건에서 제조된 것은 카로틴 분해를 유발하지 않으며 또 다른 조건에서 제조된 것은 흡착 작용이 전혀 없다. 겔 상태의 흡착제(예: 인산칼슘 겔 등)의 흡착 능력은 노화 정도(즉, 제조 후 보관 시간)와 관련이 있는데, 이는 겔의 표면적이 시간에 따라 변화하기 때문이다.

일부 흡착제는 수분을 흡수하면서 흡착 용량이 감소하는데, 가열 탈수 또는 진공 탈수법으로 재활성화할 수 있다. 일부 활성화된 흡착제는 흡착 질을 너무 강하게 흡착하여 탈착이 어려울 뿐만 아니라 흡착물을 분해할 수도 있다. 이 경우 물이나 극성 용매(예: 알코올류)로 흡착제를 부분적으로 불활성화시킬 수 있으며, 활성화된 흡착제를 차갑고 습한 공기에 노출하는 등의 방법이 있다. 알코올류의 불활성화 효과는 물보다 약하다. 일반적으로 사용되는 흡착제 중 알루미늄 산화물과 마그네슘 산화물은 가장 쉽게 불활성화되거나 활성화되며, 활성탄과 표백토 등의 흡착제는 극성 용매로도 미미한 불활성화만 유도된다.

7.2.2 흡착질의 특성

흡착 효과는 또한 흡착물의 성질, 용액 내 흡착물의 용해도 및 이온화 상태, 분자 구조, 그리고 용매와 수소 결합을 형성할 수 있는지 여부와 관련이 있다. 첫째, 일반적으로 극성 흡착제는 극성 물질을, 비극성 흡착제는 비극성 물질을 흡착하기 쉽다. 따라서 극성 흡착제는 비극성 용매에서 극성 물질을 흡착하는 데 적합하고, 비극성 흡착제는 극성 용매에서 비극성 물질을 흡착하는 데 적합하다. 예를 들어 활성탄은 비극성이며, 수용액에서 일부 유기 화합물의 우수한 흡착제이다. 실리카겔은 극성이므로 유기용매에서 극성 물질을 흡착하는 데 더 적합하다. 둘째, 용질이 용해도가 높은 용매에서 흡착될 때 흡착량은 적다. 반대로, 용출 시 용해도가 큰 용매를 사용하면 용출이 더 용이하다. 흡착물이 매질 내에서 이온화될 경우 그 흡착량은 필연적으로 감소한다. 예를 들어, 양이온성 화합물(아미노산, 단백질 등)의 흡착은 비극성 또는 저극성 매질 내에서 진행하는 것이 가장 좋으며, 이때 이온화는 거의 발생하지 않는다. 극성 매질 내에서 흡착할 경우, 그 등전점 근처의 pH 범위 내에서 진행해야 한다. 셋째, 동일 계열 물질의 경우 흡착량 변화에는 규칙성이 있다. 분자가 클수록 극성이 낮아져 비극성 흡착제에 더 잘 흡착되고, 극성 흡착제에는 흡착되기 어렵다. 넷째, 흡착물이 용매와 수소 결합을 형성할 수 있다면 흡착물은 용매에 매우 용해되기 쉬워 흡착제에 의해 흡착되기 어렵다. 만약 흡착물이 흡착제와 수소 결합을 형성할 수 있다면, 흡착량을 증가시킬 수 있다.

특정 흡착제는 특정 용매에서 서로 다른 용질에 대해 다른 흡착 능력을 보인다. 예를 들어 활성탄은 수용액에서 동일 계열 유기 화합물에 대한 흡착량이 흡착물 분자량이 증가함에 따라 커진다. 지방산을 흡착할 때는 흡착량이 탄소 사슬이 길어질수록 증가한다. 펩타이드에 대한 흡착 능력은 아미노산보다 크며 다당류에 대한 흡착 능력은 단당류보다 크다. 실리카겔을 사용하여 비극성 용매에서 지방산을 흡착할 때는 탄소 사슬이 길어질수록 흡착량이 감소한다. 실제 생산에서는 탈색 및 발열원 제거에 일반적으로 활성탄을 사용하고, 알레르기 유발 물질 제거에는 백토를 흔히 사용한다. 효소류 등의 의약품 제조 시에는 선택성이 강한 흡착제를 사용해야 하며, 실험을 통해 결정해야 한다.

7.2.3 환경 및 조작 조건

첫째, 온도 흡착 열이 클수록 온도가 흡착에 미치는 영향이 커진다. 물리적 흡착의 경우 일반적으로 흡착 열이 작아 온도 변화가 흡착에 미치는 영향은 크지 않다. 화학적 흡착의 경우 저온에서는 흡착량이 온도 상승에 따라 감소한다. 온도는 흡착물의 용해도에 영향을 미치며, 흡착물의 용해도가 온도 상승에 따라 증가하는 경우 온도 상승은 흡착에 불리하므로 저온 흡착을 적용한다. 동시에 흡착 속도의 영향도 고려해야 한다. 저온에서는 일부 흡착 과정이 단시간 내에 평형을 이루지 못하는 경우가 있으며, 온도 상승은 흡착 속도를 가속화한다. 이때 적절히 온도를 높이면 흡착량을 증가시킬 수 있다.

단백질이나 효소 분자를 흡착할 때는 상황이 다릅니다. 일부 연구자들은 흡착된 고 분자가 펴진 상태에 있다고 보며, 따라서 이러한 흡착은 흡열 과정이라고 주장합니다. 이 경우 온도 상승은 흡착량을 증가시킵니다. 생화학적 물질의 흡착 온도 선택은 열 안정성도 고려해야 한다. 효소의 경우 열에 불안정하면 일반적으로 0℃ 전후에서 흡착을 진행하며 비교적 안정하면 실온에서 조작할 수 있다. 고분자 물질의 흡착은 상황이 매우 복잡하여 생산 현장에서는 주로 실습을 통해 적절한 조건을 찾아낸다.

둘째, pH 용액의 pH는 흡착제 또는 흡착물의 이온화 상태를 조절하여 흡착량에 영향을 미친다. 단백질이나 효소류 같은 양이온성 물질의 경우 일반적으로 등전점 근처에서 흡착량이 최대가 된다. 용액 내 수소 이온은 흡착질 표면 전하를 조절할 수 있다. 예를 들어 활성탄은 pH 5에서 표면이 양전하를 띠어 음이온 흡착에 유리하다. 수소 이온 농도 변화는 흡착질 형태를 변경시키는데, 용액 pH 7에서 Cd^{2+}가 $Cd(OH)_2$ 침전물로 전환되면 표면 흡착량이 비정상적으로 증가한다.

셋째, 염의 농도 염류가 흡착 작용에 미치는 영향은 비교적 복잡하다. 어떤 경우에는 염이 흡착을 방해할 수 있다. 저농도 염 용액에서 흡착된 단백질이나 효소는 고농도 염 용액으로 세척하여 회수한다. 그러나 다른 경우에는 염이 흡착을 촉진하기도 하며, 심지어 일부 흡착제는 염이 존재해야만 특정 흡착물을 흡착할 수 있다. 예를 들어 실리카겔이 특정 단백질을 흡착할 때 황산암모늄의 존재는 흡착량을 증가시킬 수 있다. 바로 염이 서로 다른 물질의 흡착에 다른 영향을 미치기 때문에 염 농도는 선택적 흡착에 매우 중요하며, 생산 공정에서도 실험을 통해 적절한 염 농도를 결정해야 한다.

넷째, 용매의 영향 단일 용매와 혼합 용매는 흡착 작용에 서로 다른 영향을 미친다. 일반적으로 흡착물이 단일 용매에 용해되면 흡착되기 쉬우나, 혼합 용매(극성과 비극성 혼합 용매이든 극성과 극성 혼합 용매이든)에 용해되면 흡착되기 어렵다. 따라서 일반적으로 단일 용매로 흡착하고 혼합 용매로 탈착한다.

다섯째, 질량 전달 등 요인의 영향으로 흡착질과 흡착제 간의 접촉 시간이 부족할 경우 흡착이 평형에 도달했을 때 측정된 흡착량이 이론값보다 낮아질 수 있다.

7.2.4 흡착물 농도와 흡착제 사용량

흡착이 평형에 도달할 때, 흡착물의 농도를 평형 농도라 한다. 일반적인 법칙은 흡착물의 평형 농도가 클수록 흡착량도 커진다는 것이다. 흡착물의 초기 농도가 클 때, 정량적인 흡착제로 흡착하면 평형 농도도 다소 커진다. 일반적으로 흡착물 농도가 클수록 흡착량도 증가한다. 그러나 불순물 존재 시 농도 상승에 따라 흡착되는 불순물량도 증가하여 흡착 선택성이 저하된다. 활성탄을 이용한 탈색 및 발열원 제거 시 유효 성분의 흡착을 방지하기 위해 약액을 적절히 희석하여 처리한다. 흡착법으로 단백질이나 효소를 분리할 때는 흡착제에 대한 흡착물의 선택성을 높이기 위해 농도를 1% 이하로 유지하는 것이 일반적이다. 위에서 언급한 흡착량은 단위 질량 흡착제가 흡착하는 물질의 양을 의미한다. 분리 정제의 관점에서 보면 흡착되는 물질의 총량도 고려해야 한다. 즉, 흡착제의 사용량도 고려해야 한다는 뜻이다. 흡착제 사용량이 많을 경우, 흡착물의 평형 농도는 낮아지고, 흡착제 1g당 흡착되는 물질의 양도 줄어들지만, 흡착 물질의 총량은 더 많아진다. 물론 흡착제 사용량이 지나치게 많으면 비용 증가, 흡착 선택성 저하 또는 유효 성분의 손실을 초래할 수 있다. 따라서 흡착제 사용량은 다양한 요소를 종합적으로 고려하여 실험을 통해 결정해야 한다.

7.2.4.1 흡착 등온선

특정 흡착제와 흡착질 시스템에서 흡착 평형에 도달했을 때, 흡착량은 온도와 흡착질 압력의 함수이다. 연구를 용이하게 하기 위해 흡착량, 온도, 압력 이 세 변수 중 하나를 고정하고 나머지 두 변수 간의 관계를 측정하며, 이 관계는 곡선으로 나타낼 수 있다. 일정한 압력 하에서 흡착량과 흡착 온도 사이의 관계를 나타내는 곡선을 흡착 등압선이라 한다. 흡착량이 일정할 때, 평형 압력과 온도 사이의 관계를 나타내는 곡선을 흡착 등압선이라 한다. 일정한 온도 하에서 흡착량과 흡착 평형 압력 사이의 관계를 나타내는 곡선을 흡착 등온선이라 한다. 위 세 가지 흡착 곡선 중 가장 중요하고 가장 흔히 사용되는 것은 흡착 등온선이다.

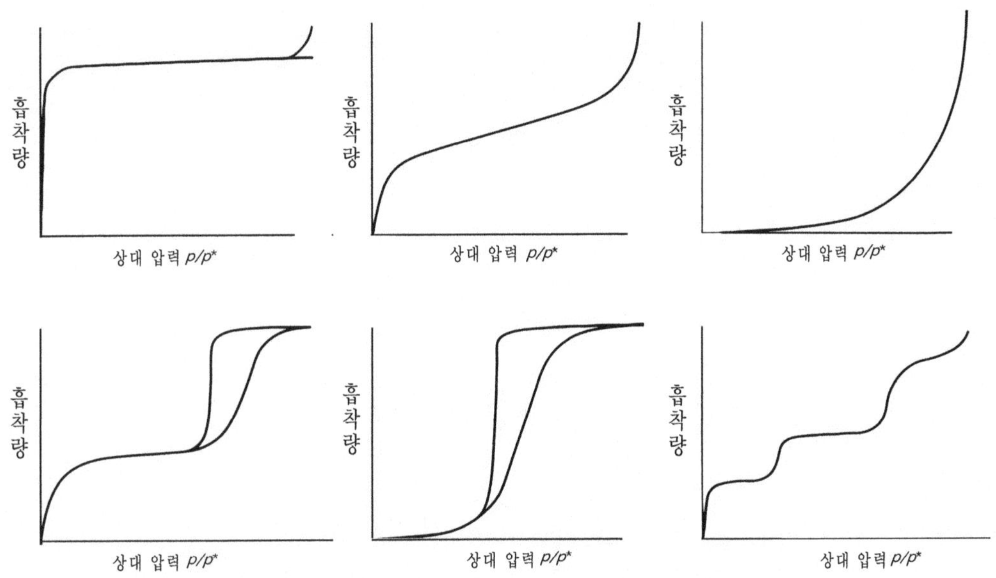

〈그림 7.1〉 몇 가지 일반적인 유형의 흡착 등온선

일반적인 흡착 등온선은 그림 7.1과 같이 다음과 같은 유형이 있다. 이중 첫 번째 유형이 단분자층 흡착 등온선인 것을 제외하고 나머지는 모두 다분자층 흡착 등온선이다. 흡착 등온선은 흡착제의 표면 특성, 기공 분포 및 흡착제와 흡착질 간의 상호작용 등과 관련된 정보를 반영할 수 있다.

다량의 경험적 요약 및 실험 결과를 바탕으로 사람들은 흡착을 설명하는 여러 물리적 모델과 등온 공식을 제안해 왔으며, 아래에서는 비교적 중요하고 널리 적용되는 몇 가지 흡착 등온 방정식을 소개한다.

7.2.4.2 프룬들리히(Freundlich) 방정식

(1) Freundlich(프룬들리히)

실험 데이터로부터 도출된 경험 공식으로, 비균일 표면 흡착 행동을 설명하는 경험 모델이다. 특히 중간 압력(또는 농도) 조건에서의 흡착 평형 분석에 적합하며, 일반적으로 다음과 같이 표현된다.

$$\Gamma = \mathrm{k} p^{\mathrm{n}}$$

여기서 p는 흡착이 평형에 도달했을 때 기체의 압력이다. k와 n은 두 개의 경험 상수(일정 온도에서 특정 흡착제에 대해 상수)이다. k 값은 단위 압력당 흡착량으로 볼 수 있으며, 일반적으로 온도가 상승함에 따라 감소한다. n의 값은 일반적으로 0~1 사이이며, 그 값이 클수록 압력이 흡착에 미치는 영향이 더 크다는 것을 나타낸다.

k와 n의 값을 구하기 위해 위 식에 대해 로그를 취하면

$$\mathrm{lg}\Gamma = \mathrm{lgk} + \mathbf{n} / \mathrm{lg}p$$

1gΓ 대 1gp로 그래프를 그리면 직선을 얻을 수 있으며, 1gk와 n은 각각 직선의 절편과 기울기이다.

프룬들리히 흡착 등온식은 경험적 공식으로, 형태가 단순하고 사용이 편리하며 적용 범위가 넓어 일반적으로 중압 범위에 적합하다. 프룬들리히 경험 공식은 고체가 용액에서 흡착되는 경우에도 적용 가능하며, 이때 압력을 용질 농도로 대체하면 된다.

(2) 적용 조건

Freundlich 방정식은 중간 압력(기체) 또는 중간 농도(용액)에 적용되며, 분자 간 상호작용 및 모세관 응집 효과를 무시해야 한다.

(3) 한계점

Freundlich 등온 방정식은 순수 경험적 공식으로 엄밀한 열역학적 기반이 부족하다. 경험 상수 k와 n은 명확한 물리적 의미가 없으며, 흡착 작용의 기선을 설명할 수 없다.

7.2.4.3 랭뮤어(Langmuir) 모델

(1) Langmuir 모델

단분자층 흡착 평형을 설명하는 고전적 이론 모델로 기본 가정은 다음과 같다. 기체 분자는 흡착제 표면을 단일 층으로 덮는 것만으로 포화되며, 다층 적층을 형성할 수 없다. 흡착제 표면의 에너지 분포는 균일하며, 모든 흡착 위치는 동등하다. 분자 간 상호작용 부재에서 이미 흡착된 분자 간에는 횡방향 상호작용력이 없으며, 흡착 행동은 서로 독립적이다.

흡착과 탈착을 유사한 반응 방정식 형태로 표현할 때, B(g)는 임의의 흡착질을, A는 공백 표면을 나타내며 각각 압력 p와 공백률로 기술된다. 그러면

$$\begin{array}{ccccc} B(g)+ & A & \rightleftarrows & AB \\ p & (1-\theta) & & \theta \end{array}$$

k_1 및 k_{-1}은 각각 흡착과 탈착의 속도 상수를 나타내며, 어느 시점에서 고체 표면이 덮인 분율, 즉 흡착질에 의해 덮인 고체 표면적과 고체의 총 표면적의 비율로 정의하면 표면 커버리지(surface coverage)라 한다. 이때 고체 표면의 빈 공간 면적 비율이다. 평형에 도달하면 흡착과 탈착 속도가 같아지므로 로 설정하면 다음과 같이 정리된다.

$$\theta = \frac{bp}{1+bp}$$

위 식은 랑게르무어 흡착 등온식이며, 대부분의 단분자층 화학 흡착 또는 저압 고온 물리 흡착에 적용된다. 여기서 b는 흡착 평형 상수(흡착 계수)로, 그 크기는 흡착제와 흡착질의 본질 및 온도에 따라 달라진다. b값이 클수록 고체의 흡착 능력이 강함을 나타낸다.

$$\Gamma = \Gamma_{\infty} \cdot \frac{bp}{1+bp}$$

위 식에 따라 단분자층 흡착은 다음과 같이 3가지 경우로 논의할 수 있다.

① 압력이 매우 낮을 때, $bp \ll 1$, $\Gamma = \Gamma_{\infty} \cdot bp$, Γ는 p와 직선 관계를 이룬다.

② 압력이 매우 높을 때, $bp \gg 1$, $\Gamma = \Gamma_{\infty}$, Γ는 최대값에 도달하여 더 이상 압력 변화에 따

라 변하지 않으며, 이는 흡착이 포화 상태에 도달했음을 나타낸다.

③ 압력이 적당할 때, 흡착량 Γ는 p와 곡선 관계를 이룬다.

랑게르무어 흡착 등온식은 다음과 같이 다시 쓸 수 있다.

$$\frac{1}{\Gamma}=\frac{1}{\Gamma_{\infty}}+\frac{1}{\Gamma_{\infty}}\cdot\frac{1}{p}$$

$\frac{1}{\Gamma}$를 $\frac{1}{p}$에 대해 그래프화하면 직선이 되며, 이 직선의 절편과 기울기로 Γ_{∞}와 b를 구할 수 있다.

(2) Freundlich 모델과의 비교

Langmuir 모델은 균일한 표면의 단일층 명확한 포화량을 나타낸다 Freundlich 모델은 비균일한 표면의 다층 비포화 흡착량 예측을 설명할 수 있다.

(3) 한계점

일반적으로 Langmuir 흡착 이론의 기본 가정이 항상 충족되는 것은 아니라는 점을 지적해야 한다. 예를 들어 표면 커버리지가 매우 낮지 않을 때, 흡착된 분자 간에 존재하는 상호작용력을 무시할 수 없다. 일반적으로 고체 표면은 균일하지 않으며, 거시적으로 보면 매끄러워 보일지라도 원자 수준에서는 여전히 울퉁불퉁하다. 따라서 흡착열은 커버리지에 따라 변하며, b는 더 이상 상수가 아니다.

7.2.4.4 BET 모델

브루노어(Brunauer), 에멧(Emmett), 텔러(Teller) 세 사람은 1938년 랑게르무르 단분자층 흡착 이론을 바탕으로 다분자층 흡착 이론을 제안했으며, 이를 BET 이론이라 한다. 이 이론은 다음과 같은 가정을 갖는다: 고체 표면은 균일하며, 모든 위치에서 흡착 능력이 동일하다. 흡착은 다중 분자층일 수 있으며, 서로 다른 흡착층이 상호작용하는 대상이 다르기 때문에 첫 번째 흡착열과 두 번째 흡착열도 다르다(두 번째 및 그 이후 각 층의 흡착은 흡착된 기체 분자 간의 종방향 상호작용 결과이며, 흡착열은 기체의 응결열에 가깝다). 흡착된 기체 분자 간에는 횡방향 상호작용력이 없다. 각 층에서의 흡착 속도와 탈착 속도는 모두 동일하여 동적 평형을 이룬다.

(1) BET 흡착 등온식

도출을 통해 그들은 다음과 같이 얻었다.

$$\frac{\Gamma}{\Gamma_\infty}=\frac{cp/p^*}{(1-p/p^*)[1+(c-1)p/p^*]}$$

여기서: c는 흡착열과 관련된 상수; Γ_∞는 단일 분자층의 포화 흡착량; p와 Γ는 각각 흡착 시의 압력과 흡착량; p*는 실험 온도에서의 흡착질 포화 증기압이다. 이 식에는 c와 두 상수가 포함되어 있으므로, BET 이상수 공식이라고도 한다.

BET 공식을 이용한 고체 비표면적 계산법은 고체 비표면적 측정의 표준 방법이 되었다(국가표준 CB/T1958-2004 참조). 측정 시에는 저온 불활성 가스를 흡착질로 사용하는 경우가 많으며, 첫 번째 흡착열이 흡착되는 기체의 응결열보다 훨씬 클 때, 즉 일 때, BET 흡착 등온식은 다음과 같이 근사적으로 단순화될 수 있다.

$$\frac{\Gamma}{\Gamma_\infty}\approx\frac{1}{(1-p/p^*)}$$

이때 평형 압력 하의 흡착량 하나만 측정하면 포화 흡착량 을 구할 수 있다.

(2) 적용 조건

상대 압력 범위 p/p^*=0.05－0.35(이 범위를 벗어나면 무효: 저압에서는 다층이 형성되지 않으며, 고압에서는 모세관 응결이 간섭)이다.

(3) 한계점

실험 결과, BET 공식은 p/p^*=0.05－0.35 범위에서만 적용 가능함을 보여주었다. 압력이 낮으면 다분자층 물리 흡착이 형성되지 않으며, 압력이 지나치게 높으면 모세관 응집이 발생하기 쉽다. BET 이론이 널리 적용되고 다섯 가지 흡착 등온선을 정성적으로 도출할 수 있음에도 불구하고 여전히 뚜렷한 한계가 존재한다. 예를 들어 고체 표면의 균일성 가정은 실제 상황과 부합하지 않으며, "동일층 분자 간에는 횡방향 상호작용이 없고 상하층 분자 간에는 종방향 인력이 존재한다"라는 요구 자체가 모순적이다.

7.2.4 이온 교환의 계량 치환 모델

한 흡착계에서 용질의 흡착은 필연적으로 해당 계를 구성하는 다양한 요소의 영향을 받기 때문에 모든 흡착계를 설명하는 정량적 모델이나 메커니즘은 이러한 분자 간 상호작용을 반드시 고려해야 한다. 액-고체 흡착에서 용질이 존재하지 않을 때, 흡착제와 용매 사이에는 동적 흡착-탈착 평형이 성립하며, 흡착제 표면에는 액체 흡착층이 형성된다. 이는 화학 평형이 성립할 때까지 지속되며, 평형 상 간의 양적 관계는 열역학적 평형 상수로 표현될 수 있다. 용질(성분)이 이 평형계에 진입할 때, 흡착제가 용질에 대한 흡착 능력이 강하다면(이때 흡착 연구가 의미가 있음), 해당 용질은 흡착제 표면에 흡착된다. 이때 액-고계면에서 원래 고체 표면 흡착층에 있던 용매는 해당 용질 분자를 수용할 수 있는 빈 공간을 마련해야 하므로, 기존에 확립된 화학 평형이 파괴된다. 물리학의 기본 원리인 '한 공간이 두 물체에 동시에 점유될 수 없음'과 '에너지 보존 법칙'에 따라, 해당 흡착층에서 일정 계량 수의 용매 분자가 흡착층을 떠나 체상 용액으로 되돌아와야 한다. 이것이 용질이 용매 분자에 대해 수행하는 계량적 치환이다.

액-고체 계에서 성분 간 상호작용을 정량적으로 기술하기 위한 효과적인 방법은 열역학적 평형 상수로 그 크기를 표현하는 것이다. 이는 기존 열역학 기반 연구 방법보다 단순하며, 단계별 및 총 평형 상수를 통해 성분 간 정량적 관계와 그 크기를 기술할 수 있다. 액-고체 흡착 계에서 (i) 용질-용매; (ii) 용질-흡착제; (iii) 용매-흡착제; (iv) 용질-흡착제 복합체와 용매 분자; (v) 용매화된 용질과 흡착제 복합체의 탈착, 총 5가지 서로 다른 분자 간 상호작용을 종합적으로 고려하면, 액체-고체 계에서 용질 개량 치환 흡착 모델(SDM-A)의 수학적 표현식을 얻을 수 있다.

$$\lg a_{SL} = \beta_a + n/Z(\lg a_{PDm})$$

이 식에서, a_{SL}는 고정상에서의 용질 활도, a_{PDm}는 이동상에서의 용질 활도, β_a는 용질의 고정상에 대한 친화력 크기를 나타내는 매개변수이다. Z는 계량 치환 매개변수로, 물리적 의미는 용매화된 용질이 용매화된 흡착제에 흡착될 때 용매화된 용질과 용매화된 고정상 접촉 표면의 양측에서 방출되는 용매의 총 몰수이다. n은 1몰의 용매화된 용질이 용매화된 흡착제에 흡착될 때 용매화된 고정상 표면에서 방출되는 용매의 총 몰수이다. 이 SDM-A를 사용하여 활성탄-수계에서의 지방산 흡착, 이산화규소-수용액계에서의 염기 흡착, 강산성 양이자 교환제-수계에서의 Fe^{3+}의 흡착, 그리고 인산화효소-물이 메틸-Sepharase에 흡착되는 현상 등을 연구한 결과, SDM-A가 실제로 다양한 액체-고체 계에서 용질 흡착 등온선의 공통된 패턴을 설명하는 능력을 보여주었음을 발견하였다.

후속 연구자들은 액체-고체 계통 내 기존 열역학적 평형 외에도 강·약 용매가 흡착제 표면에서 경쟁적으로 흡착하는 점을 고려하여 SDM을 더욱 정교화했으며, 이를 통해 크기 배제 크로마토그래피를 제외한 모든 크로마토그래피 유형에 적용 가능한 용질 통합 유지 모델의 표현식을 도출하였다.

이온 교환의 계량 치환 모델(SDM)은 이온 교환 과정에서 용질(예: 생체분자)과 고정상(이온교환제) 간의 정량적 관계를 설명하는 이론 모델이다. 이 모델은 크로마토그래피 분리, 흡착 정제 등 다양한 분야에 널리 적용되며, 특히 생체 고분자(단백질, 핵산) 분리에서 중요한 의미를 지닌다.

7.3 고정층 흡착

흡착 분리 기술에서는 특정 흡착 능력을 가진 다량의 고체 입자(흡착제)가 흡착기 내부에 밀집하여 고정된 높이의 입자층을 형성한다. 흡착기 내 흡착제 입자의 운동 상태에 따라 이 입자층은 고정층, 이동층 또는 유동층일 수 있다. 실제 연구 및 응용에서는 흡착질의 특성(극성, 농도), 재생 요구사항, 효율 및 에너지 소비 제한 등 다양한 요소를 종합적으로 고려하여 흡착 분리 기술을 선택해야 한다. 특별한 요구사항이 없는 한 일반적으로 고정층(fixed bed, packed bed) 흡착 장비를 주로 사용하며, 장비 형태는 주로 수직형, 수평형 또는 원통형 구조로 설계되며, 대부분 수직형 두꺼운 층 구조를 채택한다.

7.3.1 고정층 흡착

고정층은 흔히 사용되는 흡착 분리 기술로, 다공성 구조의 흡착제 입자(활성탄, 제트모 분자체, 수지 등)가 채워져 있으며, 작동 과정에서 정지 상태를 유지한다. 유체(기체 또는 액체)가 고정된 흡착제 층을 통과할 때, 흡착제는 물리적 흡착(판데르워스 힘) 또는 화학적 흡착(화학결합)을 통해 유체 내 목표 성분을 선택적으로 포집한다.

그림 7.2와 같이 흡착기 내부에 고상 흡착 매체가 충전되어 있으며, 원액이 흡착기로 연속적으로 유입되면 용질이 흡착제에 흡착된다. 흡착탑 입구부터 시작하여 흡착제의 용질 흡착 농도는 지속해서 상승하여 포화 흡착 농도와 입구 원액 농도 가 평형을 이루게 된다. 흡착탑 내 모든 흡착제의 용질 흡착이 포화에 가까워지면 용질이 탑에서 유출되기 시작하며, 출구 농도는

점차 상승하여 최종적으로 입구 원액의 용질 농도에 도달한다. 이는 흡착이 완전 포화에 이른 것을 의미한다. 흡착이 완전히 포화된 후에도 계속해서 원액을 공급하면, 공급된 용질은 모두 흡착탑에서 유출된다. 흡착 과정에서 흡착탑 출구 용질 농도의 변화 곡선을 돌파 곡선(breakthrough curve)이라 하며, 그림 7.3과 같다. 출구에서 용질 농도가 상승하기 시작하는 지점을 돌파점(breakthrough point)이라 하며, 돌파점에 도달하는 데 소요된 운전 시간을 돌파 시간이라 한다. 돌파점을 정확히 측정하기 어렵기 때문에 일반적으로 출구 농도가 입구 농도의 5%~10%에 도달하는 시간을 돌파 시간으로 간주한다.

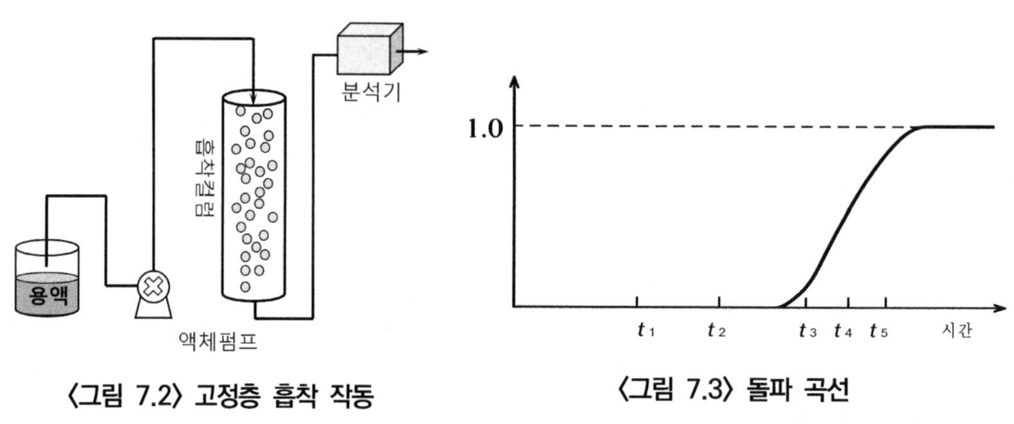

〈그림 7.2〉 고정층 흡착 작동

〈그림 7.3〉 돌파 곡선

흡착 조작이 돌파점에 도달하면, 계속해서 원료를 공급해도 흡착량 증가 효과는 크지 않을 뿐만 아니라 출구 용질 농도가 급격히 증가하여 목표 생성물의 손실을 초래한다. 따라서 돌파점 근처에서 흡착 조작을 중단하고 순차적으로 불순물 세척(contaminant washing), 흡착질 용출(product elution), 흡착제 재생(regeneration) 조작으로 전환해야 한다. 흡착 과정에서 흡착 컬럼 내 특정 위치에서 용질의 흡착이 포화 상태에 도달하면, 해당 위치의 액상 농도 c와 고상 농도 q_0는 더 이상 변화하지 않는다. 반면 해당 위치의 하류 영역에서는 아직 포화 흡착에 도달하지 않아 액상 및 고상 용질 농도가 모두 포화 농도보다 낮다. 따라서 흡착 컬럼 내 액상-고상 양상 모두에서 거의 동시적인 농도 분포가 존재한다. 그림 7.4는 흡착 작동 과정에서 흡착 컬럼 내 축방향 용질 농도 분포의 시간 변화 양상을 나타낸다. 작동 시간이 경과함에 따라 액상 용질 농도가 c_0에서 0인 영역은 지속적으로 출구 방향으로 이동하여 최종적으로 출구에 도달하며, 흡착은 거의 포화에 이른다(그림 6.4 시간 t_5 참조). 일반적으로 흡착 컬럼 내 액상(또는 고상) 용질 농도가 c_0(또는 q_0)에서 0으로 변화하는 분포 영역을 농도파 또는 흡착대

(이온 교환 흡착 공정에서는 교환대라 함)라 부른다. 흡착대 내 용질 농도가 지속적으로 변화하고, 액체-고체 간에 아직 흡착 평형에 도달하지 않아 물질 전달 현상이 존재하므로 흡착대가 덮고 있는 영역을 물질 전달 구역이라고도 부른다. 만약 흡착대의 농도 분포(농도파)가 일정한 형태로 이동한다면, 이 농도 분포를 일정 패턴(constant pattern) 분포라고 하며, 흡착대를 일정 패턴 흡착대라고 한다.

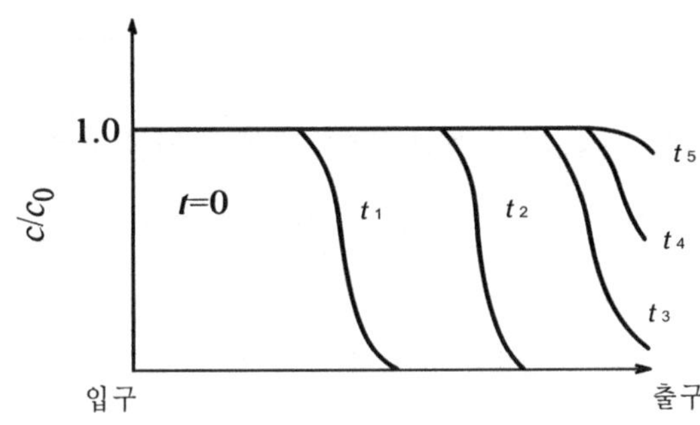

〈그림 7.4〉 흡착탑 내 축방향 용질 농도 분포의 시간 변화

편의를 위해 고정층 흡착 조작의 이론적 분석에서는 종종 정형 패턴 가정을 사용한다. 그러나 주의할 점은, 일정 패턴 흡착대는 우호적 흡착(흡착제가 흡착질에 대해 강한 친화력을 가질 때, 흡착량이 흡착질 농도나 압력 증가에 따라 빠르게 상승하여 점차 포화 상태에 접근하는 흡착 유형으로, 흡착 등온선이 위쪽으로 볼록한 형태를 띠며, Langmuir 및 Freundlich형 흡착 등온선이 이에 해당함)일 때에만 발생할 수 있다는 것이다.

고정층 흡착의 투과 곡선을 이용해 용질의 흡착 평형 관계를 측정할 수 있다. 그림 7.5와 같이, 흡착이 발생하지 않는 용질의 경우, 투과 곡선은 곡선 1이며, 그 유출 체적은 고정층의 공극 체적(void volume)과 흡착제의 유효 공극 체적(effective pore volume, 즉 용질이 들어갈 수 있는 공극 체적)의 합(V_0)이다. 흡착되는 용질의 경우, 흡착제의 흡착 작용으로 인해 투과 곡선이 지연(곡선 2)되며, 유출 체적은 이다. 따라서 흡착제의 흡착 용질량은 그림 7.5의 사선 부분의 면적, 즉 $c_0(V-V_0)$에 근사한다. 서로 다른 농도의 용액으로 흡착 작업을 반복하면 흡착 평형 관계 $q^*=f(c)$를 얻을 수 있다. 그러나 내부 확산 등의 물질 전달 저항이 존재하기 때문에 동적 흡착법의 측정 정밀도는 유속의 영향을 크게 받는다는 점을 지적해야 한다. 상대적으로 높은 유속에서 조작할 경우, 투과 곡선이 완만해져 측정 오차가 커진다. 따라서 동적 흡착법은 적절히 낮은 유속에서 수행하여 투과 곡선이 가파르게 만들어야 한다.

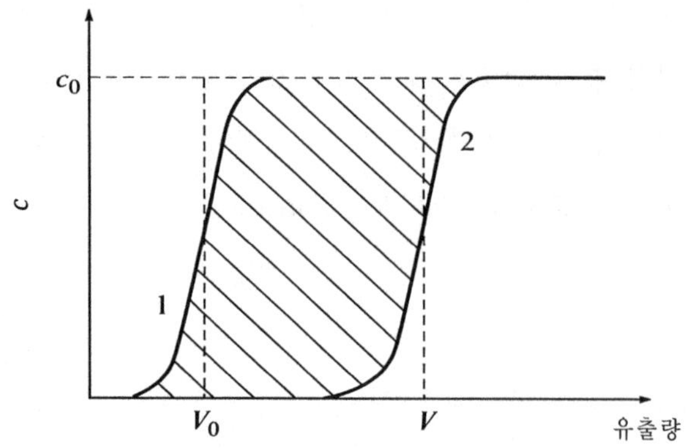

〈그림 7.5〉 동적 흡착법으로 평형 흡착량 측정(경사선 부분 면적이 평형 흡착량)

7.3.2 흡착제 재생

출구 농도 변화를 모니터링하여 투과점 표시 후 흡착제는 포화에 도달했으므로 재생이 필요하다.

대부분은 매 사용주기 후 흡착제를 재생할 필요가 있다. 이 단계는 흡착제 교체 비용 절감, 흡착제 수명 연장, 폐기해야 하는 고체 물질량 최소화에 매우 중요하다. 일반적인 탈착 과정은 외부 조건 변화를 통해 기존 흡착 평형을 깨뜨려 흡착질을 흡착제 표면에서 분리하는 것이다. 흡착기에 열에너지를 투입하여 분자의 운동 에너지를 높여 활성 위치에서 이탈을 가속한다. 감압 탈착은 기상 흡착 시스템의 압력을 낮추어 기존 흡착 평형을 깨뜨린다. 치환 탈착은 흡착기에 더 강한 흡착질을 통과시켜 특수 화학 반응 과정을 통해 흡착제를 재생한다. 탈착 시 배출 농도를 실시간으로 관찰하여 탈착 불완전으로 인한 2차 오염을 방지해야 한다.

기체의 경우 일반적으로 두 가지 방법을 사용한다. 감압 탈착에서는 고압 하에서 흡착질을 도입하여 고농도의 용질 흡착을 얻는다. 흡착제층이 포화되면 압력을 낮추어 흡착질을 제거하여 회수 또는 처리하고 흡착제를 재생한다. 압력 범위는 비용과 흡착 등온선에 따라 결정된다. 압력 변화는 매우 신속하게 완료될 수 있다.

온도 상승 탈착은 열을 이용해 흡착제를 재생하는 방식이다. 저온에서 흡착을 위해 원료를 도입한 후, 포화 상태에서 흡착기에 충분한 열에너지를 공급해 탈착을 유도함으로써 흡착제를 재생한다. 열기류를 이용해 흡착제를 직접 가열하거나, 코일관, 재킷 등을 이용한 간접 가열 방식이 가능하다. 흡착층의 온도를 흡착질의 기화점으로 높이면 흡착질이 기화되어 기체로 탈착된다. 전체 층을 가열해야 하므로 이러한 온도 변화에는 수 시간이 소요될 수 있다. 층의 부피가 작고 성분이 온도 변화로 인해 손상되지 않을 때만 이 절차를 사용한다. 흡착제 재생 과정에서 온도 상승과 압력 강하를 조합하여 사용할 수도 있다.

또한, 탈착을 촉진하기 위해 평형 조건을 변경할 수 있는 두 가지 방법은 플러싱과 치환이다. 열 순환 과정에서 침상층은 공급 가스나 불활성 가스로 플러싱될 수 있다. 불활성 플러싱의 장점은 이론적으로 침상층 정화에 필요한 플러싱 체적이 감소한다는 점이다. 그러나 침상은 일반적으로 플러싱을 통해 가열되므로, 플러싱 요구사항은 실제로 평형 고려사항보다는 열평형에 의해 결정될 수 있다. 따라서 이론적 이점이 실현되지 않을 수 있으며 열 유체를 이용한 플러싱이 더 경제적일 수 있다. 등온 가스 플러싱 증류는 매우 큰 플러싱 체적이 필요하기 때문에 일반적으로 경제성이 떨어진다. 그러나 치환 탈착(강하게 흡착된 공급 성분을 경쟁적 흡착 물질로 치환하는 방식)은 일반적으로 열 순환 공정이 배제된 시스템에 사용된다. 치환 순환은 치환제 회수 및 재순환을 해야 하므로 일반적으로 더 간단한 순환이 적용되지 않는 경우에만 사용된다. 증기 탈착은 일반적으로 활성탄 침상의 재생에 사용되며, 치환/열 순환을 결합한 공정으로 간주될 수 있다.

〈표 7.2〉 주요 재생 방법 및 장단점

재생 방식	장점	단점
감압 탈착/ 진공 탈착	1. 흡착성이 약한 흡착질에 적용되며, 회수해야 할 흡착질의 순도가 높은 경우에 적합 2. 순환 속도가 빠르고 흡착제 이용률이 높음	1. 저압 또는 진공 시스템 장비는 동력 소모가 필요하며, 장비 및 운영 기술이 복잡하고 사용 및 유지보수 비용이 높음 2. 회수된 탈착물의 순도가 낮음
가열 탈착	1. 흡착성이 강한 흡착질에 적용되며, 작은 온도 변화로 인해 흡열 변화가 크게 발생함 2. 탈착물은 농축 후 바로 회수 가능함 3. 유체 작동 주기가 짧고, 가열제와 냉각제를 소비하지 않음	1. 흡착제의 열 노화가 비교적 심각함 2. 열 손실이 존재하여 에너지 경제성이 낮음 3. 신속한 순환이 불가능하여 흡착제 사용 효율이 낮음 4. 가열 후 흡착제 냉각 속도가 느려 순환 주기가 연장됨
플러싱 탈착	1. 일정 온도와 총 압력 하에서 작동	1. 세척 정화량이 큼 2. 탈착 정도가 종종 불량하여 흡착제의 잔류 부하가 크고, 탈착 후 흡착제의 사용 기간이 단축
치환 탈착	1. 흡착성이 강한 흡착질에 적용 가능 2. 흡착질의 고온 재생 시 분해를 방지 3. 흡착제의 열 노화를 방지할 수 있음	1. 탈착 생성물에는 원래 흡착질과 치환제가 모두 포함되어 있어 재분리 및 회수가 필요 2. 때로는 흡착제와 치환제를 분리하기 어려울 수 있음(치환제 선택이 매우 중요)

흡착제의 재생 능력은 향후 사용 시 회복 가능한 용량 또는 작업 용량을 결정한다. 대부분은 작업 용량은 첫 번째 사이클 후 지속해서 감소하며 약 50~100회 사이클 동안 유지된다. 서서

히 노화되거나 점진적으로 중독되면 흡착제의 작업 용량이 최종적으로 교체해야 할 수준까지 저하된다. 표 7.2는 주요 재생 방법과 장단점을 보여준다.

7.4 기타 흡착 공정

7.4.1 팽창층 흡착

팽창층 흡착(Expanded Bed Adsorption, EBA)은 특수한 유동층 기술로 유동층과 고정층의 이중 장점을 모두 갖는다. 이 기술은 부유 입자가 포함된 액체 원료를 직접 처리할 수 있으며, 동시에 피스톤 흐름에 가까운 유동 특성을 유지하여 재혼합 정도가 낮고 분리 효율이 높다. 단백질 분리 정제의 예비 방법으로 팽창층 흡착은 기존 공정에서 고액 분리, 농축, 예비 정제라는 세 가지 독립 단계를 대체할 수 있다. 따라서 생산성 향상, 설비 투자 비용 절감, 작업 시간 단축 등의 뚜렷한 장점이 있으므로 생물공학 다운스트림 가공 분야의 연구 쟁점으로 부상하고 있다. 그 핵심 원리와 대표적인 적용 사례는 다음과 같이 요약할 수 있다.

첫째, 유체 흐름 제어는 핵심 기술적 특징이다. 작동 시 액체는 흡착기 바닥에서 상향으로 흐르며, 유속은 흡착제 입자가 적절히 팽창하되 격렬한 혼합이 발생하지 않는 범위(일반적으로 20-50%의 공극률 유지)로 정밀 제어된다. 이러한 제어는 안정적인 유동화 상태를 형성하여 고정층의 낮은 재혼합 특성을 유지하면서도 유동층의 막힘 방지라는 독특한 장점이 있다. 예를 들어, 단일클론 항체 분리 과정에서 이러한 유동 제어는 목표 항체가 흡착제와 충분히 접촉하도록 보장하면서 세포 파편으로 인한 층 막힘을 방지한다.

둘째, 전처리 공정 간소화가 중요한 응용 장점이다. 이 기술은 세포 파편, 콜로이드 물질 등 부유 입자가 포함된 원료액을 직접 처리할 수 있어 기존 공정에서 필수적이었던 원심분리, 여과 등의 전처리 단계를 생략한다. 이는 작업 절차를 단순화할 뿐만 아니라 무엇보다도 전처리 과정에서 목표 물질의 손실을 방지한다. 재조합 단백질 분리를 예로 들면, 기존 방법은 원심분리 살균 단계에서 10~15%의 단백질 손실이 발생할 수 있으나 팽창층 흡착을 사용하면 이러한 손실을 크게 줄일 수 있다.

셋째, 통합화된 운영으로 인한 상당한 경제적 효과이다. 여러 분리 단계를 단일 작업 단위로 통합함으로써 팽창층 흡착 기술은 생산 효율을 크게 향상한다. 예를 들어 인슐린 생산 과정에서 이 기술을 적용하면 장비 투자 비용을 30% 이상 절감할 수 있으며, 동시에 전체 처리 시간을 40~50% 단축할 수 있다. 이러한 통합적 특성은 산업 규모 생산 적용에 특히 적합하다.

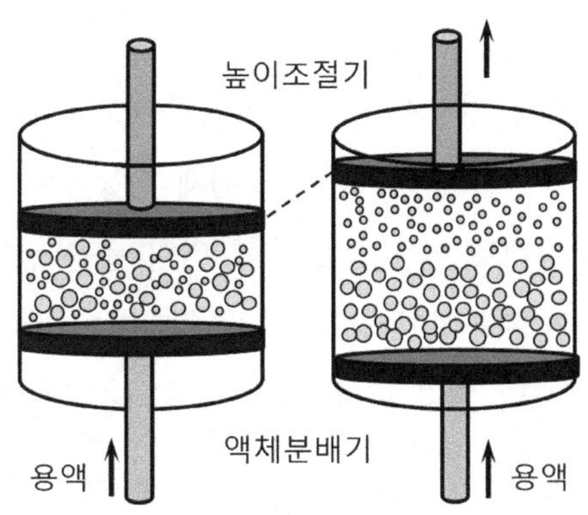

〈그림 7.6〉 팽창층 내 고정층과 팽창층 상태 비교

팽창층과 전통적 고정층의 차이점은 다음과 같다. 팽창층의 상부에는 층 높이를 조절할 수 있는 조절기가 설치되어 있다. 액체(원료액 또는 세척액 등)가 층 바닥에서 흡착제의 최소 유동화 속도보다 높은 유속으로 유입될 때 흡착제 층이 팽창하며, 높이 조절기가 상승한다. 팽창층 상태에서 층 높이는 일반적으로 고정층 상태의 2~3배이다. 층 공극률이 높아 미생물 세포나 세포 파편이 자유롭게 통과할 수 있다. 따라서 팽창층 흡착 공정은 미생물 발효액이나 세포 균질액을 직접 처리하여 목표 물질을 회수할 수 있어 원심분리나 여과 등의 전처리 공정을 생략할 수 있다. 이는 목표 물질 수율을 높이고 분리 정제 공정 비용을 절감하는 팽창층 흡착 공정의 최대 장점이다.

팽창층은 전통적인 유동층이 아니며, 두 가지의 차이는 다음과 같다. 후자의 흡착형 입자와 액체는 층 내에서 혼합 정도가 높아 흡착 효율이 낮은 반면 전자의 흡착제 입자는 기본적으로 고정된 위치에 부유하며, 액체의 흐름은 고정층과 유사하여 평행 유동에 가까워 흡착 효율이 높다. 따라서 팽창층의 형성은 특수한 흡착제와 장비 구조가 필요하다.

팽창층 흡착은 통합 분리 방식의 장점을 지닌다. 그러나 고정층 흡착과 비교할 때 팽창층 흡착은 다음과 같은 기술적 한계가 존재한다. 첫째, 흡착제 비용이 많이 들고 저밀도, 고기계적 강도 수지 제조가 복잡하다. 둘째, 작동 범위가 좁다. 유속과 흡착제 물성(밀도, 입경)이 정밀하게 일치해야 하며, 반드시 원액 농도를 적정 범위 내로 제어해야 하므로 공정 확대 설계가 어렵다. 셋째, 팽창층 흡착 운영이 비교적 복잡하고 번거로워 운영자의 기술과 숙련도 요구 수준이 높다. 마지막으로, 원액에 다량의 세포 파편, 지질 및 핵산 등의 성분이 포함될 경우 흡착 매체의 오염이 심각해 비교적 엄격한 세척 및 재생 작업이 필요하다.

7.4.2 이동층 흡착

입자층 전체가 이동하며, 고체 입자가 상부에서 연속적으로 투입되고 하부에서 배출되지만 입자 간 상대 운동이 없는 경우, 이러한 이동층을 전체 이동층으로 정의한다. 이동층 반응기에서 교체 입자는 하나의 전체 상태로 이동하며, 유체 역시 층을 통해 흡착된다. 이는 대용량 처리 시나리오에 적합하다. 오염 저항성이 강함, 고체 입자가 포함된 복잡한 유체(예: 부유물 함유 폐수)를 직접 처리할 수 있으며 엄격한 전처리가 필요하지 않다.

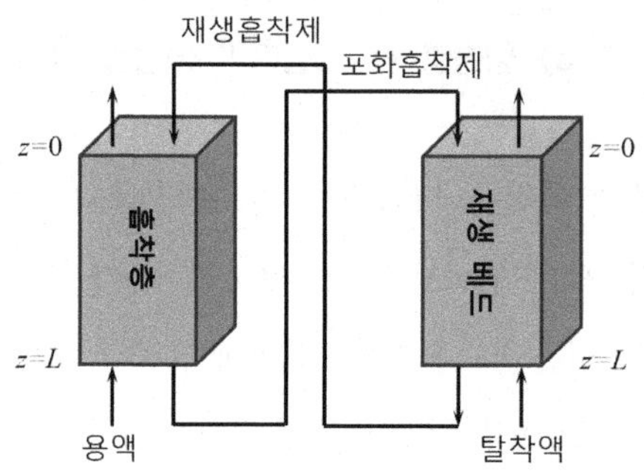

〈그림 7.7〉 이동층 흡착 작동

이동층 흡착은 연속적으로 작동하는 흡착 분리 기술로, 핵심 특징은 다음과 같다.

첫째, 동적 보충 및 배출 메커니즘이다. 신선한 흡착제가 흡착탑 상부에서 지속해서 공급되는 동시에 목표 물질을 흡착한 포화 흡착제는 탑 하부에서 동시에 배출되어 폐쇄형 순환을 형성한다. 이 설계는 고정층이 가동 중단 후 재생이 필요한 한계를 극복하여 24시간 연속 가동이 가능하다. 예를 들어, 생물 발효액에서 목표 단백질을 연속 분리할 때 이동층은 생산 중단을 방지하고 효율을 높일 수 있다.

둘째, 역류 접촉 메커니즘이다. 처리 대상 유체(기체 또는 액체)는 탑 하부에서 상부로 유동하며 상부에서 하부로 이동하는 흡착제와 역방향으로 접촉한다. 예를 들어, 항생제 분리 과정에서 역류 유동은 양상 접촉 시간을 연장해 목표 물질의 완전한 흡착을 촉진한다.

셋째, 강화된 물질 전달 효율이다. 유체와 흡착제의 역방향 흐름은 농도 구배 차를 형성하여 물질 전달 속도를 현저히 향상한다. 다당류 정화를 예로 들면 역류는 불순물 유입을 줄여 제품 순도를 높인다.

넷째, 재생 순환 시스템이다. 배출된 포화 흡착제는 재생 장치(예: 가열 탈착 또는 용매 세척)를 통해 활성을 회복한 후 탑 상부로 되돌아가 재사용된다. 예를 들어, 색소 흡착에 사용된

활성탄은 고온 탈착 후 여러 번 순환 사용이 가능하여 생산 비용을 절감한다.

기술적 한계점은 다음과 같다.

첫째, 흡착제 기계적 마모이다. 장기간 운전 시 흡착제 입자가 파손되기 쉬우며, 발생한 파편이 배관을 막을 수 있다. 예를 들어, 분자체 흡착제는 순환 사용 중 마모로 인해 침상 압력 강하가 증가한다.

둘째, 높은 조작 제어 요구이다. 흡착제 유속을 정밀하게 조절해야 하며, 유속 불균일은 "구류"(유체의 국부적 단락) 또는 역 혼합(유체와 흡착제의 비이상적 혼합)을 유발할 수 있다. 예를 들어, 효소 분리 과정에서 역혼합은 목표 생성물 회수율 저하를 초래한다.

모의 이동층 흡착과의 차이점은 다음과 같다.

이동층 흡착은 흡착제의 물리적 이동에 의존하여 연속 운영을 실현하는 반면, 모의 이동층 흡착(Simulated Moving Bed Adsorption, SMB)은 여러 고정층의 입출구 밸브를 전환하여 흡착제 이동을 모사하며 흡착제 자체는 정지 상태를 유지한다. 예를 들어, 포도당과 과당 분리에서 SMB는 시퀀스 제어 밸브를 통해 고효율 분리를 달성하는 반면, 이동층은 흡착제를 기계적으로 이송해야 한다. 구체적인 비교는 다음과 같다.

〈표 7.3〉 이동층 흡착과 모의 이동층 흡착의 비교

특성	이동층 흡착	이동층 흡착 시뮬레이션
흡착제 상태	흡착제 실제 흐름(신선한 흡착제는 상부에서 투입되고, 포화된 흡착제는 하부에서 배출됨)	흡착제는 고정된 상태로 유지되며, 밸브 전환을 통해 입출구 위치를 변경하여 역방향 유동을 시뮬레이션함
유체 접촉 방식	흡착제와 유체는 역류 방식으로 연속 접촉	주기적인 밸브 회전을 통해 역류 접촉 효과를 구현함(유체와 흡착제의 상대 운동)
장비 구조	흡착제 순환 재생 장치가 필요하며, 흡착제 마모로 인한 파편 발생 가능성 있음	고정층은 구획별로 설계되었으며, 구획 간에 밸브를 설치하여 유체 흐름의 입출구를 제어함

7.5 본 장 요약

흡착 분리 기술은 생물 분리 공정의 핵심 방법이다. 흡착제와 이온 교환제는 흡착 분리의 핵심 매체이다. 흡착제는 기공 크기, 화학 조성 등에 따라 활성탄, 실리카겔, 분자체 등으로 분류되며, 그 이화학적 특성은 큰 비표 면적, 적절한 기공 구조 및 화학적 안정성을 특징으로 한다. BET법과 압수법은 각각 비표 면적과 기공 크기 분포 측정에 사용된다. 이온 교환제는 고분자 골격과 이온 교환 기단으로 구성되며 양이온 교환제와 음이온 교환제로 구분된다. 그 성능은 교환 용량, 선택성, 기계적 강도 등의 지표로 평가되며, 재생 성능과 화학적 안정성이 산업적 적용의 경제성과 적합성을 결정한다.

흡착 평형은 흡착 과정의 열역학적 기초이다. Langmuir, Freundlich 및 BET 등온선 모델은 서로 다른 관점에서 흡착량과 평형 농도의 관계를 설명한다. 이 중 Langmuir 모델은 단일 분자층 균일 흡착을 가정하는 반면, BET 모델은 다중 분자층 흡착에 적용된다. 이온 교환의 계량 치환 모델은 전통적 이론의 한계를 극복하여 용질 이온과 세척 이온의 계량 치환 관계를 강조함으로써 복잡계 흡착 행동을 정밀하게 설명한다.

고정층 흡착은 산업계의 주류 운영 방식으로 투과 곡선은 그 성능 평가의 핵심이다. 팽창층 흡착은 고정층과 유동층의 장점을 결합하여 입자 함유 용액을 직접 처리할 수 있으며, 유속 제어를 통해 층의 안정적 팽창을 실현한다. 이동층과 모의 이동층은 연속 운영을 가능케 한다.

본 장의 이론과 기술은 생물제약, 폐수 처리, 기체 분리 등 분야에서 중요한 응용 가치를 지닌다. 향후 첨단 특성 분석 기술과 계산 시뮬레이션이 결합하면 흡착 분리 기술은 정밀 분리, 친환경 공정 등 방향으로 지속해서 발전하여 생물 활성 물질 정제, 환경 관리 등에 더 강력한 지원을 제공할 것이다.

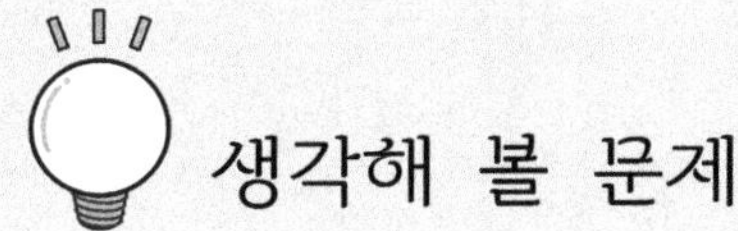

생각해 볼 문제

흡착제는 어떤 핵심 요건을 충족해야 하는가? 활성탄과 활성 알루미늄 산화물의 흡착 특성(예: 극성, 비표면적, 적용 시나리오)을 비교하고, 왜 활성탄이 수용액에서 유기물 흡착 효과가 극성 흡착제보다 우수한지 분석한다.

Langmuir 흡착 등온선과 Freundlich 흡착 등온선의 핵심 가정과 적용 조건은 어떻게 다른가? 특정 흡착 체계에서 흡착량이 평형 농도 증가에 따라 먼저 급격히 상승한 후 포화 상태에 이르는 경우 해당 체계는 어느 모델에 더 부합하는가? 모델 공식과 함께 원인을 설명한다.

고정층 흡착 공정에서 투과 곡선의 형태는 어떤 요인과 관련이 있는가? 공급 유속이 증가할 때 투과 시간과 흡착 띠 길이는 어떻게 변화하는가? 물질 전달 동역학 관점에서 원인을 분석한다.

이온 교환 수지의 교환 용량은 어떤 요인에 의해 영향을 받는가? 단백질이 이온 교환 수지에서 보이는 실제 교환 용량이 이론값보다 훨씬 낮은 이유는 무엇인가? 단백질 교환 용량을 높이기 위한 두 가지 운영 전략을 제시한다.

팽창층 흡착 기술은 전통적인 고정층 및 유동층에 비해 어떤 독특한 장점이 있는가? 그 운영 과정에서 층 팽창률과 물질 전달 효율을 어떻게 균형 잡을 수 있는가? 왜 이 기술이 세포 파편을 포함한 원액을 직접 처리하는 데 특히 적합한지 설명한다.

특정 제약 공장에서 발효액으로부터 항생제(열감수성)를 흡착 회수해야 하며, 현재 가열 탈착과 치환 탈착 두 가지 재생 방안이 존재한다. 제품 활성 보호, 재생 효율, 비용 세 가지 측면에서 두 방안을 비교 분석하고 최적 선택안과 그 근거를 제시한다.

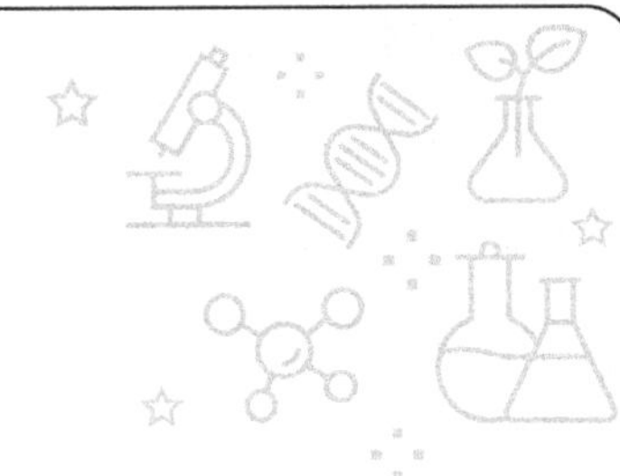

8. 크로마토그래피 분리 기술

생물 분리 공학에서 고효율적이고 정밀한 분리 정제 방법은 고순도 생물학적 산물을 얻는 데 매우 중요하다. 크로마토그래피 분리 기술은 뛰어난 분해능과 우수한 선택성으로 생물학적 고분자 및 저분자 활성 물질의 다운스트림 정제 핵심 기술로 자리매김했다. 이 기술은 복잡한 혼합물에서 표적 산물을 특이적으로 분리할 뿐만 아니라 불순물을 효율적으로 제거하여 제품의 순도와 품질을 현저히 향상함으로써 생물 의약 및 생물화학 등 산업 분야에 강력한 기술적 기반을 제공한다. 본 장에서는 크로마토그래피 분리의 기본 이론을 체계적으로 설명하고, 흡착 크로마토그래피, 분배 크로마토그래피, 이온 교환 크로마토그래피 등 주요 크로마토그래피 유형의 원리와 특징을 소개하며, 대표적인 생물학적 산물의 실제 분리 사례를 통해 크로마토그래피 기술의 생산 현장 적용 사례와 장점을 분석한다.

8.1 크로마토그래피 분리 기초

8.1.1 크로마토그래피의 기본 개념과 역사

8.1.1.1 크로마토그래피의 정의와 기본 원리

크로마토그래피는 혼합물 내 각 성분의 물리 화학적 성질 차이를 기반으로 고정상(stationary phase)과 이동상(mobile phase) 사이의 분배 행동 차이를 통해 성분 분리를 실현하는 분석 기술이다. 고정상과 강하게 상호작용하는 성분은 고정상에서 체류 시간이 길고 이동 속도가 느리며, 상호작용이 약한 성분은 체류 시간이 짧고 이동 속도가 빨라 분리가 이루어진다.

고상상은 고체 재료(예: 흡착제, 겔, 이온 교환 수지 등)일 수도 있고 다공성 지지체에 부하된 액체일 수도 있으며, 분리 대상 물질과 가역적 흡착, 용해 또는 교환 등의 작용을 통해 분리를 실현한다. 이동상은 시료를 고상상 내에서 이동시키는 기체 또는 액체로, 컬럼 크로마토그래피에서는 흔히 용출제(洗脫劑)라 불리며, 얇은층 크로마토그래피에서는 전개제(展開劑)라 한다.

8.1.1.2 발전 과정과 주요 돌파구

크로마토그래피 기술은 탄생 이후 여러 차례의 중대한 혁신을 겪었다. 1903년 러시아 식물학자 츠비트(Zwicker)는 식물 색소 연구 과정에서 탄산칼슘으로 채워진 유리 컬럼을 최초로 사용해 석유 에테르를 이동상으로 하여 색소 성분을 성공적으로 분리했으며, 컬럼 내에 색상 스펙트럼 띠를 형성함으로써 '크로마토그래피법'이라는 개념을 제안하여 크로마토그래피 기술의 시초를 마련했다.

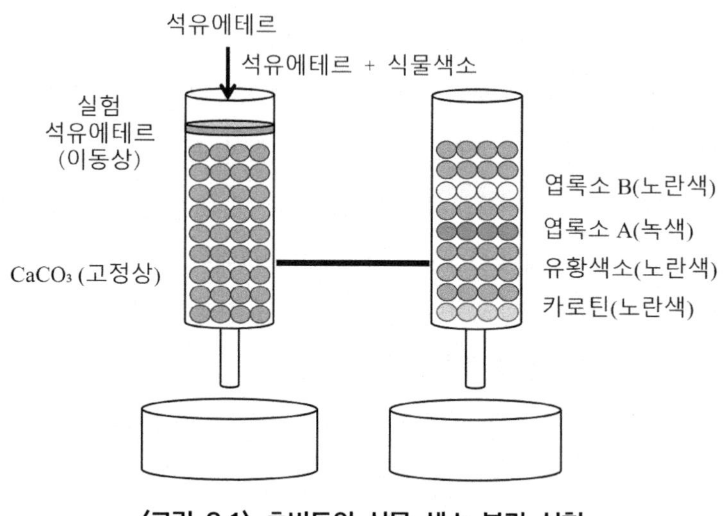

〈그림 8.1〉 츠비트의 식물 색소 분리 실험

이후 수십 년간 크로마토그래피 기술은 지속해서 발전했다. 1931년 독일 과학자 쿤은 크로마토그래피법을 활용해 카로틴 등 60여 종의 색소를 성공적으로 분리해 이 기술의 보급과 인정을 촉진했다. 1941년 영국 학자 마틴과 싱어는 공동으로 액-액 분배 크로마토그래피를 제안해 크로마토그래피 방법의 범위를 확장했다. 1952년 마틴과 제임스는 기상 크로마토그래피

(GC)를 개발하여 휘발성 물질의 고효율 분리를 실현했다. 1960년대 윌리엄스 등은 고성능 액체 크로마토그래피(HPLC)를 개발하여 고압 펌프와 미세 입자 크기의 충전재를 활용해 분리 효율을 크게 향상시켰다. 1975년, 구딩 등은 역상 크로마토그래피(RPC) 결합 고정상을 선보여 단백질과 펩타이드 분리의 중요한 도구가 되었다. 80년대 생명공학이 급속히 발전하면서 친화 크로마토그래피와 이온 교환 크로마토그래피(IEC)는 점차 생물학적 의약품 정제의 핵심 수단이 되었다. 이러한 주요 발전들은 함께 크로마토그래피 기술의 성숙을 촉진하고 적용 범위를 지속해서 확대했다.

8.1.2 크로마토그래피 분리의 기본 원리

8.1.2.1 분배 평형 이론

크로마토그래피 시스템에서 시료 성분이 이동상과 함께 고정상을 통과할 때 두 상 사이에 동적 분배 평형이 형성된다. 분배 계수(K)는 이 평형을 설명하는 핵심 매개변수로, 성분의 고정상 내 농도(C_s)와 이동상 내 농도(C_m))의 비율을 나타낸다.

$$K = \frac{C_s}{C_m}$$

K값은 물질의 고유한 속성으로, 서로 다른 성분은 서로 다른 K값을 가지며, 이는 크로마토그래피 분리의 근본적 근거를 이룬다. K값이 클수록 해당 성분이 고정상에 더 많이 분포되어 고정상과 더 강하게 상호작용함을 나타낸다. K값이 작을수록 이동상에 더 많이 남아 있게 된다. 예를 들어, 액-액 분배 크로마토그래피에서 친수성 성분은 수상(고상)에서 농도가 높아 K값이 크고, 소수성 성분은 유기상(이동상)에 더 잘 용해되어 K값이 작다. 이러한 분배 차이는 크로마토그래피 분리의 물리적 기초이다.

용량 계수(k)는 또 다른 핵심 매개변수로, 성분이 고정상과 이동상 사이에서 질량 분배 관계를 반영한다.

$$k = \frac{m_s}{m_m}$$

농도와 부피 관계를 결합하면 다음과 같이 얻을 수 있다.

$$k = \frac{C_s \cdot V_s}{C_m \cdot V_m} = K\frac{V_s}{V_m}$$

여기서, V_s와 V_m은 각각 고정상과 이동상의 부피이다. 실제 분리 과정에서 k값은 일반적으로 2-5 사이로 제어하여 우수한 분리 효율과 피크 형태를 얻는다.

지연 인자(R_f)는 얇은층 크로마토그래피와 종이 크로마토그래피에서 흔히 사용되며, 성분이 고정상에서 이동하는 능력을 반영한다. 이는 성분의 이동 거리(l)와 이동상 전선의 이동 거리(L)의 비율로 정의된다.

$$R_f = \frac{l}{L}$$

R_f값은 0과 1 사이이다. 값이 0이면 성분이 고정상에 완전히 억제됨을 나타내며, 값이 1이면 성분이 고정상에 의해 억제되지 않음을 의미한다. 서로 다른 성분의 R_f값은 달라 물질의 정성 분석 및 분리에 활용된다. 실제 작업 시 R_f값의 재현성을 보장하기 위해 조건을 엄격히 제어해야 한다.

선택성 인자(α)는 크로마토그래피 시스템의 두 성분에 대한 분리 능력을 평가하는 데 사용되며, 두 물질의 분배 계수 또는 용량 인자의 비로 정의된다.

$$\alpha = \frac{K_2}{K_1} = \frac{k_2}{k_1}$$

K 또는 k는 단일 성분의 분배 행동을 반영하는 반면, α는 두 성분 간의 분리 잠재력을 나타낸다. α=1일 경우 두 성분은 분리될 수 없으며, α가 클수록 분리 효과가 우수하다. 따라서 방법 개발 시 고정상과 이동상을 최적화하여 α 값을 증가시키는 경우가 많다.

8.1.2.2 크로마토그래피 유출 곡선(크로마토그램)

크로마토그램은 검출기 응답 신호가 시간 또는 이동상 부피 변화에 따른 기록 곡선으로 각 성분의 분리 상태를 직관적으로 보여준다. 이는 베이스라인과 크로마토그래피 피크로 구성된다. 베이스라인은 성분이 통과하지 않을 때의 배경 신호선으로 평탄해야 하며, 드리프트나 노이즈가 발생하면 시스템 이상을 시사한다. 크로마토그래피 피크는 성분이 검출기를 통과할 때 발생하는 신호를 나타내며, 그 형태와 위치는 풍부한 정성 및 정량 정보를 담고 있다. 이상적인 크로마토그램 피크는 대칭적이고 날카로워야 한다.

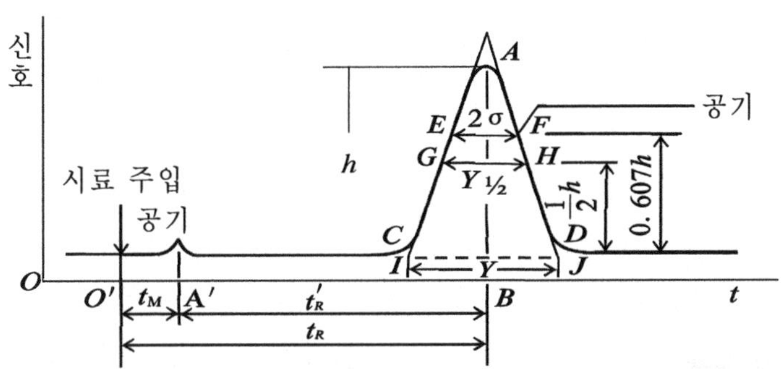

〈그림 8.2〉 크로마토그래피 유출 곡선(크로마토그램)

피크 높이 h 크로마토그래피 피크 정상에서 베이스라인까지의 수직 거리로, 일정 수준에서 성분 함량을 반영할 수 있다. 그러나 기기 상태와 조작 조건의 영향을 쉽게 받기 때문에 정밀 정량 시에는 다른 매개변수와 함께 사용된다.

영역 폭 크로마토그래피 컬럼 내 성분 확산 정도를 반영하며, 컬럼 효율을 평가하는 핵심 지표이다. 주로 표준 편차(σ), 반폭($W_{1/2}$), 피크 폭(W) 등으로 표시한다. 이 중 $W_{1/2}=2.354\sigma$, $W=4\sigma$이다. 영역 폭이 작을수록 컬럼 효율이 높다.

피크 면적 크로마토그래피 피크와 베이스라인이 둘러싼 면적으로, 정량 분석의 주요 근거이다. 피크 면적은 성분 함량과 정비례하며 조작 조건 변동에 상대적으로 덜 영향을 받아 결과를 더욱 신뢰할 수 있다.

유지값 성분이 컬럼 내에서 보이는 유지 행동을 설명하는 데 사용되며, 분리 조건 최적화와 정성 분석의 중요한 매개변수이다. 주로 데드 타임, 유지 시간, 조정 유지 시간 및 유지 계수 등을 포함한다.

사시간 t_M 분배 작용에 참여하지 않는 물질이 주입부터 컬럼 출구까지 걸리는 시간으로 이동상이 컬럼 내에서 평균적으로 머무는 시간을 반영한다.

$$t_M = \frac{V_m}{F}$$

여기서 V_m은 컬럼 내 이동상 부피, F는 유속이다.

유지 시간 t_R: 성분이 주입되어 피크 정점에 도달하기까지 걸리는 시간으로, 정성의 주요 근거가 된다.

조정 유지 시간 $t_{R'}$ 사사 시간을 공제한 유지 시간으로, $t_{R'} = t_R - t_M$ 성분과 고정상의 상호작용을 보다 실제 반영한다.

용량 계수 k는 유지 시간과 밀접한 관련이 있으며, 성분의 유지 강도를 반영한다.

$$k = \frac{t_{R'}}{t_M} = \frac{t_R - t_M}{t_M} \text{ 또는 } t_R = t_M(1+k)$$

서로 다른 성분은 분배 계수의 차이로 인해 컬럼 내에서 이동 속도가 달라져 분리가 이루어진다.

8.1.2.3 컬럼 효율

컬럼 효율은 크로마토그래피 컬럼 성능을 평가하는 핵심 지표로 일반적으로 이론 타판 수(N) 또는 이론 타판 높이(H)로 표시되며, 분리 효과와 분석 정확도에 직접적인 영향을 미친다.

판 이론 마틴과 싱어가 제안한 것으로, 크로마토그래피 컬럼을 다단계 판 구조로 간주하여 성분이 컬럼 내에서 분배 평형 행동을 설명하며, 크로마토그래피 피크의 정규 분포 현상과 컬럼 높이가 분리에 미치는 영향을 성공적으로 해석했다. 이론적 판 수의 계산 공식은 다음과 같다.

$$N = 5.54\ \left(\frac{t_R}{W_{\frac{1}{2}}}\right)^2$$

$$N = 16\ \left(\frac{t_R}{W}\right)^2$$

t_R는 유지 시간, W는 피크 폭, $W_{1/2}$는 반 폭이다. 유지 시간이 일정할 때 피크 폭이 작을수록 N값이 높아지고 컬럼 효율이 높아진다.

이론적 타판 높이 H는 N과 반비례한다.

$$H = \frac{L}{N}$$

L은 기둥 길이이다. H가 작을수록 단위 기둥 길이에 대한 분리 효율이 높아진다.

판딤트 방정식은 동역학적 관점에서 컬럼 효율에 영향을 미치는 요소를 분석한다.

$$H = A + \frac{B}{u_m} + Cu_m$$

A는 와류 확산 항으로, 고정상 입자 크기와 충전 균일성과 관련이 있다. B는 종방향 확산 항으로, 유동상 내 성분의 확산 거동에 영향을 받는다. C는 물질 전달 저항 항으로, 두 상 사이의 물질 전달 속도와 관련이 있다. 고정상 입자 크기 최적화, 충전 균일성 향상, 유속 조절 등의 방법을 통해 H값을 낮추고 컬럼 효율을 향상할 수 있다.

8.1.2.4 분리도(Rs)

분리도는 크로마토그래피 분리 효과를 종합적으로 평가하는 지표로, 인접한 두 크로마토그래피 피크의 분리 정도를 반영하며 다음과 같이 정의된다.

$$R_s = \frac{2\ (t_{R2} - t_{R1})}{W_1 + W_2}$$

t_{R1}, t_{R2}는 두 성분의 유지 시간, W_1, W_2는 대응 피크 폭이다. 일반적으로 $R_s \geq 1.5$일 때 기준선 분리가 이루어진 것으로 간주한다.

분리도는 이론판 수 N, 선택성 인자 α, 용량 인자 k 세 가지 요소의 공동 영향으로 결정되며 그 관계는 다음과 같다.

$$R_s = \frac{\sqrt{N}}{4}\left(\frac{\alpha - 1}{\alpha}\right)\left(\frac{k}{1+k}\right)$$

N을 높이면 컬럼 효율이 향상되어 피크 형태가 더 날카로워진다. α를 증가시키면 분리 선택성이 강화된다. k를 조절하면 유지 행동을 최적화할 수 있다.

8.1.3 주요 크로마토그래피 기술 유형

크로마토그래피 기술은 분리 메커니즘에 따라 여러 주요 범주로 분류되며, 각 범주는 분리 원리와 적용 대상에서 고유한 특성을 보인다.

흡착 크로마토그래피 이 기술은 고체 고정상(즉, 흡착제) 표면에서의 서로 다른 성분들의 흡착 능력 차이에 의존한다. 흡착 작용이 강한 성분은 고정상에 머무는 시간이 길어 용출 순서가 뒤로 밀린다. 흡착 작용이 약한 성분은 이동상에 의해 더 빨리 씻겨 나온다.

분배 크로마토그래피 분리 기초는 성분이 고정상과 이동상에서 용해도가 다르다는 점에 있다. 그중 역상 크로마토그래피(RPC)는 매우 널리 적용되는 방식으로 소수성 고정상(예: C18, C8 결합 실리카겔)과 극성 이동상(일반적으로 물과 유기용매의 혼합물)을 사용하여 성분의 소수성 차이를 이용해 분리한다. 소수성이 강한 물질은 고정상과 더 강하게 결합하므로 용출이 느리다.

이온 교환 크로마토그래피(IEC) 이 기술은 성분이 지닌 전하 차이에 따라 분리를 수행한다. 이동상의 pH 값이나 이온 강도를 변화시켜 용출 그라데이션을 형성함으로써 고정상(이온 교환제)과의 결합 강도가 다른 전하를 띤 성분을 순차적으로 용출할 수 있다.

겔 여과 크로마토그래피(GFC) 이 기술은 분자 크기에 따라 분리를 수행하며, 크기 배제 크로마토그래피라고도 합니다. 소분자는 고정상(겔)의 기공 내부로 침투하여 이동 경로가 길어 용출이 느리다. 반면 대분자는 기공 외부에서 배제되어 짧은 경로로 빠르게 통과하므로 먼저 용출된다.

친화성 크로마토그래피(AC) 항원과 항체, 효소와 기질 또는 수용체와 리간드 간의 인식과 같이 생체분자 간 고도로 특이적인 상호작용을 기반으로 한 분리 방법이다. 고정상에 특이적 리간드가 결합되어 있어 표적 생체분자를 가역적으로 포획한 후, 용출 조건을 변경하여 방출할 수 있어 매우 높은 선택성을 가진다.

소수성 상호작용 크로마토그래피(HIC) 고염 농도 환경에서 단백질 등 생체 대분자의 소수성 영역이 고정상의 소수성 리간드와 결합한다. 염 농도를 점진적으로 낮추어 소수성 상호작용을 약화함으로써 서로 다른 소수성을 가진 성분을 순차적으로 용출시킬 수 있다. 이 방법은 조건이 온화하여 생체분자의 활성 유지에 유리하다.

크로마토그래피 기술은 또한 이동상의 상태에 따라 액체 크로마토그래피와 기체 크로마토그래피로 분류될 수 있다. 작동 모드에 따라 가장 흔히 사용되는 용출 크로마토그래피, 그리고 최첨단 크로마토그래피와 치환 크로마토그래피로 구분된다. 적용 규모에 따라 분석형(고분해능 중점)과 제조형(고처리량 중점)으로 나뉜다. 생물 분리 분야에서 이온 교환 크로마토그래피(IEC), 크기 배제 크로마토그래피(SEC), 친화 크로마토그래피(AC)는 세 가지 핵심 기둥을 이루며, 역상 크로마토그래피(RPC), 친수성 상호작용 크로마토그래피(HIC) 등의 기술과 함께 활용되어 효율적인 생물학적 산물 정제 전략을 구축한다.

8.2 흡착 크로마토그래피

8.2.1 흡착 크로마토그래피 원리

흡착 크로마토그래피의 분리 효율은 물질이 고체 표면에 흡착되는 행동의 차이에 기반한다. 작용력의 본질에 따라 흡착 과정은 물리적 흡착과 화학적 흡착으로 명확히 구분되며, 이 둘은 작용력 특성, 흡착 특성 및 실제 적용에서 현저한 차이를 보인다.

물리적 흡착은 반데르워스 힘(분산력, 방향력, 유도력 포함)으로 구동되며, 전자 공유나 전이를 수반하지 않아 보편적이고 가역적인 특성을 가진다. 흡착 속도가 빠르고 흡착열이 낮아 일반적으로 다층 흡착 현상을 유발한다. 예를 들어, 실리카젤의 알케인 흡착은 주로 이 메커니즘에 기반하며, 작용력이 약해 용매로 쉽게 탈착된다. 반면 화학적 흡착은 전자 이동이나 공유 전자쌍 형성과 같은 더 강한 화학 결합 유사 상호작용을 수반한다. 이 흡착은 특정 분자와 흡착제 표면 사이에서만 발생하는 높은 선택성을 지닌다. 일반적으로 속도가 느리고 고온에서 진행되며, 탈착이 어렵고 흡착열이 높으며 단층 흡착이 일반적이다. 전형적인 예로 알루미늄 산화물의 페놀류 화합물 흡착이 있으며, 여기서 페놀 하이드록실기와 알루미늄 산화물 표면은 수소결합을 형성할 수 있다. 이 작용은 물리적 및 화학적 흡착 특성을 모두 지니며, 온도 상승 시 화학적 흡착으로 강화될 수 있다.

흡착 크로마토그래피의 동적 분리 과정에서 용질, 용매, 흡착제 세 요소는 경쟁적 체계를 이룬다. 흡착질과 흡착제 사이의 상호작용력은 주로 분산력, 방향력, 유도력, 수소 결합력으로 구성되며, 그 강도 순서는 대략 수소 결합력 〉 방향력 〉 유도력 〉 분산력이다. 분산력은 순간 쌍극자에서 비롯되며, 배향력은 극성 분자와 극성 흡착제 사이에 존재한다. 유도력은 극성 표면이 비극성 분자에 유도 쌍극자를 발생시켜 발생한다. 수소 결합은 특수한 배향력으로, 그 강도는 관련 원자의 전기 음성도 및 반경에 따라 결정된다.

유기 화합물의 구조는 직접 그 흡착 특성을 결정한다. 단일 기능기를 가진 화합물의 실리카젤 또는 알루미나에 대한 흡착 강도는 일반적으로 다음과 같은 순서를 따른다. 카복실산 〉 알코올, 아미드 〉 1차 아민 〉 에스터, 알데하이드, 케톤 〉 나이트릴, 3차 아민, 니트로화합물 〉 에테르 〉 알켄 〉 할로겐화탄화수소 〉 알칸이다. 분자 내 이중 결합, 특히 공액 이중 결합의 증가는 흡착력을 현저히 강화하며, 방향족 고리 구조의 영향이 더욱 두드러진다. 동족체 내에서 분자량이 클수록 흡착 경향이 강해진다.

흡착 크로마토그래피의 분리 본질은 용질 분자가 흡착제 표면에서 지속해서 흡착-탈착을 반복하는 동적 평형 과정이다. 혼합물이 이동상과 함께 크로마토그래피 컬럼에 유입되면 각 성분은 흡착제와의 상호작용 강도에 따라 서로 다른 속도로 컬럼 내에서 이동한다. 상호작용이 강한 분자는 체류 시간이 길고 이동 속도가 느리며, 상호작용이 약한 분자는 신속하게 탈착된다. 충분한 컬럼 길이를 통과한 후, 성분들은 이동 속도 차이로 인해 분리된다. 예를 들어, 페놀과 나이트로페놀을 분리할 때 나이트로기의 도입은 분자 극성과 실리카젤과의 수소 결합 형성을 강화해 나이트로페놀의 체류 시간을 더 길게 하여 분리를 가능하게 한다.

8.2.2 흡착제 및 그 특성

흡착제는 흡착 크로마토그래피의 분리 핵심으로 그 성질은 분리 효과에 직접적인 영향을 미친다. 다음은 일반적으로 사용되는 흡착제에 대한 체계적인 소개이다.

8.2.2.1 알루미늄 산화물

알루미늄 산화물은 가장 오랜 역사와 광범위한 적용 범위를 가진 흡착제 중 하나이다. 다양한 제조 및 처리 방법을 통해 중성, 알칼리성, 산성 세 가지 유형을 얻을 수 있으며 각각 특정 적용 시나리오를 가진다.

중성 알루미늄 산화물(pH 7~7.5)은 일반적으로 상업용 알칼리성 알루미늄 산화물을 묽은 염산으로 처리한 후 염소 이온이 제거될 때까지 세척하고, 180-200°C에서 활성화하여 제조한다. 표면의 산성/알칼리성 불순물이 제거되어 산/알칼리에 민감한 중성 물질(테르펜류, 스테로이드, 일부 글리코사이드 등)에 적합하다.

알칼리성 알루미늄 산화물(pH ~9)은 대부분 상업용 크로마토그래피용 알칼리성 알루미늄 산화물로, 표면이 알칼리성을 띠며 알칼리성 또는 알칼리에 안정적인 화합물(예: 알칼로이드 및 아민류)의 분리에 적합하다. 산성 흡착제가 유발할 수 있는 꼬리 현상을 효과적으로 방지한다.

산성 알루미늄 산화물(pH 3.5~4.5)은 알칼리성 알루미늄 산화물을 염산과 반응시킨 후 산성으로 세척하고 고온 활성화하여 제조된다. 산성 물질(예: 산성 색소, 아미노산 등)의 분리에 적합하며, 안트라퀴논류 화합물 분리에서 우수한 성능을 보인다.

8.2.2.2 실리카젤

실리카젤은 다공성 실록산 골격(-Si-O-Si-)과 표면 활성 실리콘 하이드록실(-Si-OH)을 지닌 가장 널리 사용되는 크로마토그래피 흡착제 중 하나이다. 그 흡착 활성은 주로 실리콘 하이드록실에서 비롯되며, 이들은 극성 화합물과 수소 결합을 형성하거나 비극성 물질과 반데르워스 힘으로 작용한다.

실리카젤의 흡착 능력은 함수량에 크게 영향을 받는다. 수분은 실리콘 수산기 위치를 차지하여 흡착 활성을 저하한다. 가열(예: 105-110°C) 활성화를 통해 수분을 제거하고 활성을 조절할 수 있습니다. 실리카젤은 페놀류, 알데하이드·케톤류, 유기산 및 알칼로이드 등 다양한 극성 및 중간 극성 화합물 분리에 적합하다. 플라보노이드 화합물의 분리 시 적절한 전개 용매를 선택함으로써 서로 다른 극성의 글리콜 네이트와 글리코사이드를 효과적으로 구분할 수 있다. 또한, 실리카젤은 고성능 액체 크로마토그래피(HPLC)에서 다양한 결합 고정상의 기질 재료로도 사용된다.

8.2.2.3 활성탄

활성탄은 비극성 흡착제로 발달한 미세공 구조와 거대한 비표 면적을 지니며, 흡착은 주로 반데르워스 힘에 의존하여 비극성 또는 약한 극성 분자에 대한 흡착력이 강하다. 특히 수용성 물질(아미노산, 당류, 일부 글리코사이드 등)의 분리에 적합하며, 시료 적재량이 크고 비용이 저렴하여 준비 등급 정제에 적합하다.

그러나 활성탄의 성능은 원료와 제조 공정에 크게 영향을 받아 재현성 제어에 어려움이 있다. 알코올류나 지방산을 첨가하여 활성을 조절할 수 있다. 가격이 저렴하여 일반적으로 회수 재생하지 않는다.

8.2.2.4 셀룰로스

셀룰로스계 흡착제는 우수한 친수성과 생체 적합성을 지니며, 다음과 같이 구분된다.

천연 셀룰로스와 미정질 셀룰로스 전자는 고품질 펄프처럼 직접 얇은 층 또는 컬럼 크로마토그래피에 사용 가능하며, 후자는 산 가수분해 면화로 제조되어 결정도가 더 높고 성능이 더 균일하다.

이온 교환 셀룰로스 셀룰로스 하이드록실기를 이온 교환기로 치환하여 제조되며, 음이온 교환형(예: DEAE-셀룰로스, TEAE-셀룰로스)과 양이온 교환형(예: CM-셀룰로스)이 있다. 친수성과 이온 교환 선택성을 동시에 갖춰 단백질, 핵산 등 생체 고분자 분리용으로 널리 사용된다.

8.2.2.5 폴리아마이드

폴리아마이드는 수소 결합 작용을 통해 흡착하는 유기 흡착제이다. 제조 과정은 일반적으로 나일론 실을 농염산에 녹인 후 에탄올과 물로 희석하여 분말을 침전시키고, 알칼리 세척과 물 세척을 통해 중성으로 만든 뒤 건조, 체질, 유기용매 세척을 통해 정제한다.

그 흡착 작용은 아미드 기와 시료 분자(예: 페놀 하이드록실, 카보닐) 사이에서 수소 결합을 형성하는 능력에 의존한다. 수소 결합 강도는 극성 관능기의 수와 위치에 따라 달라진다. 폴리아마이드는 페놀류, 퀴논류, 플라보노이드 화합물에 대한 흡착력이 강하여 이러한 화합물의 고효율 분리 정제에 흔히 사용된다.

8.2.2.6 규조토

규조토는 흡착력이 약한 무기 흡착제로 일반적으로 염산 처리로 용해성 불순물을 제거한다. 주로 전체 흡착 활성을 낮춰야 하는 경우나 희석제로서 강 흡착제와 혼합하여 분리 성능을 조절하는 데 사용된다. 기타 무기 흡착제로는 산화칼슘, 산화마그네슘, 탄산칼슘 등이 있으며, 유기 흡착제로는 전분, 자당 등이 있다.

8.2.3 용출액의 선택

전개제는 흡착 크로마토그래피의 이동상으로 그 선택은 분리의 성패를 결정하는 핵심 요소이며, 분리 대상 물질의 극성, 흡착제의 활성 및 분리 목표를 종합적으로 고려하여 시스템 최적화를 통해 최적의 체계를 확립해야 한다.

흡착 크로마토그래피에서 용출액의 핵심 기능은 시료를 흡착제 표면으로 이동시켜 용질이 고정상과 이동상 사이에서 연속적으로 분배되도록 하여 분리를 실현하는 것이다. 용출액 선택은 흡착제, 분리 대상 물질, 용매 간의 복잡한 상호작용을 수반하며, 현재 주로 경험에 의존하면서 이론적 지침을 결합하는 방식으로 이루어진다.

전개제의 선택은 두 가지 기본 원칙을 따라야 한다. 첫째, 전개제는 분리 대상 물질에 대해 적절한 탈착 능력을 갖춰야 하며, 그 극성은 일반적으로 분리 대상 물질보다 약간 낮아야 한다. 탈착 능력이 지나치게 강하면 성분이 함께 용출되고, 지나치게 약하면 효과적인 이동이 불가능하다. 둘째, 전개제는 분리 대상 물질에 대해 충분한 용해 능력을 갖춰야 하며, 그렇지 않으면 시료가 이동상과 함께 이동할 수 없다.

용매의 극성은 일반적으로 그 유전율과 양의 상관관계를 보인다. 일반적인 용매의 극성 증가 순서는 대략 다음과 같다. 헥산(1.88) 〈 사이클로헥산(2) 〈 사염화탄소(2.2) 〈 톨루엔(2.37) 〈 벤젠(2.3) 〈 에테르(4.5) 〈 클로로폼(5.2) 〈 에틸아세테이트(6.1) 〈 아세톤(21.5) 〈 프로판올(2.2) 〈 에탄올(25.8) 〈 메탄올(31.2) 〈 물(81.0) 〈 빙초산 순이다. 이 순서는 적절한 극성을 가진 전개제를 선택하는 데 중요한 참고가 된다.

실제 작업에서는 극성과 분리 선택성을 더 정밀하게 조절하기 위해 두 가지 이상의 용매로 구성된 혼합 전개제를 흔히 사용한다. 최적화 시에는 분리 대상 물질의 극성 범위, 흡착제 활성, 컬럼 크기, 그리고 원하는 분리도와 분석 시간을 고려해야 한다. 예를 들어, 중간 극성의 스테로이드 사포닌을 분리할 때는 클로로폼-메탄올-물 혼합 체계를 사용하며, 비율을 조절하여 분리를 최적화할 수 있다. 얇은 층 크로마토그래피에서는 사전 실험을 통해 반복적으로 배합 비율을 조정하여 이상적인 분리 효과를 얻을 때까지 진행한다.

8.2.4 응용 예시

흡착 크로마토그래피는 천연물 추출 및 정제에서 널리 응용된다. 예를 들어, 황련 약재에서 메노린(황련소)을 분리할 때 실리카겔 컬럼 크로마토그래피를 사용할 수 있다. 클로로폼-메탄올-암모니아수(15:4:0.5, V/V/V)를 용출 시스템으로 사용하면 보리알칼로이드를 다른 공존 성분과 효과적으로 분리하여 고순도 단일 화합물을 얻을 수 있으며, 이는 후속 구조 동정 및 약리 연구의 기초를 마련한다.

8.3 분배 크로마토그래피

8.3.1 분배 크로마토그래피의 기본 원리

분배 크로마토그래피법의 분리 원리는 분리 대상 성분이 두 가지 상호 용해되지 않는 액상(고상 및 이동상) 사이에서 나타내는 분배 행동의 차이를 이용하는 것이다. 고상은 일반적으로 불활성 지지체(또는 지지제)에 부착되며, 이동상은 지지체 입자 사이의 공극을 통과한다.

시료가 이동상과 함께 고정상을 통과할 때 각 성분은 두 상에서의 용해도 차이에 따라 여러 번의 분배 평형을 거친다. 이 평형을 설명하는 핵심 매개변수는 분배 계수(K)로, 특정 온도에서 성분의 고정상 내 농도와 이동상 내 농도의 비율을 의미한다. 분배 계수가 큰 성분은 고정상에 더 많이 머무르려는 경향이 있어 이동 속도가 느리고, 유지 시간이 길어집니다. 분배 계수가 작은 성분은 주로 이동상에 존재하며 이동 속도가 빨라 먼저 크로마토그래피 컬럼을 빠져나간다. 이러한 속도 차이를 통해 혼합물 내 각 성분이 분리된다.

8.3.2 분배 크로마토그래피의 지지체

분배 크로마토그래피에서 지지체는 중요한 지지 역할을 하며, 불활성 물질로 다량의 고정상 액체를 흡착·유지할 수 있다. 적절한 지지체는 분배 크로마토그래피의 성공적 수행에 필수적이며, 다음은 몇 가지 일반적인 지지체와 그 특성 및 처리 방법을 소개한다.

8.3.2.1 실리카겔

실리카겔은 분배 컬럼 크로마토그래피에서 흔히 사용되는 지지체 중 하나로, 다량의 수분을 흡착할 수 있는 특성이 있다. 그러나 서로 다른 배치의 실리카겔은 성질이 종종 차이가 나며, 동시에 일정한 흡착 작용을 하고 있어 분리 효과에 영향을 미칠 수 있다. 따라서 사용 전 실리카겔에 대한 적절한 처리가 필요하다. 구체적인 처리 방법은 다음과 같다: 먼저 염산으로 실리카겔을 세척하여 잔류 철과 알루미늄 등의 불순물을 제거한 후 증류수로 중성까지 씻어내고 알코올로 세척한다. 사용 직전 실리카겔을 120°C에서 일정 중량까지 건조해 성질을 안정화한다. 컬럼 충전 시 실리카겔과 절반 질량의 물 또는 적절한 완충액을 분쇄기에서 혼합한 후 전개제를 첨가하여 반죽 상태로 조절한 뒤 조심스럽게 크로마토그래피 컬럼에 넣는다. 이렇게 하면 실리카겔이 컬럼 내부에 균일하게 충전되어 후속 분리 과정에 좋은 기반을 마련할 수 있다.

8.3.2.2 규조토

규조토는 미세 다공성 구조를 가지며 흡착 작용이 없어 현재 분배 크로마토그래피에서 가장 널리 사용되는 지지체이다. 처리 및 충전 방법은 실리카겔과 유사하나 충전 시 작업 세부 사항에 특별히 주의해야 한다. 충전 시, 반죽 상태로 저어준 규조토를 소량씩 나누어 컬럼에 넣고 한쪽 끝이 평평한 막대기로 규조토를 단단히 눌러 평평하게 한다. 이는 컬럼 내 충전물이 균일하게 분포되도록 하여 공극이나 기포 발생을 방지함으로써 이동상이 지지체를 균일하게 통과할 수 있게 하기 위함이다. 이동상의 유속은 규조토의 함수량과 밀접한 관련이 있으며, 수분이 과다하면 이동이 어려워진다. 일반적으로 규조토 1g당 최대 2~3mL의 수용액을 흡착할 수 있다. 따라서 사용 과정에서 규조토의 함수량을 엄격히 관리하여 이동상의 유속이 적정 수준을 유지하도록 하여 분리 효과를 보장해야 한다.

8.3.2.3 셀룰로스

셀룰로스 또한 흔히 사용되는 지지체 중 하나로 사용 전 묽은 염산이나 초산으로 처리한 후

물로 씻어낼 수 있다. 셀룰로스를 이용한 분배 크로마토그래피는 사실상 종이 크로마토그래피의 확대판으로 우수한 친수성과 안정성을 지녀 극성이 강한 화합물 분리에 적합하다.

8.3.3 정상상 크로마토그래피와 역상 크로마토그래피

정상상 크로마토그래피 이 모드에서 고정상은 극성 물질(실리카겔 자체 또는 시아노기, 아미노기, 디올기가 결합한 실리카겔 등)이며, 이동상은 비극성 또는 약한 극성의 유기용매(예: n-헥산)이다. 분리는 주로 성분의 극성 차이에 기반한다. 극성이 강한 성분은 고정상과 강한 상호작용을 하여 유지 시간이 길고, 극성이 약한 성분은 먼저 용출된다.

역상 크로마토그래피(RPC) 현재 가장 주류인 액체 크로마토그래피 모드이다. 고정상은 비극성 물질(예: C18, C8 등 알킬 사슬로 개질된 실리카겔)이며, 이동상은 극성 용매(일반적으로 물과 메탄올 또는 아크릴아마이드의 혼합물)이다. 분리는 성분의 소수성 차이에 기반한다: 소수성이 강한 성분은 비극성 고정상과 더 강하게 결합하여 유지 시간이 길다; 친수성이 강한 성분은 먼저 용출된다.

역상 크로마토그래피는 생체 고분자 분리에서 매우 광범위하게 응용된다. 예를 들어, 단백질 분리 시 C8 고정상과 아크릴아마이드-물 이동상 체계를 사용한다. 서로 다른 단백질은 표면 소수성이 달라 고정상에서의 유지 정도가 다르며, 그러데이션을 통해 유기용매 비율을 변화시켜 고효율 분리가 가능하다. 마찬가지로 핵산 분리 시에도 C18 고정상과 메탄올-물 또는 아크릴아마이드-물 시스템을 흔히 사용한다. 이 방법은 분리 효율이 높고 재현성이 우수하다.

8.3.4 분배 크로마토그래피의 기술적 특징

분배 크로마토그래피, 특히 역상 크로마토그래피는 일련의 뚜렷한 장점을 지닌다. 용해도 차이에 기반한 분리 방식으로, 극성이 유사하지만, 탄소 골격이 다르거나 극성이 지나쳐 흡착 크로마토그래피에 부적합한 화합물에 대해 독특한 분리 능력을 보인다. 고정상과 이동상을 유연하게 선택함으로써 분리 조건을 정밀하게 조절할 수 있어 다양한 분리 요구에 대응할 수 있다. 생물 분리 분야에서 그 역할은 필수적이다. 조작 조건(예: 지지체 전처리, 양상 포화, 용출 프로그램 등)을 엄격히 통제하면 일반적으로 안정적이고 재현성 좋은 분리 결과를 얻을 수 있어 정량 분석과 제조 정제에 적합하다.

그러나 이 기술에도 일정한 한계가 존재한다. 첫째, 지지체는 반드시 불활성이어야 하지만, 일부 지지체(예: 실리카겔)는 흡착 활성이 잔류할 수 있어 이를 제거하기 위한 복잡한 전처리가 필요하며, 이는 작업 난도를 높인다. 둘째, 지지체 준비, 고정상 적재, 시료 주입부터 용출에 이르기까지 전체 공정 단계가 많고 엄격함을 요구하며, 어느 한 단계의 실수도 분리 효과에 영향을 미칠 수 있다. 예를 들어, 컬럼 충전 불균일은 밴드 확산을 유발하며, 시료 주입 오류는 피크 형태 변형을 초래할 수 있다. 마지막으로, 성분이 두 상 사이에서 반복적인 분배 평형을 거치기 때문에 분리 과정은 일반적으로 느리며, 특히 분배 계수가 유사한 성분의 경우 긴 컬럼과 장시간의 용출이 필요할 수 있어 신속 분석 분야에서의 적용을 제한하는 요인이 된다.

8.4 이온 교환 크로마토그래피

8.4.1 이온 교환의 본질과 분리 메커니즘

이온 교환 크로마토그래피의 핵심 분리 원리는 용질 이온과 고정상(즉, 이온 교환 수지)의 기능기 사이의 가역적 정전기 교환 작용에 기반한다. 이온성 성분을 포함하는 시료 용액이 이온 교환 수지로 채워진 크로마토그래피 컬럼을 통과할 때 시료 이온은 수지 기능기에 결합한 교환 가능한 이온과 경쟁적으로 치환된다. 구체적으로, 양이온 교환 수지의 기능기단은 이온화 후 수지에 음전하를 띠게 하여 용액 내 양이온을 끌어당기고 교환할 수 있다. 반면 음이온 교환 수지는 양전하를 띠는 기단을 지녀 용액 내 음이온과 교환을 할 수 있다.

전형적인 양이온 교환 과정을 예로 들면, 그 동적 평형은 다음과 같이 표현될 수 있다.

$$R\text{-}H^{+}+M^{+} \rightleftharpoons R\text{-}M^{+}+H^{+}$$

여기서 R은 수지의 골격 구조를, M^{+}는 분리 대상 양이온을 나타낸다. 서로 다른 이온과 수지 기능기 사이의 친화력 차이는 분리의 기초를 이룬다. 친화력이 높은 이온은 더 강하게 유지되어 세출이 느리며, 친화력이 약한 이온은 더 빨리 세출 된다.

용질 이온과 수지 간의 상호작용 강도는 여러 요인에 의해 조절된다.

이온이 띠는 전하 수 일반적으로 전하 수가 높을수록 반대 전하를 띠는 수지 기단과의 정전기적 인력이 강해지고 친화력도 커진다. 예를 들어, Al^{3+}은 양이온 교환 수지와의 결합력이 Na^{+}보다 훨씬 크다.

이온 반경과 수화 정도 전하 수가 동일한 이온의 경우, 수화 이온 반경이 작을수록 수지 상의 전하 위치에 더 가까이 접근할 수 있으므로 친화력이 강해진다.

용액 pH 값 pH 값은 약산, 약염기 및 양이온성 물질(예: 단백질, 아미노산)의 이온화 상태에 직접적인 영향을 미친다. 예를 들어, 용액 pH가 단백질의 등전점(pI)보다 낮을 때 단백질은 양전하를 띠며 양이온 교환제와 결합할 수 있다. 반대로 pH가 pI보다 높으면 음전하를 띠며 음이온 교환제와 결합한다.

이온 강도 이동상 내 염 이온(Na^+, Cl^-)의 농도가 증가하면 표적 이온과 수지 상의 교환 위치를 경쟁하게 되어 용질의 유지가 약화된다. 이 원리는 그러데이션 용출에 자주 활용된다.

8.4.2 이온 교환 수지의 특성 및 선택

8.4.2.1 수지의 구성 구조와 분류

이온 교환 수지는 일반적으로 3차원 그물 구조의 고분자 골격, 공유 결합한 기능기, 자유롭게 교환 가능한 반이온으로 구성된다. 골격 재료에 따라 다음과 같이 분류된다.

폴리스타이렌계 수지 스타이렌과 다이에틸엔 벤젠의 공중합 교차결합으로 골격을 형성하며, 우수한 화학적 안정성과 기계적 강도를 지녀 가장 널리 사용되는 유형이다. 대표 제품으로는 강산성 양이온 교환 수지 Amberlite IR-120(설폰산기 함유)과 강알칼리성 음이온 교환 수지 Dowex 1×2(쿼터니언 암모늄기 함유)가 있다.

셀룰로스계 수지 천연 셀룰로스를 기질로 하며 친수성이 우수하고 표면 전하 밀도가 낮아 단백질, 핵산 등 생물학적 거대분자 분리에 적합하다. 대표적인 제품으로는 DEAE-셀룰로스(약알칼리성 음이온 교환제)와 CM-셀룰로스(약산성 양이온 교환제)가 있다.

덱스트란계 수지: 덱스트란을 에폭시 클로로프로판으로 가교하여 제조되며 균일한 망상 기공을 가지며, 중간 분자량 생체분자의 계분리(예: DEAE-Sephadex A-25 및 CM-Sephadex C-25)에 적합하다.

아가로오스계 수지 아가로오스를 기질로 하며 기공이 비교적 크고 기계적 안정성이 우수하여 바이러스, 초대분자 단백질 및 다당류의 분리에 적합하다. 예를 들어, Sepharose Fast Flow 시리즈 이온 교환 매체가 있다.

8.4.2.2 수지의 주요 성능 매개변수

가교도 일반적으로 합성 시 디에틸렌페닐의 질량 백분율로 표시합니다. 가교도는 수지의 망상 구멍 크기와 강성을 결정한다. 고가교도 수지는 구멍이 작고 강도가 높아 소분자 분리에 적합하며, 저가교도 수지는 구멍이 커 대분자 진입에 적합하다.

교환 용량 단위 질량 또는 부피의 수지가 교환할 수 있는 이온의 물질량(mmol/g 또는 mmol/mL)을 의미하며, 이론 용량과 실제 작동 용량으로 구분된다. 후자는 시료 특성, 유속 및 pH 등의 요인에 영향을 받는다.

입자 크기 수지 입자 크기는 컬럼 효율과 작동 압력에 영향을 미친다. IEC에서는 분리 효율 향상을 위해 미세입자 수지(예: 200~400 메쉬, 약 0.074~0.038mm)를 주로 사용하지만, 지나치게 미세한 입자는 컬럼 압력을 현저히 상승시킨다.

8.4.2.3 수지의 전처리 및 활성화 방법

시판되는 수지는 일반적으로 굵은 입자(20~35 메쉬)로, 분쇄 및 체질 과정을 거쳐 적합한 입자 크기를 얻어야 한다. 습식 체질(수력 부양)을 통해 더 균일한 입자 분포를 얻을 수 있다. 새로운 수지는 적합한 이온 형태로 전환해야 한다. 예를 들어, 양이온 수지는 H^+형 또는 Na^+형으로, 음이온 수지는 OH^-형 또는 Cl^-형으로 전환된다. 카복실 형 양이온 수지 Amberlite IRC-50을 예로 들면 일반적으로 0.4mol/L 초산으로 60°C에서 처리한 후 중성까지 물로 세척한다. 신규 수지에 잔류한 단량체, 가교제 등의 불순물은 산(예: 2mol/L HCl), 염기(예: 2mol/L NaOH) 또는 유기용매를 번갈아 세척하여 제거한 후 충분히 물로 세척한다.

8.4.3 용출 방법 및 조건 최적화

8.4.3.1 일반적인 용출 모드

정적 용출 성분이 일정한 이동상을 사용하여 용출하며, 성분 간 친화력 차이가 매우 뚜렷한 단계에만 적용되며 복잡한 시료 분리에는 거의 사용되지 않는다.

선형 그러데이션 용출 이동상 내 이온 강도(예: NaCl 농도) 또는 pH값이 시간에 따라 선형적으로 변화하여 서로 다른 친화력을 가진 성분이 순차적으로 용출된다. 예를 들어, NaCl 농도를 0.01mol/L에서 0.5mol/L로 선형적으로 증가시키면 용출 시간은 약 30~120분이다. 이 방법은 분리 효과가 우수하고 널리 사용된다.

단계적 용출(단계적 그라디언트) 여러 농도의 용출액을 순차적으로 사용하여 용출하는 방식으로, 조작이 간편하며 성분이 대략 알려진 시료에 적합하다. 그러나 용출 조건의 급격한 변화로 인해 피크 중첩이 발생할 수 있다.

IEC 실제 운영에서는 정적 용출법을 거의 사용하지 않고, 분리 효율과 분해능을 모두 고려하여 선형 그라데이션 용출법이나 단계적 용출법을 주로 선택한다.

8.4.3.2 용출 조건의 체계적 최적화

pH 값 설정 목표 분자의 pI 및 수지 유형에 따라 초기 pH를 선택한다. 예를 들어, 양이온 교환제로 단백질을 분리할 때는 초기 pH를 pI-1에서 pI-2로 설정하는 경우가 많으며, 음이온 교환제를 사용할 때는 pI+1에서 pI+2로 설정한다.

이온 강도 그라데이션 설계 그라데이션 기울기는 분리도와 분석 시간에 직접적인 영향을 미친다. 완만한 그라데이션은 분리도를 높이지만 용출 시간을 연장시키고, 가파른 그라데이션은 시간을 단축하지만 분리 효과를 저하시킬 수 있다. 일반적으로 사용되는 NaCl 그라데이션 범위는 0.01~0.5mol/L이다.

유속 제어 유속은 질량 전달 효율과 컬럼 압력에 영향을 미친다. 분석형 IEC는 일반적으로 1~5mL/min을 사용한다. 준비형은 적절히 높일 수 있으나 충분한 교환 평형을 보장해야 한다.

8.4.4 이온 교환 크로마토그래피의 응용 사례

이온 교환 크로마토그래피는 생체분자의 분리 정제에서 중요한 위치를 차지한다. 예를 들어, 수소형 양이온 교환 수지(Amberlite IRC-50 등)를 이용해 약산성 환경(pH 5~6)에서 염기성 아미노산(라이신, 아르기닌 등) 및 염기성 펩타이드 단편을 특이적으로 흡착하면, 이러한 양전하를 띤 성분은 수지에 유지되고 중성 및 산성 성분은 이동상과 함께 유출된다. 이후, 용출액의 pH를 낮추거나(H^+ 농도 증가) 이온 강도를 높임(예: NaCl 첨가)으로써 흡착된 염기성 성분을 순차적으로 용출시켜 고효율 분리 및 농축을 달성할 수 있다.

8.4.5 이온 교환 크로마토그래피의 기술적 특징

이온 교환 크로마토그래피는 뚜렷한 장점을 지닌다. pH와 이온 강도를 정밀하게 조절함으로써 높은 선택성 분리가 가능하며, 특히 전하 특성이 다른 생체분자에 적합하다. 수지의 교환 용량이 높아 대량 제조에 적합하다. 수지 재생이 용이하여 반복 사용이 가능하며, 상용 시약 종류가 다양하고 비용이 일반적으로 친화 크로마토그래피 매체보다 낮다. 이동상은 수성 완충계로 조건이 온화하여 생체분자의 천연 구조와 활성 유지에 유리하다.

그러나 다음과 같은 한계도 존재한다. 수지 전처리 단계가 복잡하며 분쇄, 체질, 형태 전환 등을 포함하며, 조작 불량 시 분리 성능에 심각한 영향을 미칠 수 있다. 기존 HPLC 대비 일반 IEC 컬럼 효율이 낮아 복잡한 시료 분리 시 더 긴 컬럼 베드 또는 정밀한 그라데이션 최적화가 필요할 수 있다. 용출물에는 고농도 염분이 포함되는 경우가 많아 후속 탈염 처리(예: 투석,

겔 여과)가 필요하다. 극단적인 pH 또는 고염 조건은 특정 생물 분자(예: 일부 효소 또는 항체)의 변성을 유발할 수 있으므로 완충액에 적절한 안정제를 첨가해야 한다.

8.5 겔 여과 크로마토그래피

8.5.1 기본 원리

겔 여과 크로마토그래피(Gel Filtration Chromatography)는 크기 배제 크로마토그래피 또는 분자체 크로마토그래피라고도 불리며, 용질 분자의 유체 역학적 크기 또는 분자량 차이에 기반하여 분리를 수행하는 액체 크로마토그래피 기술이다. 이 기술의 분리 원리는 컬럼 내에 충전된 다공성 겔 입자가 분자체 역할을 하여, 크기가 다른 용질 분자가 겔 침상층을 통과할 때 서로 다른 투과 특성을 보이게 하는 데 있다.

분자 크기가 겔 기공 크기보다 큰 용질은 겔 입자 내부 기공으로 들어갈 수 없어 이동상과 함께 입자 사이의 공극만을 통과하므로 이동 경로가 가장 짧고, 유지 시간이 가장 짧아 가장 먼저 용출된다. 작은 분자 용질은 자유롭게 확산하여 겔 내부 모든 기공으로 들어갈 수 있어 이동 경로가 가장 길고, 용출이 가장 늦다. 분자 크기가 중간인 용질은 기공에 부분적으로 진입할 수 있으며, 그 용출 순서는 고분자와 저분자 사이에서 결정된다. 주목할 점은 이 분리 과정이 분자의 크기와 모양, 그리고 겔의 기공 크기 분포에만 의존하며, 이동상의 pH나 이온 강도 같은 화학적 특성과는 직접적인 관련이 없다는 것이다. 따라서 매우 온화한 분리 방식이라 할 수 있다.

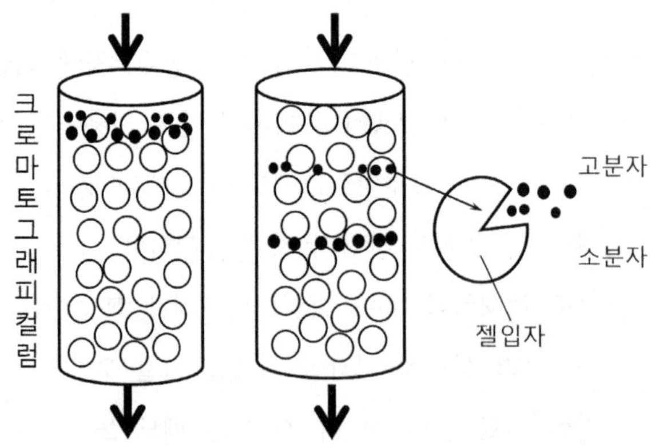

〈그림 8.3〉 겔 크로마토그래피 원리 개요도

8.5.2 용출 부피의 수학적 표현

겔 크로마토그래피에서 용질의 이동 행동은 용출 부피 V_e로 정량화할 수 있으며, 그 계산식은 다음과 같다.

$$V_e = V_m + K_d V_s$$

여기서 V_m는 겔 입자 외부 간극의 이동상 부피, 즉 공극 부피이고, V_s는 겔 내부 기공에 포함된 고정상 부피이다. 또한, K_d는 분배 계수로 용질이 고정상과 이동상에서 나타내는 농도 비율을 나타낸다.

완전히 배제되는 고분자의 경우, K_d=0, V_e=V_m이다. 겔 내부로 완전히 침투할 수 있는 저분자의 경우, K_d=1, V_e=V_m+ V_s이다. 부분적으로 침투 가능한 중간 분자의 경우, 0〈K_D 〈1이며, 실제 운영에서 $_K$D〉1안 경우 비특이적 흡착 등의 2차 효과가 존재할 수 있음을 시사한다.

8.5.3 겔 매질의 분류

8.5.3.1 알파-D-글루칸 겔

알파-D-글루칸 겔은 최초로 개발되어 널리 사용된 겔 매질 중 하나로 상품명은 Sephadex 이다. 이는 선형 알파-D-글루칸(평균 분자량 3만~5만)과 에폭시 클로로프로판이 가교되어 물에 불용성인 망상 구조를 형성한다. 가교제 사용량(가교도)은 겔의 기공 크기와 흡수 능력을 결정한다. 가교도가 높을수록 그물망 기공이 조밀하고 흡액량이 적으며, 가교도가 낮을수록 기공이 크고 흡액량이 많다. 상품명 Sephadex G 뒤의 숫자는 그 흡수량의 10배를 의미한다. 예를 들어 Sephadex G-25는 건조 겔 1g당 약 2.5mL의 물을 흡수함을 나타낸다.

이 유형의 겔은 물 외에도 다양한 유기용매(예: 에탄올, 다이메틸설폭사이드)에서 팽창하여 사용할 수 있다. 화학적 안정성이 우수하여 묽은 산, 묽은 알칼리 및 중간 온도에 내성이 있으나 강산, 강알칼리 및 산화제는 분해를 유발할 수 있다. 겔 골격에 소량의 카복실기가 존재하여 양이온에 대한 미약한 흡착을 일으킬 수 있으나 이동상 이온 강도(〉 0.02mol/L)를 높여 제거할 수 있다.

8.5.3.2 폴리아크릴아마이드 겔

폴리아크릴아마이드 겔은 완전 합성 겔로, 상품명은 Bio-Gel P이다. 아크릴아마이드 단량체와 가교제 N, N'-메틸렌 디 아크릴아마이드가 개시제 작용 하에 중합되어 제조된다. 단량체와 가교제의 비율을 조절함으로써 겔의 기공 크기를 정밀하게 제어할 수 있다. 이 유형의 겔은 화학적 안정성이 우수하며 pH 2-11 범위에서 안정적이다. 전하를 띤 기단이 없어 흡착 작용이 거의 없으며 분해능이 높고 미생물에 의해 분해되지 않아 사용 및 보관이 편리하다.

8.5.3.3 아가로오스 겔

아가로오스 겔은 해조 다당류인 한천에서 유래하며, 전하를 띤 한천을 제거하여 정제한 중성 다당류이다. 그 구조는 β-D-갈락토스와 3,6-탈수-α-L-갈락토스가 교대로 연결된 선형 사슬로, 수소결합으로 겔 네트워크를 형성하며 공유 결합 교차결합은 없다. 겔의 기공 크기는 아가로오스 농도에 의해 결정된다. 화학적 안정성이 낮으며, 적용 가능한 pH 범위는 4-9이다. 탈수, 냉동, 고온 또는 유기용매에 노출되면 구조가 쉽게 파괴된다. 아가로오스 겔은 단백질 흡착이 극히 낮고 분리 가능한 분자량 범위가 매우 넓어, 핵산, 바이러스 및 초대형 단백질 분리에 이상적인 매질이다.

8.5.4 겔의 특성 매개변수

8.5.4.1 배제 한계

겔이 완전히 배제할 수 있는 최소 분자의 분자량을 말하며, 이 값을 초과하는 분자는 모두 동일한 용출 부피(V_m)에서 배출된다. 예를 들어, Sephadex G-10의 배제 한계는 약 700 Da이고, Sepharose 4B는 2×10^7 Da에 달한다.

8.5.4.2 분급 범위

겔이 분자량에 따라 효과적으로 분리할 수 있는 용질 분자량 구간을 의미한다. 예를 들어 Sephadex G-50의 분급 범위는 1,500-30,000 Da, Bio-Gel P-100은 5,000-100,000 Da이다.

8.5.4.3 팽화율

건조 겔 1g이 충분히 수분을 흡수한 후 흡수하는 수분의 부피(mL)를 의미한다. 예를 들어 Sephadex G-25의 팽화율은 2.5 mL/g이다. 팽화율은 겔의 기공 크기를 간접적으로 반영한다.

8.5.4.4 겔 입자 크기

겔 입자 크기는 컬럼 효율과 유속에 영향을 미치며, 입자가 작을수록 분리 효율은 높아지지만 컬럼 압력도 증가한다. 상용 겔은 일반적으로 입자 크기에 따라 등급별로 공급되며, 예를 들어 Sephadex G 시리즈는 굵은, 중간, 가는, 초미세 등 다양한 규격이 있다.

8.5.4.5 침상 부피

단위 질량의 건식 겔이 완전히 팽창한 후 차지하는 부피를 의미하며, 가교도와 팽창 조건과 관련이 있다.

8.5.4.6 공극 부피

크로마토그래피 컬럼 내 겔 입자 간 공극의 총 부피를 의미하며, 이동상의 흐름 경로 및 고분자의 용출 위치를 결정한다.

8.5.5 겔 크로마토그래피의 운영 절차

8.5.5.1 겔 전처리

건조 겔은 과량의 이동상에서 충분히 팽창시켜야 하며 시간은 수 시간에서 24시간까지 다양하다. 팽창 후에는 가스 제거(진공 또는 초음파)를 통해 포집된 공기를 제거해야 한다. 균일한 입자를 얻기 위해 수력 부양법을 이용한 계분별 선별을 적용할 수 있다.

8.5.5.2 크로마토그래피 컬럼 준비

분리 규모에 따라 컬럼 크기를 선택한다. 분석용은 일반적으로 가는 짧은 컬럼(내경 1-2cm, 컬럼 길이 30-50cm)을, 정제용은 굵고 긴 컬럼(내경 5-10cm, 컬럼 길이 100-200cm)을 사용한다. 습식 충전법을 채택하여 겔 슬러리를 연속적으로 부어 기포와 층화를 방지한다. 충전 후 이동상으로 평형화하여 베이스라인이 안정될 때까지 유지한다.

8.5.5.3 시료 주입

시료는 이동상 또는 이와 호환되는 용매에 적정 농도로 용해하고, 원심분리 또는 여과를 통해 입자를 제거한다. 주입량은 일반적으로 컬럼 용적의 1-5%(분석용) 또는 그 이상 (제제용)이지만, 과부하 되지 않도록 한다. 주입 시 겔층 표면을 교란하지 않도록 주의한다.

8.5.5.4 용출 및 수집

일정한 조성의 이동상을 사용하여 등속 용출을 수행하며, 유속은 일반적으로 0.5-2mL/min(분석형)으로 제어한다. 부분 수집기를 사용하여 시간 또는 부피별로 유출액을 분획 수집한다. 검출 방법은 시료 특성에 따라 선택하며, 예를 들어 자외선 흡광(단백질 280nm, 핵산 260nm), 인디안트론 염색(아미노산, 펩타이드), 전도도 검출(이온) 또는 생물학적 활성 측정 등이 있다.

8.5.5.5 겔의 보존

습식 보존: 겔을 세척한 후 방부제(예: 0.02% NaN_3)를 함유한 물 또는 완충액에 현탁 시켜 4℃에서 보관하며, 유효 기간은 약 6개월이다.

건식 보존법: 농도를 점차 높인 에탄올로 탈수한 후 저온 건조하고 밀봉하여 실온에 보관하나 구멍 크기에 미세한 변화가 발생할 수 있다.

반축법 보존: 60-70% 에탄올로 부분 탈수 후 밀봉 냉장 보관하며, 안정성과 편의성을 동시에 고려한다.

8.5.6 겔 크로마토그래피의 응용

8.5.6.1 단백질 탈염

예를 들어, Sephadex G-25를 사용하면 인슐린 용액에서 황산암모늄 등의 소분자 염류를 신속하게 제거할 수 있으며, 투석법보다 효율적일 뿐만 아니라 단백질 활성을 더 잘 보존할 수 있다.

8.5.6.2 항체 정제

Sepharose CL-6B 등의 매체를 사용하면 항체 용액 내의 중합체 및 단편을 제거하여 단량체 순도를 높일 수 있으며, 단클론성 항체의 다운스트림 정제 단계에 흔히 사용된다.

8.5.6.3 핵산 분리

다양한 농도의 아가로오스 겔을 사용하여 DNA 단편을 길이에 따라 분류할 수 있습니다: 0.5-1% 겔은 1-20kb의 큰 단편에 적합하며, 2-3% 겔은 100-1000bp의 작은 단편(예: PCR 산물)에 적합하다.

8.5.6.4 상대 분자량 측정

일련의 알려진 분자량을 가진 표준 단백질(예: 사이토크롬 c, 소 혈청 알부민, 타이로신 글로불린 등)을 동일한 조건에서 용출된 부피를 통해 logMW-Ve 표준 곡선을 작성하면, 미지 시료의 Ve값을 기반으로 분자량을 추정할 수 있다. 이 방법은 구형 단백질에 대해 정확도가 높으나 섬유상 또는 당화 단백질의 경우 편차가 발생할 수 있다.

8.5.7 겔 크로마토그래피의 기술적 특징

겔 크로마토그래피는 다음과 같은 두드러진 장점이 있다. 분리 조건이 매우 온화하며 분자 크기만을 기반으로 하여 화학 반응, 전하 또는 소수성 상호작용을 포함하지 않아 활성 생물학적 거대분자(예: 효소, 항체)의 분리에 특히 적합하다. 겔 표면이 불활성이므로 시료 회수율이 높고 흡착 손실이 거의 없다. 장비가 간단하며, 그 라디언트 시스템이 필요 없고, 조작이 표준화하기 쉬우며, 재현성이 우수하다. 동일한 겔 컬럼에서 특정 단백질의 용출 부피 변동계수는 2% 미만으로 낮을 수 있다.

주요 한계점은 다음과 같다. 분자량이 유사하지만 구조나 형태가 다른 분자를 구분할 수 없다. 용출 과정에서 시료가 희석되어 후속 농축 단계가 필요하며, 분자의 겔 내 확산 평형에 의존하므로 유속을 너무 빠르게 할 수 없어 분리 주기가 길어지고 처리 용량이 역상 크로마토그래피 등 고효율 방식보다 낮다. 따라서 실제 적용에서는 겔 크로마토그래피를 이온 교환, 친화 크로마토그래피 등 기술과 연동하여 다차원 정제 전략을 구축한다. pH 값과 이온 강도를 조절함으로써 이온 교환 크로마토그래피는 용질과 수지 간의 상호작용을 정밀하게 제어하여 높은 선택성 분리를 실현하며, 특히 전하 차이가 있는 생체 분리 분리하기에 적합하다. 이온 교환 수지는 교환 용량이 높아 고농도 시료 처리가 가능하며, 제제형 분리에 적합하다. 또한, 수지는 재사용이 가능하고, 상용화된 이온 교환제는 종류가 다양하며 친화성 크로마토그래피 매체보다 가격이 저렴하다. 이동상은 대부분 완충 염 용액으로, 온화한 조건이 생체분자의 활성 유지에 유리하다.

그러나 이온 교환 크로마토그래피에도 일정한 한계가 있다. 수지 전처리가 복잡하여 분쇄, 체질, 전이 등의 단계가 시간과 노력이 많이 소요되며, 조작이 부적절하면 분리 효과에 영향을 미칠 수 있다. 고성능 액체 크로마토그래피(HPLC)와 비교할 때, 전통적인 이온 교환 크로마토그래피의 컬럼 효율이 낮다(이론 타워 플레이트 수 N이 낮음). 복잡한 혼합물을 분리할 때는 더 긴 컬럼 길이 또는 더 정밀한 그러데이션이 필요할 수 있다. 용출액에 고농도 염이 포함되어 있어 무염 제품을 얻으려면 추가적인 탈염 처리(예: 투석, 겔 여과)가 필요다. 극단적인 pH 값이나 높은 이온 강도는 단백질 변성을 유발할 수 있으므로 완충액 조건을 최적화해야 한다(예: 보호제 첨가).

8.6 친화성 크로마토그래피(AC)

8.6.1 친화성 크로마토그래피의 정의와 본질

친화성 크로마토그래피는 생체분자 간 특이적 인식에 기반한 고효율 분리 정제 기술이다. 핵심 분리 메커니즘은 크로마토그래피 매질에 고정된 리간드와 표적 생체분자 간에 발생하는 특이적이고 가역적인 결합 작용을 이용하여 복잡한 생물학적 시료 내 특정 성분을 고도로 선택적으로 포집 및 정제하는 것이다. 이러한 특이적 상호작용은 항원과 항체, 효소와 기질 또는 억제제, 수용체와 리간드, 핵산과 상보적 서열 등 생물계에 광범위하게 존재한다.

작용 본질에서 볼 때, 친화성 크로마토그래피는 생물분자 간 3차원 구조의 상보성과 수소 결합, 반데르워스 힘, 정전기적 인력, 소수성 상호작용 등 다양한 분자간 힘의 시너지 효과에 의존한다. 이러한 '열쇠-자물쇠' 인식 메커니즘은 친화성 크로마토그래피에 극히 높은 특이성을 부여하여 수천 가지 성분이 포함된 생물학적 시료에서 직접 표적 분자를 포획할 수 있게 한다. 친화성 크로마토그래피 시스템에서 인식 능력을 가진 리간드는 불용성 캐리어에 고정되어 고정상을 구성한다. 표적 분자를 포함한 시료가 크로마토그래피 컬럼을 통과할 때 표적 분자는 리간드와 특이적으로 결합하여 유지되고, 친화성이 없는 기타 불순물은 이동상과 함께 배출되어 표적 산물의 고효율 정제가 이루어진다.

8.6.2 친화성 크로마토그래피의 발전 과정

친화성 크로마토그래피 기술의 기원은 20세기 초로 거슬러 올라간다. 1910년 연구자들은 불용성 전분이 α-아밀라아제를 선택적으로 흡착하는 현상을 관찰했으며, 이는 생물학적 친화 작용에 대한 초기 인식을 의미한다. 그러나 이러한 특이적 상호작용을 체계적으로 활용하여 단백질 분리 정제를 연구한 것은 1950년대부터 시작되었다. 1951년, 캠벨(Campbell)과 그의 협력자들은 반항원(half-antigen)으로 처리된 셀룰로스 매체를 이용해 항혈청에서 해당 항체를 성공적으로 정제하는 데 처음으로 성공했으며, 이 선구적인 연구는 친화성 크로마토그래피 기술의 실험적 기반을 마련했다.

친화성 크로마토그래피 기술의 실용화 과정은 초기 매질 제조 기술의 심각한 제약을 받았다. 1967년 Axen, Porath, Cuatrecasas 등이 브로마화 사이안화물 활성화 다당류 운반체(예: 아가로스 겔)를 개발함으로써 리간드 고정화의 핵심 기술적 난제가 해결되었고, 친화성 크로마토그래피는 개념에서 실제 응용으로 나아갈 수 있게 되었다. "친화성 크로마토그래피"라는 전문

용어도 이 시기에 공식적으로 제안되어 널리 받아들여졌다. 이후 수십 년간 분자생물학, 면역학 및 재료과학의 급속한 발전과 함께 새로운 친화성 리간드가 지속해서 발견되고 고정화 방법이 지속해서 개선되면서 친화성 크로마토그래피 기술은 점차 성숙해져 생물학적 거대분자 분리 분야에서 필수적인 도구로 자리매김했다.

20세기 80년대 이후, 친화 크로마토그래피 기술은 다른 분리 방법과 결합하여 친화막 분리, 친화 이중 상 분배, 친화 침전 등 다양한 새로운 친화 정제 전략을 파생시켰다. 그러나 전통적인 컬럼식 친화 크로마토그래피는 여전히 가장 널리 적용되고 기술적으로 가장 성숙한 친화 정제 형태로, 특히 단일클론 항체, 재조합 치료 단백질, 백신 등 생물학적 제약 제품의 산업화 생산에서 핵심적인 역할을 수행하고 있다.

8.6.3 친화성 크로마토그래피의 기본 원리

친화성 크로마토그래피의 분리 기반은 리간드(L)와 표적 분자(E) 사이의 가역적 특이적 결합 반응이며, 이 과정은 다음 평형 방정식으로 표현할 수 있다.

$$E+L \rightleftharpoons EL$$

여기서 EL은 형성된 복합체를 나타낸다. 이 결합 반응의 강도는 이탈 상수(K_d) 또는 결합 상수(K_{eq})로 정량화할 수 있다.

$$K_d = \frac{[E][L]}{[EL]}$$

$$K_{eq} = \frac{[EL]}{[E][L]}$$

여기서 [E], [L], [EL]은 각각 자유 표적 분자, 자유 리간드, 복합체의 평형 농도를 나타낸다. K_d 값이 작을수록 리간드와 표적 분자 간의 친화력이 강함을 나타낸다. 친화성 크로마토그래피 적용에 적합한 이상적인 K_d 값 범위는 일반적으로 10^{-4}mol/L에서 10^{-8}mol/L 사이이며, 이러한 결합 강도는 표적 분자가 효과적으로 포획되도록 보장하면서도 적절한 조건에서 온화한 용출을 실현하여 표적 분자의 생물학적 활성을 유지할 수 있다.

8.6.4 친화성 크로마토그래피의 운영 절차

친화성 크로마토그래피의 전형적인 운영 절차는 흡착, 세척, 용출 및 재생이라는 네 가지 주요 단계로 구성된다.

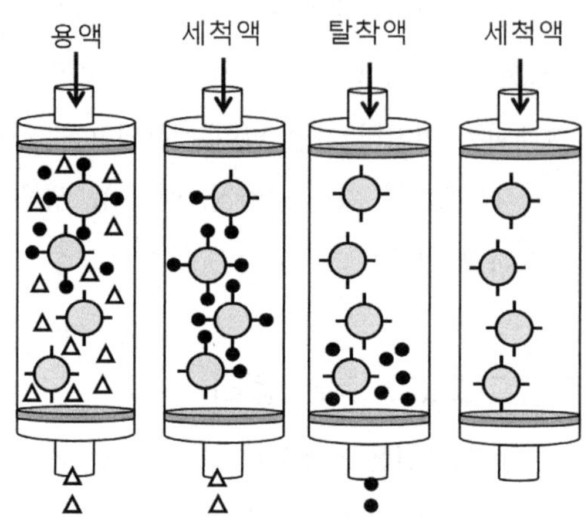

〈그림 8.4〉 친화성 크로마토그래피 작업 개요도

8.6.4.1 흡착 평형

표적 분자를 포함하는 시료 용액을 적절한 조건에서 친화성 크로마토그래피 컬럼에 주입하면, 표적 분자는 고정화된 리간드와 특이적으로 결합하여 컬럼 내에 유지되고, 친화성이 없는 불순물 성분은 이동상과 함께 컬럼을 통과하며 제거된다. 흡착 과정에서는 시료 주입 속도,

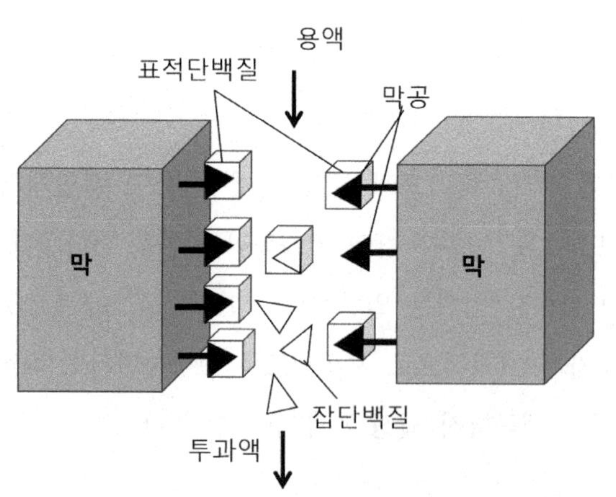

〈그림 8.5〉 표적 단백질과 리간드의 특이적 결합 개념도

pH, 이온 강도, 온도 등 수를 최적화하여 표적 분자의 흡착 효율을 극대화하고 비특이적 흡착을 최소화해야 한다. 고친화성 시스템(예: 단일클론 항체와 Protein A)의 경우 처리 효율 향상을 위해 높은 유속을 적용할 수 있으며, 상대적으로 친화력이 약한 시스템에서는 충분한 결합 시간을 보장하기 위해 유속을 낮춰야 한다.

8.6.4.2 세척 정제

표적 분자 흡착 완료 후 적절한 세척 완충액을 사용하여 컬럼에 잔류한 미결합 불순물을 제거한다. 세척액은 일반적으로 흡착 완충액과 유사한 구성이지만, 비특이적 흡착을 약화하기 위해 적정량의 계면활성제나 저농도 염을 첨가할 수 있다. 세척 단계는 불순물 제거와 표적 분자 손실 감소 사이의 균형을 유지해야 하며, 과도한 세척은 결합이 약한 일부 표적 분자의 조기 이탈을 유발할 수 있다.

8.6.4.3 용출 회수

이동상 조건을 변경하여 표적 분자가 고정화 리간드에서 이탈하고 회수되도록 한다. 일반적으로 사용되는 용출 전략은 크게 두 가지로 분류된다.

특이적 용출: 이동상에 표적 분자와 리간드 결합을 경쟁하는 자유 경쟁제(예: 기질, 억제제 또는 유사체)를 첨가하여 경쟁적 치환을 통해 표적 분자를 온화하게 용출한다. 이 방법은 특이성이 높고 표적 분자의 생물학적 활성 유지에 유리하지만, 비용이 많이 들며 후속 경쟁제 제거가 필요하다.

비특이적 용출: pH, 이온 강도, 유전 상수 변경 또는 변성제(예: 요소, 구아니딘 염산염) 첨가 등을 통해 리간드-표적 분자 간 상호작용을 약화한다. 이 방법은 조작이 간편하지만, 표적 분자의 구조와 활성에 영향을 미칠 수 있으므로 조건을 신중하게 최적화해야 한다.

8.6.4.4 재생 평형

탈착 완료 후 재생 용액으로 크로마토그래피 컬럼을 세척하여 잔류 불순물과 밀착 결합된 성분을 완전히 제거하고 고정화 리간드의 결합 능력을 회복시켜 크로마토그래피 매체를 재사용할 수 있게 한다. 재생 조건은 리간드와 매체의 안정성에 따라 선택해야 하며, 예를 들어 고정 금속 이온 친화성 크로마토그래피(IMAC)에서는 잔류 금속 이온 제거를 위해 EDTA 용액이 흔히 사용된다.

8.6.5 친화성 크로마토그래피의 지지체 재료

이상적인 친화성 크로마토그래피 지지체는 다음과 같은 특성을 갖춰야 한다. 비특이적 흡착을 줄이기 위한 우수한 친수성, 시료와의 불필요한 반응을 방지하기 위한 화학적 불활성, 고분자의 자유로운 출입을 보장하는 적절한 다공성 구조, 작동 압력을 견딜 수 있는 충분한 기계적 강도, 리간드 고정화를 용이하게 하는 풍부한 표면 기능기이다. 일반적으로 사용되는 지지체 재료는 다음과 같다.

8.6.5.1 천연 다당류 지지체

아가로오스 겔: Sepharose 시리즈와 같이 균일한 망상 구조, 높은 친수성 및 큰 기공 크기(분자량 10^4-10^8의 생체 분자용)를 가지며 가장 흔히 사용되는 친화성 크로마토그래피 지지체이다. 브로모 사이안화물(CNBr) 또는 에폭시 그룹 활성화로 다양한 리간드를 효율적으로 고정할 수 있다.

데크스트란 겔: Sephadex 시리즈 등, 상대적으로 작은 기공 크기로 소분자 리간드 고정 및 중간 크기 단백질 분리에 적합하나 기계적 강도가 낮아 고속 유동 조건에는 부적합하다.

셀룰로스: 원료 조달이 용이하고 가격이 저렴하지만, 기공 크기 분포가 불균일하여 주로 저비용 친화성 흡착제 제조에 사용된다. 예를 들어 DEAE-셀룰로스는 이온 교환-친화성 혼합 모드 분리에 흔히 활용된다.

8.6.5.2 합성 고분자 캐리어

폴리아크릴아마이드 겔: Bio-Gel P 시리즈와 같이 화학적 안정성이 우수하며, 단량체와 가교제 비율을 통해 기공 크기를 정밀하게 조절할 수 있어 특정 분자량 범위의 단백질 분리에 적합하다.

표면 개질 실리카젤: 기계적 강도가 높고 내압성이 우수하여 고효율 친화성 크로마토그래피(HPLC)에 적합하나 천연 실리카겔 표면은 소수성이며 실리콘 하이드록실기를 함유하므로 비특이적 흡착을 줄이기 위해 친수화 수정 및 기능화 처리가 필요하다.

유기 고분자 미세구: 폴리 메틸 하이드록시에틸 메타크릴레이트(PMHEM), 폴리스타이렌-다이에틸엔 페놀 등이다. 우수한 화학적 안정성과 기계적 강도를 가지며, 표면 기능화를 통해 고성능 친화 매체를 제조할 수 있어 산업적 생산에 적합하다.

8.6.5.3 신형 친화성 크로마토그래피 캐리어

친화성 막: 리간드를 미세여과막 또는 초여과막 표면에 고정시켜 표적 분자에 대한 대류 흡착을 실현하며, 물질 전달 효율이 높고 처리 속도가 빨라 대규모 생물학적 제품의 1차 포획에 적합하다.

자기성 미세구: 폴리머 미세구에 자기성 물질을 내포하고 표면에 리간드를 결합시킨 후 외부 자기장을 가해 신속한 분리가 가능하며, 자동화 작업 및 소규모 시료 처리에 특히 적합하다.

일체형 컬럼: 현장 중합을 통해 연속적인 침상층을 형성하며, 상호 연결된 대공 구조를 갖는다. 대류 저항력이 작고 물질 전달 속도가 빨라 고속 분리에 적합하나 제조 공정이 비교적 복잡하다.

8.6.6 친화성 리간드의 유형과 선택

8.6.6.1 생물학적 특이성 리간드

항원-항체 시스템: 단클론성 항체는 리간드로 극히 높은 특이성을 가지며, Protein A/G 친화성 크로마토그래피가 항체 정제에 널리 사용됩니다. 다클론항체는 비용이 낮아 예비 정제에 적합합니다. 이 시스템의 결합 상수는 일반적으로 10^7-10^{10}L/mol에 달한다.

효소-기질/억제제 시스템: 효소와 특이적 기질, 억제제 또는 보조인자 간의 친화적 상호작용을 이용한다. 예를 들어, 트립신과 그 억제제인 아미노 벤조 아마이드의 결합은 단백질 분해효소 정제에 흔히 사용된다.

수용체-리간드 시스템: 세포 표면 수용체와 그에 대응하는 호르몬, 사이토킨의 특이적 인식과 같이, 막 수용체 또는 신호 분자의 정제에 사용된다.

핵산 상보적 페어링 시스템: 특정 올리고뉴클레오티드 서열을 캐리어에 고정시킨 후, 염기 상보적 페어링 원리를 통해 결합 단백질 또는 상보적 핵산 서열을 분리한다.

8.6.6.2 기단 특이성 리간드

응집소: 콘지빈 A(Con A), 밀배아 응집소(WGA) 등은 당단백질의 특정 당기 구조를 특이적으로 인식 및 결합하여 당단백질의 분리 및 농축에 사용된다.

보효소 및 그 유사체: NAD^+, ATP 및 그 구조 유사체(예: Cibacron Blue 3GA) 등은 이러한 보효소에 의존하는 다양한 효소와 결합할 수 있어 응용 범위가 넓다.

고정화 금속 이온: 킬레이트 시약을 통해 Cu^{2+}, Ni^{2+}, Zn^{2+} 등의 전이 금속 이온을 캐리어에

고정시켜 금속 이온과 단백질 표면의 히스티딘 잔기 등의 배위 작용을 이용해 분리하며, 특히 히스태딘 태그를 가진 재조합 단백질 정제에 적합하다.

활성 염료: 트라이아진계 염료인 Cibacron Blue F3G-A, Procion Red HE-3B 등은 특정 보조인자와 유사한 구조를 가지며 다양한 효소 및 단백질과 결합할 수 있다. 비용이 저렴하고 안정성이 우수하여 산업 규모 적용에 적합하다.

8.6.6.3 범용 친화성 리간드

Protein A 및 Protein G: 각각 황색포도상구균과 연쇄상구균에서 유래하며, 다양한 종의 IgG Fc 부위를 특이적으로 결합합니다. 항체 정제의 금본위 리간드로 결합 능력이 강하며, 용출 조건이 명확하다.

헤파린: 항산화 글리코사미노글리칸으로, 응고 인자, 성장 인자, 지단백질 등 다양한 생물학적 활성 분자와 결합하며, 혈장 단백질의 분리 정제에 널리 사용된다.

8.6.7 리간드 고정화 방법

8.6.7.1 캐리어 직접 활성화법

브로모 사이안화수소(CNBr) 활성화법: 알칼리 조건(pH>10)에서 CNBr이 다당류 캐리어의 하이드록실과 반응하여 고활성 사이안산 에스터기를 생성하며, 이는 리간드 분자의 아미노기와 아이소유레아 결합을 형성한다. 이 방법은 활성화 효율이 높고 조작이 간편하여 실험실에서 가장 흔히 사용되는 고정화 방법이지만, 양전하를 띤 기단을 도입하여 비특이적 흡착을 증가시킬 수 있다.

에폭시 그룹 활성화법: 에폭시 클로로프로판 또는 이중 에폭시 화합물(예: 1,4-부탄다이올 다이글리세롤 에테르)을 사용하여 지지체 하이드록실 그룹을 활성화하며, 생성된 에폭시 그룹은 리간드의 아미노기, 티올기 또는 하이드록실기와 반응할 수 있다. 이 방법은 조건이 온화하고 결합 안정성이 우수하여 다양한 유형의 리간드 고정화에 적합하다.

8.6.7.2 화학적 가교법

카본지이미드 축합법: 1-에틸-3-(3-디메틸아미노프로필)카본디이미드(EDC) 등의 수용성 카보디이미드로 카복실기를 활성화하여 아미노기와 아미드 결합을 형성한다. 카복실기를 가진 리간드나 카복실화된 지지체의 고정화에 적용된다.

글루탈데하이드 교차결합법: 글루탈데하이드를 이중 기능성 교차결합제로 사용하여 지지체와 리간드의 아미노기와 동시에 반응하여 쉬프 알칼리를 형성하고, 나트륨 보로하이드라이드로 환원하여 안정적인 2차 아민 결합을 생성한다. 단백질계 리간드의 고정화에 적합하나 과도한 교차결합으로 리간드 활성에 영향을 미칠 수 있다.

8.6.7.3 간격 팔의 응용

리간드 분자가 작거나 결합 부위가 깊게 함몰된 경우, 직접 고정 방식은 공간적 장애로 인해 표적 분자와의 결합 효율에 영향을 미칠 수 있다. 이때 캐리어와 리간드 사이에 적절한 길이의 간격 암(예: 6-아미노헥산, 1,6-디 아미노헥산)을 도입하여 리간드의 운동 자유도를 높이고 결합 효율을 향상해야 한다. 최적 간격 팔 길이는 일반적으로 6-10개의 탄소 원자로, 지나치게 길면 소수성 상호작용이 강화되거나 리간드가 쓰러질 수 있다.

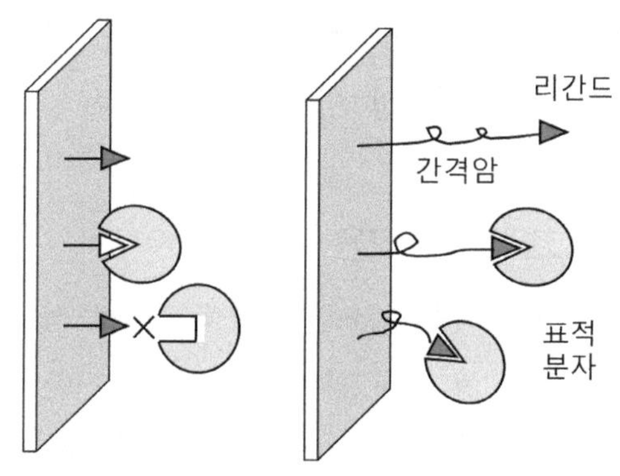

〈그림 8.6〉 간격기의 역할

8.6.8 친화성 크로마토그래피의 용출 방법

8.6.8.1 특이적 경쟁 용출

이동상에 고농도의 용해성 경쟁제를 첨가하여 고정화 리간드와 표적 분자 결합을 경쟁함으로써 온화한 용출을 실현한다. 예를 들어, 당단백질 정제에 사용되는 응집소 친화성 크로마토그래피에서는 특정 단당류 또는 올리고당을 경쟁제로 첨가하며, 효소 정제에서는 기질 또는 억제제 유사체를 첨가한다. 이 방법은 조건이 온화하고 특이성이 높아 표적 분자의 생물학적 활성 유지에 유리하다.

8.6.8.2 비특이적 조건 용출

이동상의 물리 화학적 파라미터를 변경하여 리간드-표적 분자 간 상호작용을 약화한다.

pH 용출: 용출액의 pH 값을 변경하여 분자의 이온화 상태와 수소 결합 네트워크에 영향을 미친다. 예를 들어, 낮은 pH(2.5-3.5) 완충액으로 Protein A에 결합한 항체를 용출하거나, 높은 pH(10-11) 용액으로 특정 친화 시스템을 용출한다.

이온 강도 용출: 염 농도 증가(예: 1-2mol/L NaCl 또는 KCl)로 정전기적 상호작용을 차단하며, 이온 작용이 우세한 친화 시스템에 적용된다.

변성제 용출: 요소(4-8mol/L), 염산구아닌(4-6mol/L) 또는 티오시안산나트륨 등의 카오트로픽 염을 첨가하여 단백질의 고차 구조를 파괴한다. 고 친화성 시스템의 용출에 적합하지만 표적 분자의 비가역적 변성을 초래할 수 있다.

유기 용매 셀루션: 에틸렌글리콜, 글리세롤 또는 저농도 에탄올 등의 극성 유기 용매를 첨가하여 소수성 상호작용을 약화한다. 소수성 작용이 관여하는 친화 시스템에 적합하다.

온도 용출: 조작 온도 변경으로 결합 평형에 영향을 미치며, 일반적으로 온도 상승은 이탈을 촉진하나 목표 분자 안정성에 대한 온도 영향을 고려해야 한다.

8.6.9 친화성 크로마토그래피의 적용 사례

조직 섬유소 용해제 활성화제(t-PA)는 중요한 용혈제 약물로 섬유소 용해제를 특이적으로 활성화하여 섬유소 용해제로 전환해 혈전 내 섬유소 용해를 촉진한다. t-PA는 동물 조직(예: 심장)에서 극히 낮은 농도로 존재하므로 고효율 정제 방법이 필요하다. 연구에 따르면 라이신, 아르지닌, 아미노 벤츠 아민 및 피브린 등의 리간드가 t-PA와 특이적 친화력을 가진다. 아르지닌-Sepharose 4B 친화성 크로마토그래피를 이용한 돼지 심장 유래 t-PA 정제 연구에 따르면 돼지 심장 아세톤 분말을 포타슘 아세테이트 추출, 암모늄 황산 단계적 침전, 피브린-Sepharose 4B 예비 정제 및 Sephacryl S-300 겔 여과를 거쳐 얻은 활성 분획을 아르지닌 친화 컬럼에 시료를 주입하고 염산구아닌 그러데이션 용출을 적용했을 때 최종 t-PA의 비활성이 약 7배 향상되었으며 회수율은 56%에 달하여, 친화 크로마토그래피가 미량 생물 활성 물질 정제에서 뛰어난 성능을 발휘함을 보여주었다.

8.6.10 친화성 크로마토그래피의 기술적 특징

친화성 크로마토그래피의 주요 장점은 탁월한 선택성에 있으며, 일반적으로 한 단계 정제만으로 90% 이상의 불순물을 제거할 수 있고 정제 배율은 수십 배에서 수천 배에 달해 다른 크로마토그래피 기술을 훨씬 능가한다. 대부분의 친화성 크로마토그래피 작업은 생리 조건에 가까운 온화한 환경에서 수행되어 표적 분자의 생물학적 활성을 효과적으로 유지할 수 있다. 공정 흐름은 상대적으로 단순하여 일반적으로 흡착-세척-탈착 세 가지 핵심 단계만 포함하며, 확대 및 자동화가 용이하여 산업화 생산에 적합하다.

그러나 친화성 크로마토그래피에도 몇 가지 고유한 한계가 존재한다. 고 특이성 리간드(예: 단일클론 항체)의 연구 개발 및 생산 비용이 높고 개발 주기가 길다. 고정화 리간드의 실제 이용 효율은 일반적으로 30~70%에 불과하며 뚜렷한 공간적 장애 효과가 존재한다. 리거트가 반복 사용 및 재생 과정에서 유실되거나 비활성화될 수 있어 컬럼 효율이 저하되며, 정기적인 매체 교체가 필요해 생산 비용이 증가한다. 특정 리거트(예: Protein A)는 리거트 누출이 발생할 수 있어 최종 제품을 오염시키고 안전성에 영향을 미칠 수 있다.

종합하면, 친화성 크로마토그래피는 독특한 높은 선택성과 온화한 조작 조건을 바탕으로 생체 고분자 분리 정제의 핵심 기술로 자리매김하여 생물제약, 단백질체학, 진단 시약 등 분야에서 대체 불가능한 역할을 하고 있다. 새로운 리간드의 발견, 고정화 기술의 최적화 및 기타 분리 기술과의 융합 혁신을 통해 친화성 크로마토그래피는 계속해서 응용 영역을 확장하며 생물기술 발전에 강력한 기술적 지원을 제공할 것이다.

8.7 친수성 크로마토그래피

8.7.1 친수성 상호작용 크로마토그래피의 기본 원리

소수성 상호작용 크로마토그래피는 단백질 표면의 소수성 차이를 기반으로 분리를 수행하는 액체 크로마토그래피 기술이다. 그 분리 메커니즘의 핵심은 단백질 분자 표면의 소수성 영역과 고정상 상의 약한 소수성 리간드 사이의 가역적 상호작용이다. 수성 환경에서 단백질 분자는 소수성 표면과 물 분자의 접촉을 최소화하기 위해 상호 집합하거나 소수성 표면에 결합하는 경향이 있으며, 이러한 현상을 소수성 효과라고 한다. 고이온 강도 조건에서는 염 이온의 수화 작용이 물 분자의 활성을 감소시켜 단백질의 소수성 효과를 더욱 강화한다. 이로 인해 표면의 소수성 영역이 더 충분히 노출되어 고정상의 소수성 배지와 결합이 증진된다.

구체적으로 HIC의 분리 과정은 두 단계로 나뉜다. 고염 농도 조건(예: 1.5-2.0 mol/L

$(NH_4)_2SO_4$)에서 단백질이 소수성 작용을 통해 고정상에 흡착된다. 이후 이동상의 이온 강도를 점진적으로 낮춤으로써 서로 다른 소수성을 가진 단백질들이 고정상과의 상호작용 강도에 따라 약한 순서대로 차례로 탈착되어 분리된다. 이러한 소수성 상호작용의 강도는 주로 단백질 표면의 소수성 아미노산 잔기(예: 페닐알라닌, 티로신, 트립토판, 류신)의 분포 밀도와 공간적 접근성, 그리고 고정상 배지의 소수성과 밀도에 의해 결정된다.

특히 구분해야 할 점은 HIC와 역상 크로마토그래피(RPC) 모두 소수성 상호작용을 기반으로 하지만, 그 메커니즘과 적용 측면에서 본질적인 차이가 있다는 것이다. 역상 크로마토그래피는 고밀도 장쇄 알킬 리간드(예: C18, C8)를 사용하고 강한 유기 용매로 용출하기 때문에 일반적으로 단백질 변성을 유발한다. 반면 HIC는 저밀도 단쇄 소수성 리간드(예: 부틸, 페닐)를 사용하고 완만한 염 농도 구배 용출을 통해 단백질의 천연 구조와 생물학적 활성을 잘 보존할 수 있다. 따라서 HIC는 천연 상태 활성 단백질의 분리 정제에 특히 적합한 반면, RPC는 주로 펩타이드 분석과 변성 단백질의 분리에 사용된다.

8.7.2 친수성 상호작용 크로마토그래피의 고정상

HIC 고정상은 친수성 기질과 공유 결합된 소수성 기질로 구성된다. 이상적인 기질은 비특이적 흡착을 최소화하기 위해 높은 친수성을 갖추고 단백질의 자유로운 확산을 보장하는 적절한 다공성 구조를 가지며, 작동 압력을 견딜 수 있는 충분한 기계적 강도를 가져야 한다. 일반적으로 사용되는 기질 재료로는 가교 아가로스(예: Sepharose HP), 유기 고분자(예: TSKgel Phenyl-5PW), 표면 친수화 처리된 실리카겔 등이 있다.

일반적으로 사용되는 소수성 리간드는 주로 다음과 같은 종류로 구분된다.

알킬 사슬 리간드: 부틸(C4), 헥xyl(C6), 옥틸(C8) 등. 알킬 사슬 길이가 증가할수록 고정상의 소수성과 단백질 결합 능력이 강화된다. 단쇄 알킬(예: 부틸)은 중간 소수성 단백질 분리에 적합하며, 장쇄 알킬(예: 옥틸)은 강한 소수성 단백질 정제에 적합하다.

방향족 기: 페닐 등. 일반적인 소수성 작용 외에도 단백질의 방향족 아미노산 잔기와 π-π 적층 상호작용을 통해 특정 단백질에 대한 독특한 선택성을 나타낸다.

폴리에테르 계열 리간드: 폴리에틸렌글라이콜로 개질된 고정상처럼 중간 정도의 소수성을 가지며 작용이 온화하여 변성되기 쉬운 단백질의 분리에 적합하다.

기질 밀도는 HIC 성능에 영향을 미치는 핵심 매개변수이다. 밀도가 너무 낮으면 결합 용량이 부족해지고, 너무 높으면 공간적 장애를 유발하여 오히려 유효 결합 부위 수를 감소시킬 수 있다. 일반적으로 최적화된 기질 밀도 범위는 10-50μmol/mL이며, 구체적으로는 표적 단백질의 분자 크기와 소수성 특성에 따라 조정해야 한다. 예를 들어, 막 단백질과 같은 강한 소수성 단백질을 분리할 때는 낮은 밀도의 장쇄 알킬 리간드를 선택할 수 있으며, 수용성 효소류를 분리할 때는 중간 밀도의 단쇄 알킬 또는 페닐 리간드를 사용하는 것이 적합하다.

8.7.3 친수성 크로마토그래피의 이동상

8.7.3.1 이동상 조성 설계

HIC의 이동상은 일반적으로 완충 염 시스템, pH 조절제 및 추가 첨가제로 구성된다.

염 종류 선택: 높은 염분 분리 능력과 강력한 소수성 촉진 효과로 인해 황산암모늄이 가장 흔히 사용되는 염류이다. 염화나트륨과 인산칼륨도 자주 사용된다. 각 염류는 Hofmeister 계열에 따라 서로 다른 소수성 조절 능력을 가진다.

완충 시스템: 인산염, Tris-HCl, HEPES 등의 완충액을 사용하여 시스템의 pH 안정성을 유지하며, 작동 pH 범위는 일반적으로 6.0-8.0으로 대부분의 단백질 안정 pH 범위에 가깝다.

첨가제: 에틸렌글리콜(10~50%), 글리세롤(5~20%) 등의 극성 유기물을 첨가하여 소수성을 약화시키고, 분리하기 어려운 단백질의 회수를 보조할 수 있다. 막 단백질 등 난용성 단백질을 분리할 때는 저농도 비이온성 계면활성제(예: 0.01-0.1% Triton X-100)를 첨가하여 용해성을 높일 수 있으나 단백질 결합에 미치는 영향에 주의해야 한다.

8.7.3.2 용출 방식 선택

선형 그러데이션 용출: 가장 흔히 사용되는 용출 방식으로 염 농도를 연속적으로 낮춤(예: 2.0mol/L $(NH_4)_2SO_4$에서 선형적으로 0mol/L까지)하여 서로 다른 소수성 단백질을 순차적으로 용출시킨다. 그러데이션 기울기는 분리 분해능과 시간에 영향을 미치며, 완만한 그러데이션(예: 60-120컬럼 부피)은 더 높은 분해능을 얻을 수 있지만 시간이 오래 걸린다.

단계적 용출: 여러 다른 염 농도의 완충액을 사용하여 단계별로 용출하는 방식으로, 조작이 간편하여 대량 분리(제제 규모)에 적합하다. 예를 들어, 먼저 1.0mol/L $(NH_4)_2SO_4$로 약한 소수성 단백질을 용출한 후, 0.5mol/L 및 0.1mol/L $(NH_4)_2SO_4$를 사용하여 중간 및 강한 소수성 단백질을 순차적으로 용출한다.

온도 구배 용출: 온도 상승에 따라 친수성 상호작용이 강화되는 특성을 이용하여 프로그램된 냉각을 통해 단백질 용출을 촉진한다. 염 구배의 보조 수단으로 활용될 수 있으나 단백질 열변

성을 방지하기 위해 온도를 엄격히 제어해야 한다.

8.7.4 소수성 상호작용 크로마토그래피의 기술적 특징

소수성 상호작용 크로마토그래피는 여러 가지 두드러진 장점을 지닌다. 조작 조건이 온화하며, 주로 수성 완충 시스템을 사용해 변성 유기 용매 사용을 피함으로써 단백질의 천연 구조와 생물학적 활성을 잘 보존할 수 있다. 염 침전과 직접 연계 가능하여 탈염 단계를 생략하고 공정 흐름을 단순화할 수 있으며, 리간드 유형, 밀도 및 이동상 구성을 조절함으로써 분리 선택성을 유연하게 최적화하여 다양한 성질의 단백질 정제 요구에 대응할 수 있다. 고정상 비용이 상대적으로 낮고 안정성이 우수하며 수명이 길어 산업화 규모 적용에 적합하다.

그러나 HIC 기술에도 일정한 한계가 존재한다. 표면 소수성 차이가 미세한 단백질의 경우 이온 교환 크로마토그래피보다 분리 분해능이 떨어질 수 있어 보다 정밀한 조건 최적화가 필요하다. 고염 농도에서는 일부 단백질이 응집 또는 침전되어 회수율에 영향을 미칠 수 있다. 소수성 상호작용은 염 종류, 농도, pH, 온도 등 다양한 요인의 복합적 영향을 받기 때문에 방법 개발 시 체계적인 최적화가 필요하며 작업량이 많다. 일부 단백질은 소수성 고정상과 결합력이 지나치게 강해 온화한 조건에서 완전히 탈착 및 회수하기 어렵다.

전반적으로 단백질 표면 물리화학적 특성에 기반한 분리 기술인 소수성 상호작용 크로마토그래피는 이온 교환 크로마토그래피, 크기 배제 크로마토그래피와 상호 보완적 관계를 형성하며, 생물학적 거대분자 분리 정제 전략에서 필수적인 핵심 단계로 자리매김했다. 특히 단백질의 천연 상태와 활성 유지 측면에서 독보적인 가치를 발휘한다.

8.8 크로마토그래피 기술의 기타 분류

크로마토그래피 기술은 조작 방식에 따라 용출 크로마토그래피, 전단 크로마토그래피(일명 맞대기 크로마토그래피) 및 치환 크로마토그래피(일명 대체 크로마토그래피) 등 다양한 유형으로 분류되며, 각 기술은 분리 메커니즘, 조작 절차 및 적용 환경 측면에서 고유한 특성을 보인다.

가장 흔한 크로마토그래피 조작 형태인 용출 크로마토그래피의 기본 과정은 이동상이 지속해서 크로마토그래피 컬럼을 통과하는 것이다. 시료가 시스템에 주입되면 각 성분은 고정상 및 이동상과의 상호작용 강도 차이에 따라 이동상의 견인력에 의해 서로 다른 이동 속도로 컬럼을 통과한다. 일정 길이의 컬럼을 통과한 후, 각 성분은 점차 분리되어 순차적으로 컬럼을 빠져나오며 최종적으로 검출기에 의해 감지된다. 고성능 액체 크로마토그래피(HPLC)를 예로 들면, 일반적으로 메탄올과 물의 다양한 비율을 이동상으로 사용하여 복잡한 유기 화합물 시료를 용출 분리하며, 각 성분의 피크 시간 차이를 바탕으로 정성 및 정량 분석을 수행한다. 용출 크로마토그래피는 다시 등용출과 그러데이션 용출로 분류된다. 등용출은 분리 과정 전반에 걸쳐 이동상 구성을 일정하게 유지하며, 성질이 유사한 성분 분리 시 적합하다. 반면 그러데이션 용출은 분리 과정에서 사전 설정된 프로그램에 따라 이동상 성분을 단계적으로 조정한다. 예를 들어 유기상 비율을 점진적으로 높여 성질 차이가 큰 복잡한 시료를 보다 효과적으로 분리함으로써 분리 효율과 분해능을 현저히 향상한다.

선행 크로마토그래피(전방 크로마토그래피)는 분석 대상 시료를 크로마토그래피 컬럼에 연속적으로 주입하여 시료 자체가 이동상으로 분리 과정에 참여하는 방식이다. 컬럼 내에서 고정상과 가장 약하게 상호작용하는 성분이 먼저 순수한 형태로 유출되고, 그다음으로 해당 성분과 차순위로 약하게 상호작용하는 성분의 혼합물이 유출되는 식으로 진행된다. 이 방식은 1943년 A. 티셀리우스(Tisselius)에 의해 최초로 제안되었으며, 얻어진 크로마토그램은 일반적으로 "돌파 곡선(breakthrough curve)"이라 불린다. 선두 크로마토그래피는 혼합물 내 각 성분을 개별적으로 분리 및 회수하는 데 일반적으로 적합하지 않으며, 고정상과 가장 약한 상호작용을 보이는 단일 순수 물질만을 얻을 수 있으므로 복잡한 혼합물의 전체 분리에 드물게 사용된다. 그러나 이 기술은 제품 정제 과정에서 미량 불순물을 제거하는 데 독특한 장점이 있다. 예를 들어, 극미량 성분의 농축 및 분리, 분자 간 상호작용 연구, 화학 반응 경로 추적 및 동역학 매개변수 측정, 용질이 다양한 매질 표면에 흡착되는 행동 연구 등 다양한 분야에서 널리 활용된다. 단백질과 약물 상호작용 연구 시 최첨단 크로마토그래피는 흡착량과 이동상 내 용질 농도 간의 관계를 분석함으로써 용질과 단백질 간 결합 상수를 정밀하게 계산할 수 있다.

치환 크로마토그래피(대체 크로마토그래피)는 비선형 크로마토그래피 기술의 일종이다. 시료를 크로마토그래피 컬럼에 주입한 후 고정상에 극히 강한 친화력을 지닌 치환제를 도입한다. 치환제는 고정상 표면에 결합된 기존 시료 분자를 점진적으로 대체하여 시료가 컬럼 내에서 전진하도록 촉진한다. 이 과정에서 시료 내 각 성분은 고정상과 상호작용하는 힘의 강도에 따라 순차적으로 인접한 스펙트럼 띠를 형성하며, 치환제의 지속적인 추진에 의해 차례로 크로마토그래피 컬럼을 빠져나간다. 다른 크로마토그래피 기술에 비해 치환 크로마토그래피는 여러 장점을 있다. 시료 주입량이 크고, 제품 회수율이 높으며, 분리 분해능이 우수하고, 조작이 비교적 간편하다. 또한, 분리되는 성분은 과정에서 자체 농축 현상을 보입니다. 특히 생물학적 제품의 분리 정제 측면에서 생물분자의 초기 농도가 일반적으로 낮고 복잡한 기질 내에 다른 물질과 공존하며, 분리 과정에서 생물학적 활성을 유지해야 한다는 점을 고려할 때 치환 크로마토그래피는 다른 기술이 대체하기 어려운 우월성을 보여준다. 그러나 치환 크로마토그래피는 치환제 선택에 매우 엄격한 요구사항을 갖는다. 이상적인 치환제는 고정상에 대해 가장 강한 흡착 능력을 가지며 랭뮤어 흡착 행동을 따라야 한다. 동시에 우수한 화학적 안정성, 이동상에서의 용해성, 제거 용이성 및 무독성 등의 특성을 갖춰야 한다.

8.9 크로마토그래피 시스템 및 조작

8.9.1 기본 크로마토그래피 시스템 구성

크로마토그래피 분리 기술은 현대 분석 과학의 핵심 수단으로서 그 시스템 구축은 이동상 공급부터 시료 검출에 이르는 완전한 공정 흐름을 포괄한다. 전형적인 크로마토그래피 시스템은 주로 저장 탱크, 고압 펌프, 주입 장치, 크로마토그래피 컬럼, 검출기, 분획 수집기 및 제어 시스템 등 일곱 가지 주요 구성 요소로 이루어져 있으며, 이 부품들은 협동하여 시료의 효율적인 분리 및 정밀 분석을 실현한다.

저장 탱크는 이동상의 저장 용기로, 일반적으로 유리 또는 내식성 플라스틱 재질로 제작되며 용량은 실험 요구에 따라 수백 밀리리터에서 수 리터까지 다양하다. 사용 과정에서의 이동상 안정성을 보장하기 위해 저장 탱크는 용매 증발이나 외부 오염물질 유입을 방지할 수 있는 우수한 밀폐 성능을 갖춰야 한다. 생물학적 분리 응용 분야에서는 저장 탱크에 교반 장치를 추가로 장착하여 완충액 시스템의 균일성을 유지하기도 한다. 이동상의 선택은 최종 분리 효과에 직접적인 영향을 미치며, 물, 완충 용액 및 유기 용매는 가장 흔히 사용되는 세 가지 이동상 기초 매질이다. 서로 다른 용매의 조합을 통해 이동상의 극성, 이온 강도 등 핵심 매개변수를 조절하여 다양한 시료의 분리 요구를 충족시킬 수 있다.

고압 주입 펌프의 주요 기능은 이동상을 안정적인 유속으로 크로마토그래피 컬럼에 공급하는 것이다. 현대식 크로마토그래피 펌프는 대부분 왕복식 플런저 구조를 채택하여 0.01~10mL/min의 정밀한 정량 유속을 제공하며, 작동 압력 범위는 50~100MPa에 달한다. 펌프의 안정성은 성분 유지 시간의 재현성과 직결되며, 그라디언트 용출 작업 시 펌프는 고정밀 용매 혼합 능력을 갖춰야 하며, 이동상 구성이 사전 설정된 프로그램에 따라 정확히 변화하도록 보장해야 한다. 생체 고분자 분리 과정에서 펌프의 펄스 억제 기술은 특히 중요하며, 이동상 맥동이 분리 효과에 미치는 부정적 영향을 효과적으로 줄일 수 있다.

주입기는 시료를 크로마토그래피 시스템에 도입하는 데 사용되며, 수동 주입과 자동 주입 두 가지 방식으로 구분된다. 수동 주입기는 실험실 소규모 작업에 흔히 사용되며, 정량 링을 통해 정밀한 주입을 실현한다. 일반적인 주입량은 10~100μL입니다. 자동 주입기는 고 처리량 분석 환경에 적합하며, 수십에서 수백 개의 시료를 연속적으로 자동 분석할 수 있다. 일반적으로 시료 냉장 기능을 갖추어 생물학적 시료가 대기 중에 변질되는 것을 방지한다. 주입기의 밀봉 성능과 주입 반복성은 핵심 성능 지표이며, 극미량 분석 시 주입 과정에서 발생할 수 있는 교차 오염 문제를 특히 주의해야 한다.

크로마토그래피 컬럼은 크로마토그래피 분리의 핵심 부품으로, 그 성능의 우열이 분리 효과를 직접 결정한다. 크로마토그래피 컬럼은 일반적으로 스테인리스강 또는 유리 재질로 제작되며, 내경 범위는 1mm에서 50mm까지 다양하고 컬럼 길이는 일반적으로 10~50cm이다. 컬럼 내부에 충전된 고정상 입자의 직경은 일반적으로 3~10μm 사이이며, 입자 크기가 작을수록 컬럼 효율은 높아지지만 동시에 컬럼 압력도 상승한다. 생물학적 분리에서 흔히 사용되는 고정상으로는 실리카겔 매질, 폴리머 매질, 아가로스 매질 등이 있으며, 다양한 매질 표면을 개질·수정한 것을 통해 흡착 크로마토그래피, 분배 크로마토그래피, 이온 교환 크로마토그래피 등 여러 분리 모드를 구현할 수 있다. 컬럼 오븐은 크로마토그래피 컬럼의 중요한 보조 장비로, 컬럼 온도를 정밀하게 제어함으로써 분리 선택성을 조절할 수 있다. 특히 단백질 분리 과정에서 온도 제어는 시료 변성 위험을 효과적으로 낮출 수 있다.

검출기는 분리된 시료 성분에 대한 정성 및 정량 분석을 담당하며, 서로 다른 유형의 검출기는 각기 다른 물리 화학적 원리에 기반하여 검출 기능을 수행한다. 자외선-가시광선(UV-Vis) 검출기는 가장 흔히 사용되는 검출기 유형으로, 자외선 흡수 특성이 있는 화합물에 적용되며 검출 파장 범위는 일반적으로 190~800nm이다. 차이 굴절(RI) 검출기는 이동상의 굴절률 변화를 검출하여 분석하며, 당류 등 자외선 흡수가 없는 화합물에 적합하다. 그러나 감도가 상대적으로 낮고 일반적으로 그라디언트 용출 모드에는 적합하지 않습니다. 형광 검출기는 높은 감도와 선택성을 특징으로 하며, 형광 표지된 생물분자 분석에 적합합니다. 전도도 검출기는 주로 이온성 화합물 검출에 사용되며, 이온 크로마토그래피 분야에서 널리 적용된다.

분획 수집기는 분리된 목표 성분을 선택적으로 수집하여 시료의 정제 및 순도를 높이는 데 사용된다. 현대식 분획 수집기는 검출기와 연동 제어되어 검출 신호에 따라 자동으로 수집 동작을 실행하여 목표 성분의 정확한 수집을 보장한다. 수집관의 재질과 용량은 시료 특성에 따라 선택해야 하며, 단백질 등의 생체 분자의 경우 시료 손실을 방지하기 위해 저흡착성 폴리프로필렌 재질의 수집관을 사용해야 한다.

제어 시스템은 전용 소프트웨어를 통해 펌프, 주입기, 검출기 등의 구성 요소를 자동화 관리한다. 현대 크로마토그래피 제어 소프트웨어는 방법 개발, 데이터 수집, 결과 분석 및 시스템 진단 등 다양한 기능을 갖추고 있어 시스템 작동 상태를 실시간으로 모니터링하고 상세한 분석 보고서를 생성할 수 있다. 일부 고급 시스템은 원격 조작과 지능형 방법 최적화를 지원하여 실험 작업 효율을 크게 향상한다.

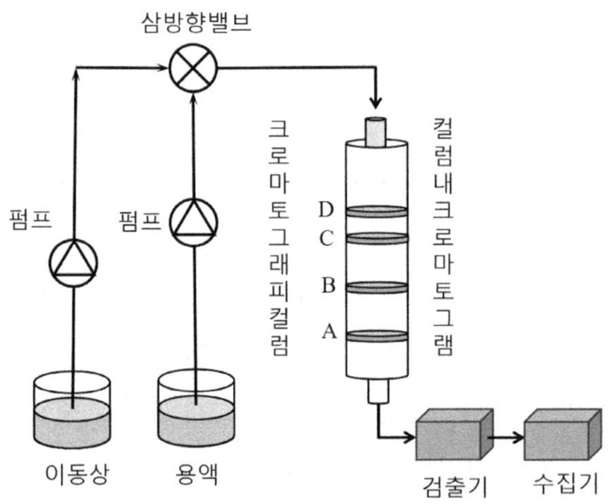

〈그림 8.7〉 준비형 액체 크로마토그래피 구조도

8.9.2 이동상의 선택

이동상의 선별은 크로마토그래피 분리 방법 수립 과정의 핵심 단계로, 분리도, 분석 시간 및 검출 감도 등 핵심 지표에 직접적인 영향을 미친다. 이동상의 구성 성분, pH 값, 이온 강도 및 첨가제 선택은 시료 특성, 고정상 성질 및 분리 목표 등 다양한 요소를 종합적으로 고려해야 한다.

용매 선택은 이동상 최적화의 기초 작업이다. 극성 이동상의 주요 성분인 물은 메탄올, 아크릴아마이드 등 유기 용매와 다양한 비율로 혼합되어 이동상의 극성 강도를 조절할 수 있다. 역상 크로마토그래피에서는 일반적으로 메탄올-물 또는 아크릴아마이드-물 시스템을 사용하며, 유기 용매 비율이 높을수록 용출 능력이 강해진다. 순상 크로마토그래피에서는 n-헥산, 클로로폼 등의 비극성 용매를 주체로 사용하고, 소량의 에탄올 등의 극성 조절제를 배합하여 분리 선택성을 개선한다. 완충 용액은 이동상의 pH 값과 이온 강도를 조절하는 데 흔히 사용되며, 생물학적 분리에서 가장 널리 사용되는 완충 체계로는 인산염, 아세트산염 및 Tris-HCl 등이 있다. 그 농도 범위는 일반적으로 10~100 mmol/L 사이로 제어된다.

pH 값이 이동상 성능에 미치는 영향은 주로 시료의 이온화 상태와 고정상의 표면 특성 두 측면에서 나타난다. 약산성 및 약염기성 시료의 경우, pH 값 변화는 이들의 이온화 정도를 현저히 변화시켜 고정상과의 상호작용에 영향을 미친다. 예를 들어, 역상 크로마토그래피에서 아미노산을 분리할 때 이동상 pH를 산성 조건(pH 2-3)으로 조절하면 아미노산의 이온화를 억제하고 친수성 고정상과의 상호작용을 강화하여 유지 시간을 연장할 수 있다. 이온 교환 크로마토그래피에서는 pH 값이 시료 분자의 전하 특성을 직접 결정하므로 양이온 교환 또는 음이온 교환 모드를 선택하는 핵심 매개변수이다. 이동상 pH 값 선택 시 고정상의 내성 범위도 고려해야 한다. 실리카 기반 고정상은 일반적으로 pH 2-8 환경에 적합하며, 이 범위를 초과하면 고정상 용해 또는 표면 수지층 박리가 발생할 수 있다.

이온 강도 조절은 주로 무기염 첨가를 통해 이루어지며, 흔히 사용되는 염류로는 염화나트륨, 황산암모늄 등이 있다. 이온 교환 크로마토그래피에서 이동상 이온 강도를 증가시키면 경쟁적 작용을 통해 고정된 시료 분자를 용출시킬 수 있으며, 이는 그라데이션 용출의 주요 수단 중 하나이다. 소수성 상호작용 크로마토그래피(HIC)에서는 높은 이온 강도가 단백질과 소수성 리간드 간의 상호작용을 강화하는 반면, 이온 강도를 낮추면 시료 용출에 유리하다. 이온 강도의 최적화는 분리도와 분석 시간 사이의 균형이 필요하며, 지나치게 높은 이온 강도는 시료 용해도 감소나 고정상 흡착 용량 포화를 초래할 수 있다.

첨가제 사용은 분리 효과를 더욱 개선할 수 있다. 탈수제인 요소, 염산 구아닌 등은 단백질의 소수성 상호작용을 파괴하여 단백질 용출 과정에 흔히 사용된다. 계면활성제인 12-알킬설페이트 나트륨(SDS)은 시료 용해성을 높이고 비특이적 흡착을 줄이는 데 활용되며, 특히 막 단백질 분리에서 널리 적용된다. 항산화제인 아스코르브산은 시료 산화를 효과적으로 방지하여 폴리페놀 화합물 분석에 적합하다.

이동상의 탈기 및 여과는 실험 전처리에서 필수적인 단계이다. 탈기 처리는 고압 조건에서 이동상에 기포가 발생하여 펌프 안정성과 검출기 베이스라인 안정성에 영향을 미치는 것을 방지한다. 일반적으로 사용되는 탈기 방법으로는 진공 탈기, 헬륨 가스 버블링, 초음파 탈기가 있으며, 진공 탈기와 초음파 처리를 병행할 때 가장 효과적이다. 여과의 목적은 이동상 내 입자성 불순물을 제거하여 크로마토그래피 컬럼의 막힘과 펌프 부품 손상을 방지하는 것이다. 이동상은 일반적으로 0.22 μm 또는 0.45 μm 필터막을 통해 여과해야 하며, 수상과 유기상은 각각 여과 후 혼합하는 것이 권장된다. 이는 용매 불 호환성으로 인한 필터 막 막힘 문제를 방지하기 위함이다.

8.9.3 크로마토그래피 작동 모드

크로마토그래피 작동 모드의 선택은 분리 과정의 효율과 분해능을 직접 결정하며, 주로 등도 용출과 그라디언트 용출이라는 두 가지 기본 모드로 구분된다. 각 모드마다 다양한 구체적 작동 방법이 파생되어 서로 다른 분리 요구에 대응한다.

등도 용출은 전체 분석 과정 동안 이동상 구성을 일정하게 유지하는 가장 간단한 크로마토그래피 운영 모드이다. 등도 용출의 장점은 조작이 간편하고 시스템 안정성이 높아, 성분 수가 적거나 각 성분 간 성질 차이가 큰 시료 분석에 적합하다. 등도 용출에서는 이동상의 용출 강도를 사전에 최적화하여 목표 성분이 합리적인 유지 시간 내에 크로마토그래피 컬럼에서 유출되도록 하고, 동시에 불순물과 기저선 분리를 달성해야 한다. 등도 용출의 주요 단점은 복잡한 시료의 분리 효율이 낮다는 점으로 강하게 유지되는 성분은 용출 시간이 지나치게 길어지거나 용출되지 못할 수 있으며, 약하게 유지되는 성분은 분리도가 부족할 수 있다.

그러데이션 용출은 분석 과정에서 사전 설정된 프로그램에 따라 이동상의 구성을 변경하는 것으로, 생물학적 분리 분야에서 가장 흔히 사용되는 조작 방식이다. 그러데이션 용출은 이동상의 용출 강도를 연속적으로 조절함으로써 복잡한 시료의 분리 효과를 현저히 개선하고 분석 시간을 단축할 수 있다. 그러데이션 용출은 선형 그러데이션과 계단형 그러데이션 두 가지 유형으로 구분된다. 선형 그러데이션은 이동상 구성이 시간에 따라 선형적으로 변화하는 방식으로 가장 흔히 사용되는 그러데이션 모드이며 대부분의 시료 분리에 적합하다. 계단형 그러데이션은 이동상 구성이 계단식으로 변화하는 방식으로 성분 간 차이가 극심한 시료에 적합하며 서로 다른 성분 구간의 신속한 용출을 실현할 수 있다.

그라디언트 유형 선택은 고정상과 시료의 특성에 따라 결정된다. 농도 그라디언트는 가장 흔한 그라디언트 형태로, 유기 용매 비율을 변경하여 이동상의 극성을 조절하며 역상 크로마토그래피에서 널리 적용된다. 예를 들어, 펩타이드 혼합물을 분리할 때 5% 아크릴아마이드-수성 용액에서 80% 아크릴아마이드-수성 용액으로의 선형 그러데이션 변화를 사용하면 30분 이내에 분리가 완료되며, 서로 다른 소수성을 가진 펩타이드가 순차적으로 이탈된다. pH 그러데이션은 이동상의 산도를 변경하여 시료의 이온화 상태를 조절하며, 이온 교환 크로마토그래피에서 자주 사용된다. 예를 들어, 혼합 아미노산을 분리할 때 pH 3.0에서 pH 7.0으로의 선형 그러데이션 변화를 적용하면 아미노산의 등전점 차이에 따라 효과적인 분리가 가능하다. 염 농도 구배는 이동상의 이온 강도를 변화시켜 이온 교환 크로마토그래피와 소수성 크로마토그래피에서 시료와 고정상 간의 상호작용 강도를 조절하는 데 사용된다. 예를 들어, 소수성 크로마토그래피에서 1mol/L 황산암모늄부터 0.1mol/L 황산암모늄까지의 선형 구배 변화를 적용하면 서로 다른 소수성 특성을 가진 단백질을 용출시킬 수 있다.

생물학적 분리 분야에서 그러데이션 용출의 장점은 특히 두드러진다. 혈청, 세포 용해액 등 생물학적 시료는 일반적으로 수백에서 수천 가지 성분을 포함하는 복잡한 구성을 가지며, 등도 용출로는 효과적인 분리가 어렵다. 그러데이션 용출은 이동상 특성을 동적으로 조절하여 서로 다른 친화력을 가진 성분이 각자의 최적 조건에서 용출되도록 하여 분리 효율과 피크 용량을 현저히 향상한다. 예를 들어, 단백질체학 연구에서 다차원 액체 크로마토그래피와 그러데이션 용출 기술을 결합하면 수천 종의 단백질을 동시에 분리 및 동정할 수 있다. 또한, 그라데이션 용출은 시료의 고정상 상체류 시간을 단축하고 생체 분자의 변성 위험을 낮추는데, 이는 효소, 항체 등 활성 유지가 필요한 생체 분자의 분리에 매우 중요하다.

8.9.4 시료 전처리 및 주입

시료 전처리는 크로마토그래피 분석의 핵심 전처리 단계로, 간섭성 불순물 제거, 목표 성분 농축 및 시료를 크로마토그래피 분리에 적합한 상태로 전환하는 것을 목표로 한다. 생물학적 시료의 경우, 이러한 시료는 일반적으로 다량의 간섭 물질을 포함하고 목표 분석물 농도가 낮기 때문에 전처리 작업이 특히 중요하다.

시료 정화는 전처리 첫 단계로, 주로 여과와 원심분리를 통해 입자성 불순물을 제거하여 크로마토그래피 컬럼과 주입구의 막힘을 방지한다. 여과는 일반적으로 0.22μm 또는 0.45μm 여과막을 사용하며, 시료 점도에 따라 주사기 여과 또는 진공 여과 방식을 선택한다. 세포 배양액, 혈청 등 고단백 함유 시료의 경우 여과 전 단백질 침전 처리가 필요하다. 메탄올, 아크릴아마이드, 트라이클로로아세트산 등 침전제를 사용하여 단백질 용해도를 낮춰 침전 및 분리시킨다. 원심분리는 또 다른 흔한 정화 방법으로, 회전 속도는 일반적으로 5000-15000rpm으로 설정하고, 원심 시간은 10~30분이다. 원심 후 상층액을 채취하여 후속 처리를 진행합니다. 탁도가 높은 시료의 경우 여과와 원심분리를 병행할 수 있으며, 먼저 원심분리로 큰 입자를 제거한 후 여과로 미세 불순물을 제거한다.

완충액 치환 및 탈염은 생물학적 시료 전처리에서 중요한 단계로, 분리 효과를 저해하는 고농도 염류를 제거하고 시료의 완충 체계를 조절하는 것이 목적이다. 겔 여과 크로마토그래피와 초여과는 가장 흔히 사용되는 두 가지 탈염 방법이다. 겔 여과 크로마토그래피는 분자 크기 차이를 기반으로 시료와 염류를 분리하며, Sephadex G-25와 같은 일반적인 겔 매체는 짧은 시간 내에 완충액 치환을 완료할 수 있다. 초여과는 막의 분자 차단 특성을 이용하여 압력이나 원심력을 통해 소분자 염류는 막 구멍을 통과시키고 고분자 단백질은 막에 잔류하도록 한다. 일반적으로 사용되는 초여과막의 분자 차단 범위는 3-100kDa이다. 완충액 치환 시에는 크로마토그래피 이동상과 호환되는 완충 체계를 선택하여 pH 값과 이온 강도의 급격한 변화로 인한 시료 침전이나 변성을 방지해야 한다.

시료 농축은 저농도 목표 분석물의 검출 감도를 높이기 위해 사용되며, 흔히 사용되는 방법으로는 증발 농축, 초여과 농축 및 고상 추출(SPE)이 있다. 증발 농축은 가열 또는 감압을 통해 용매의 비등점을 낮추어 용매를 증발시켜 시료를 농축하는 방식으로, 소분자 화합물에 적합하지만 목표물이 증발로 손실되지 않도록 주의해야 한다. 초여과 농축은 앞서 언급한 바와 같이 탈염과 농축을 동시에 달성할 수 있어 생체 고분자 농축의 우선 선택 방법이다. SPE는 표적 물질을 선택적으로 흡착한 후 소량의 용출제로 용출하여 농축을 실현하며, 극미량 분석물의 농축에 적합하다. 특히 환경 시료 및 생체액 분석에서 널리 활용된다.

주입량과 농도는 분리 효과에 현저한 영향을 미친다. 주입량이 과다하면 컬럼 과부하로 인해 피크 형태가 넓어지거나 분열되어 분리도가 저하된니다. 일반적으로 주입량은 컬럼 용적의 1~2%를 초과하지 않아야 하며, 일반 분석용 컬럼의 경우 주입량을 20μL 이하로 권장합니다. 주입 농도가 지나치게 높으면 시료 분자 간 상호작용이 발생하여 고정상과 결합 행동에 영향을 미치고 비선형 흡착 현상을 일으킬 수 있으며, 이는 피크 형태의 꼬리 현상이나 앞부분으로 나타난다. 미지 시료의 경우 낮은 농도부터 테스트를 시작하여 점진적으로 주입 조건을 최적화할 것을 권장한다. 준비 크로마토그래피에서는 주입량을 적절히 증가시킬 수 있으나 목표 성분과 불순물 간의 분리도를 확보하는 것을 전제로 해야 한다.

8.9.5 크로마토그래피 컬럼의 충전, 사용 및 유지 관리

크로마토그래피 컬럼의 성능은 분리 효과를 직접 결정하며, 충전 품질, 사용 방법 및 유지 관리 조치는 컬럼 효율을 보장하고 수명을 연장하는 핵심 요소이다. 충전부터 일상적인 사용에 이르기까지 모든 단계에서 정밀한 조작과 과학적인 관리가 필요하다.

크로마토그래피 컬럼의 충전 방법은 주로 균질화법과 건식 충전법의 두 가지로 나뉘며, 그중 균질화법은 현재 가장 널리 사용되는 방법으로 특히 소립자 고정상(〈10μm)의 충전에 적합하다. 균질화법의 기본 원리는 고정상 입자를 밀도가 일치하는 균질화 용매에 분산시켜 균일한 현탁액을 형성한 후 고압 조건에서 빈 컬럼에 빠르게 주입하여 고정상 입자가 균일하게 침적되어 밀집된 침상층을 형성하도록 하는 것이다. 균질화 용매의 선택은 매우 중요하며, 적절한 밀도와 점도 특성을 갖춰야 한다. 일반적으로 사용되는 균질화 용매로는 테트라브로모에탄, 디옥사노프란, 메탄올 등의 혼합물이 있다. 충전 압력은 고정상 입자 크기에 따라 결정되며, 일반적으로 200-400MPa이다. 소립자 고정상의 경우 더 높은 충전 압력이 필요하다. 충전 완료 후, 이동상을 사용하여 노화 처리를 실시하여 침상 내 미세 공극을 제거하고 크로마토그래피 컬럼 성능을 안정화해야 한다.

컬럼 효율 평가는 컬럼 사용 전 필수 단계로, 이론판 수, 분리도 및 대칭 인자 등의 매개변수를 측정하여 컬럼 성능을 평가한다. 컬럼 세척 및 소독은 컬럼 성능 유지 관리의 중요한 조치로, 분리 시료의 특성에 따라 적절한 세척 방안을 선택해야 한다. 일반 유기 시료의 경우, 분석 완료 후 10~20배의 컬럼 부피에 해당하는 강용매(아크릴아마이드, 메탄올 등)로 세척하여 잔류한 강하게 유지되는 성분을 제거해야 한다. 생물학적 시료, 특히 단백질, 핵산 등의 생체 고분자의 경우 세척 작업이 더욱 중요하며, 일반적으로 사용되는 세척액으로는 0.1mol/L NaOH, 20% 에탄올 및 10% SDS 용액이 있으며, 잔류 단백질과 미생물 오염을 효과적으로 제거할 수 있다. 생물학적 시료를 처리하는 크로마토그래피 컬럼에는 소독 처리가 적용되며, 일반적으로 0.5-1mol/L NaOH 용액으로 세척하여 컬럼 내 미생물을 사멸시킴으로써 생물학적 오염으로 인한 컬럼 효율 저하 및 유령 피크 발생을 방지한다.

8.9.6 크로마토그래피 시스템의 응용과 발전

크로마토그래피 기술의 응용은 생명과학, 의약품 개발, 환경 모니터링, 식품 분석 등 다양한 분야에 이미 침투해 있으며, 기술의 지속적인 발전에 따라 그 적용 범위는 계속 확장되고 있다. 생물 분리 분야에서 크로마토그래피 기술은 단백질, 핵산, 다당류 등 생물학적 거대분자의 분리 정제에 핵심적인 수단이다. 단일클론 항체 생산 과정에서는 일반적으로 Protein A 친화성 크로마토그래피를 이용한 초기 포집 후, 이온 교환 크로마토그래피와 친수성 크로마토그래피를 결합한 정밀 정제를 거쳐 최종적으로 순도 99.9% 이상의 항체 제품을 얻을 수 있다. 재조합 인슐린, 인터페론 등의 유전자 공학 의약품 생산 역시 제품의 안전성과 유효성을 보장하기 위해 크로마토그래피 기술에 크게 의존한다. 단백질체학 연구에서는 다차원 액체 크로마토그래피와 질량 분석 기술을 연동하여 수천 종의 단백질을 동시에 분리 및 동정할 수 있어 생명과학 연구에 강력한 도구를 제공한다.

약물 분석은 크로마토그래피 기술의 또 다른 중요한 응용 분야이다. 약물 개발 과정에서 크로마토그래피 기술은 약물의 함량 측정, 불순물 분석 및 키랄 분리(키랄 분리)에 사용된다. 고성능 액체 크로마토그래피(HPLC)는 약전에 수록된 가장 많은 분석 방법으로 각종 약물의 품질 관리에 사용된다. 환경 모니터링에서는 크로마토그래피 기술이 수체, 대기 및 토양 내 오염물질 검출에 활용된다. 가스 크로마토그래피(GC)는 휘발성 유기 화합물 분석에 적합하며, 예를 들어 수중의 벤젠계 화합물, 대기 중의 휘발성 할로겐화탄화수소 등을 분석한다. 액체 크로마토그래피는 극성 및 열 불안정성 오염물질 분석에 적합하며, 예를 들어 수중의 농약 잔류물, 다환 방향족 탄화수소 등을 분석한다. 크로마토그래피 기술의 높은 감도와 선택성은 환경 오염물질의 극미량 분석에서 핵심적인 역할을 한다.

식품 분석에서는 크로마토그래피 기술이 식품 내 비타민, 아미노산, 색소 등의 영양 성분 분석과 식품 첨가물, 오염물질 검출에 활용되어 식품의 품질과 안전을 보장하고 소비자 건강을 보호한다. 크로마토그래피 기술은 분석 과학의 핵심 방법으로서 각 분야에서 계속 중요한 역할을 할 것이며, 향후 발전은 분리 효율 향상, 작업 절차 간소화, 적용 범위 확대, 녹색 화학 요구 충족 등의 방향으로 지속해서 추진되어 과학 연구와 산업 생산에 더 강력한 기술적 지원을 제공할 것이다.

8.10 본 장 요약

본 장에서는 크로마토그래피 분리 기술의 기초 이론과 주요 범주를 체계적으로 설명하며, 그 작동 원리, 실제 응용 및 운영 요점을 포괄적으로 다루었다. 먼저 크로마토그래피 기술의 기본 개념과 발전 과정을 소개하고 분리 메커니즘을 심층 분석한 후 다양한 크로마토그래피 기술을 상세히 해설하였다. 흡착 크로마토그래피는 흡착제와 개발제의 협력을 통해 분리를 실현하며, 분배 크로마토그래피는 시료가 두 상에서 용해되는 정도 차이를 기반으로 분리하며, 정상(正相)과 역상(反相) 두 가지 모드로 구분된다. 이온 교환 크로마토그래피는 시료의 전하 특성 차이를 이용해 pH 값과 염 농도를 조절하여 그러데이션 용출을 수행한다. 겔 여과 크로마토그래피는 분자 크기에 따라 체질 분리한다. 친화 크로마토그래피는 생체 분자 간의 특이적 인식 작용을 통해 분리한다. 소수성 상호작용 크로마토그래피는 염 농도 조절을 통해 소수성 상호작용을 제어한다. 각 기술에 대한 설명은 분리 원리, 재료 선택, 조작 조건 및 실제 적용 사례를 중심으로 전개되며 각 기술의 특징과 적용 시나리오를 강조한다.

또한, 본 장에서는 크로마토그래피 시스템의 구성 요소, 이동상 선택 원칙, 작동 모드 분류, 시료 처리 방법 및 컬럼 유지보수 등 실용적인 내용을 상세히 소개하여 크로마토그래피 기술의 이론적 기초부터 실제 적용까지의 완전한 체계를 보여주었다. 과학 기술의 지속적인 발전에 따라 크로마토그래피 기술은 고감도, 고처리량 및 지능화 방향으로 빠르게 진화하고 있다. 초고성능 액체 크로마토그래피(UPLC), 완전 2차원 가스 크로마토그래피(GC×GC) 등 신기술의 출현은 분리 효율을 현저히 향상했다. 크로마토그래피와 질량 분석(MS), 핵자기 공명(NMR) 등의 기술 연동은 복잡한 시료의 정밀한 정성 및 정량 분석을 실현했다. 마이크로플렉스 칩 크로마토그래피와 자동화 지능형 크로마토그래피 시스템의 개발은 분석 과정의 소형화 및 자동화 진전을 촉진하여 단일 세포 분석, 현장 신속 검출 등 새로운 응용 분야를 확장했다.

크로마토그래피 기술의 기본 원리와 분류 체계에 숙달하면 실무자가 시료 특성에 따라 최적의 분리 방안을 선택하여 생물 의약, 환경 모니터링, 재료 분석 등 분야의 핵심 문제를 효과적으로 해결하고 기술 혁신과 산업 업그레이드에 견고한 기반을 제공할 수 있다.

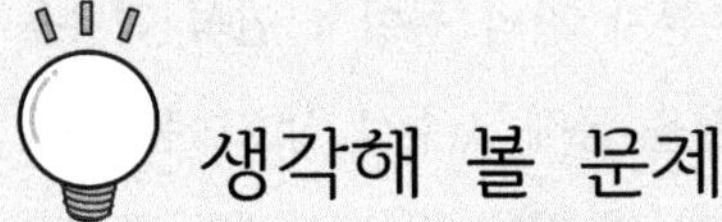

생각해 볼 문제

이온 교환 크로마토그래피, 소수성 상호작용 크로마토그래피, 친화성 크로마토그래피 세 가지 기술의 분리 원리, 적용 대상 및 용출 방식 측면에서의 유사점과 차이점을 비교 분석한다.

크로마토그래피 분리 분해능에 영향을 미치는 주요 요인을 상세히 설명하고, 실제 실험 과정에서 분해능을 최적화하는 방법을 제시한다.

겔 여과 크로마토그래피의 생물학적 분리 분야 주요 응용 영역을 개괄하고, 해당 기술의 한계점을 분석한다.

친화성 크로마토그래피 용출 과정에서의 특이적 용출과 비특이적 용출 두 방법의 장단점을 비교한다.

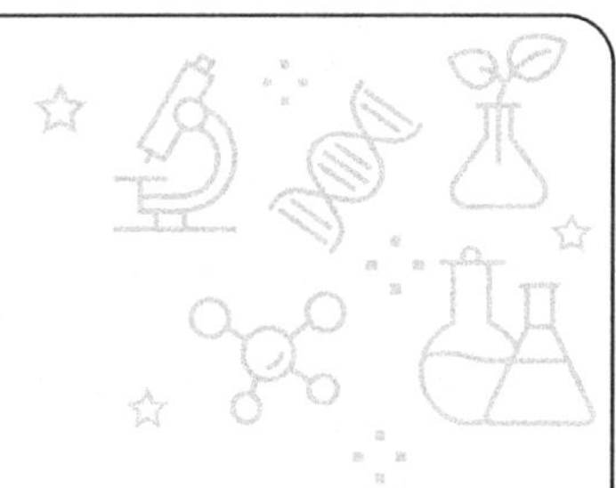

9. 단백질 재접합

재조합 DNA 기술과 단백질 발현 시스템의 급속한 발전에 따라 미생물은 대규모 의약 단백질 및 생물학적 제제 생산의 중요한 플랫폼이 되었다. 그러나 재조합 단백질의 과도한 발현은 종종 세포 내에서 잘못된 접힘과 응집을 유발하여 주로 표적 단백질로 구성된 인클로저를 형성한다. 이러한 인클로저 내 단백질은 올바른 1차 구조를 가질 수 있으나 고차 구조가 비정상적이어서 생물학적 활성을 상실한다. 포함체 형태로 발현된 재조합 단백질의 경우 생물학적 활성을 가진 제품을 얻기 위해 세 가지 핵심 단계를 거쳐야 한다. 먼저 포함체를 분리·회수하고, 단백질 펩타이드 사슬을 용해·전개한 후 적절한 조건에서 단백질이 재접합되어 자연적 구조를 회복하도록 촉진하는 것이다. 이 과정을 단백질의 체외 재접합이라고 한다.

포함체의 형성은 재조합 단백질 생산에서 이중성을 가진다. 재접합이 용이한 단백질의 경우 포함체 형성은 오히려 다운스트림 분리 정제 공정을 단순화한다. 반면 재접합이 어려운 단백질의 경우 포함체의 출현은 용해성 발현을 높이기 위해 발현 시스템을 최적화해야 함을 의미한다. 포함체 기술이 단백질 정제에 편의를 제공함에도 불구하고 단백질 재접합은 특히 고농도 조건에서의 재접합 효율 문제 등 여전히 많은 도전에 직면해 있다.

9.1 인클로저의 형성 및 특성

9.1.1 인클로저의 형성

단백질의 생물학적 기능은 정밀한 3차원 공간 구조에 완전히 의존하며 이 구조 정보는 본질에서 아미노산 선형 서열에 이미 암호화되어 있다. “열역학적 가설”에 따르면 적절한 조건에서 단백질은 자유 에너지가 가장 낮은 자연 활성 구조로 자발적으로 접혀야 한다. 그러나 실제 생물학적 환경에서는 이 접히는 과정이 다중 요인의 현저한 영향을 받는다. 새로 생성된 펩타이드 사슬은 에너지 최적 경로를 찾는 동시에 복잡한 분자 간 상호작용과 미세환경 교란에 대응해야 한다. 포함체 구성 성분에 대한 정밀 분석 결과 표적 단백질 외에도 핵산과 효소류 물질이 존재함이 밝혀졌다. 이 발견은 포함체형성과 번역 과정의 긴밀한 연관성을 입증할 뿐만 아니라, 그 안에 구조적 특성이 있는 발현 산물의 일부가 보존되었을 가능성을 시사한다.

재조합 단백질 발현 체계에서, 인클로저 현상은 원핵생물부터 대장균, 진핵생물인 효모 및 포유류 세포 등 다양한 발현 시스템에 걸쳐 보편적으로 존재하며, 심지어 내인성 단백질이 비정상적으로 과발현될 때도 유사한 응집이 발생한다. 이는 단백질의 과도한 발현이 인클로저 형성을 유도하는 근본 원인이며, 단백질 자체의 분자적 특성이나 특정 발현 시스템과는 무관함을 시사한다. 동역학적 관점에서, 단백질의 올바른 접힘과 잘못된 응집은 경쟁적 반응 경로를 구성한다. 접히는 과정은 분자 내 상호작용의 1차 반응 동역학을 따르는 반면 응집 과정은 분자 간 상호작용의 2차 또는 고차 반응 동역학을 따른다. 이러한 본질적 차이로 인해 고농도 조건에서는 응집 경로가 우세해지며, 이는 과발현이 포함체 형성을 유발하는 보편적 현상을 합리적으로 설명한다(그림 9.1).

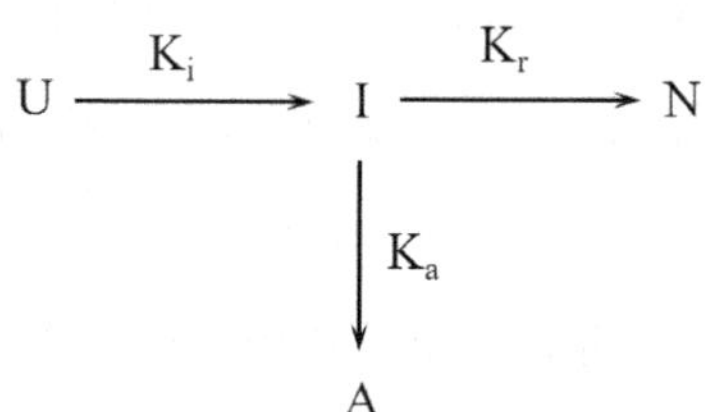

〈그림 9.1〉 단순화된 단백질 접힘 동역학 모델

그림 9.1에 표시된 동역학적 경쟁에서 생물학적 활성을 지닌 천연 단백질(N)은 분자 내 접힘 경로를 통해 형성되며, 그 반응 속도는 기질 농도와 1차 동역학적 관계를 보인다. 반면 비활성

응집체(A)는 분자 간 상호작용 경로를 통해 생성된다. 이 과정은 고차 반응 동역학(반응 차수 ≥2)을 따르며 그 속도는 농도의 고차에 비례한다. 이러한 본질적 차이로 인해 신생 펩타이드 사슬의 올바른 접힘 속도가 상대적으로 느릴 때 시스템 내 중간체의 축적은 표면 농도를 현저히 증가시켜 응집 과정을 지수적으로 가속한다. 동시에 부분 접힘 중간체가 노출한 소수성 영역은 분자 간 상호작용을 더욱 강화하며 이 두 요인은 단백질 조립 방향을 분자 내 접힘에서 분자 간 응집으로 전환해 최종적으로 포함체 형성을 초래한다.

동역학 분석에 따르면, 포함체 형성은 본질에서 발현 시스템의 합성 속도와 접힘 능력 사이의 동적 균형에 의해 결정되며, 이 과정은 농도 의존성을 가지지만 정확히 예측하기 어렵다. 그러나 이황화 결합을 포함하는 단백질이 환원성 세균 세포질에서 발현될 때 올바른 이황화 결합 형성에 필요한 산화 환경이 부족해 단백질은 필연적으로 잘못 접혀 포함체를 형성하게 되며, 이 특수한 상황은 높은 예측 가능성을 지닌다.

원핵 발현 시스템에서 널리 관찰되는 인클로저 현상은 단백질 재접합 기술을 생물제약 산업의 핵심 지원 기술로 부상시켰다. 외래 유전자 발현을 통해 얻어진 수많은 단백질 의약품은 생물학적 활성을 회복하기 위해 효과적인 체외 재접합 과정을 반드시 거쳐야 한다. 동시에, 단백질의 잘못된 접힘과 응집의 분자적 메커니즘 연구는 인간 건강과 밀접하게 연관되어 있다. 알츠하이머병, 파킨슨병 등의 신경퇴행성 질환의 발생과 진행은 모두 단백질 구조 이상과 직접 관련되어 있다. 따라서 단백질 접힘 이론은 중요한 산업적 응용 가치를 지닐 뿐만 아니라 생명과학 기초 연구에 없어서는 안 될 핵심적 위치를 차지하고 있다.

9.1.2 인클로저의 성질

포함체는 세포 내에서 형성되는 고밀도 단백질 응집체로, 물리적 특성은 밀도 약 1.3g/mL, 입자 크기 분포 범위 0.1-1.0μm이다. 이러한 매개변수는 발현 산물의 특성과 숙주 시스템의 차이에 따라 달라질 수 있다. 세포 내 위치 측면에서, 인클로저는 주로 세포질 구획에 존재하지만, 일부 분비형 단백질은 세포 외 공간에서 집합체를 형성할 수 있다. 위상차 현미경 관찰 시, 크기가 큰 인클로저는 현저한 광굴절 효과를 나타내어 어두운 점상 구조로 관찰되므로 흔히 "광 굴절체"라고 불린다.

화학적 구성 측면에서 인클로저 내 표적 발현 산물의 비율은 일반적으로 총 질량의 50% 이상을 차지하며, 나머지 구성 성분은 막 인지질, 핵산류 물질(플라스미드 DNA, rRNA) 및 RNA 중합 효소 등을 포함한다. 특히 설명할 점은 추출 과정에서 포함체 표면에 부착된 막 단백질은 조작 과정에서 유입된 불순물로, 계면활성제 세척을 통해 효과적으로 제거할 수 있다는 것이다. 체계적인 추출 및 정제 공정을 거치면 표적 산물의 최종 순도는 안정적으로 90% 이상에 도달할 수 있다.

현재 인클로저의 미세 구조에 대한 이해는 여전히 제한적이며, 일부 단백질이 특정한 이차 구조 특성을 유지한다는 점만 알려져 있다. 이러한 응집체는 내부에서 소량의 분해 산물이 검출되기는 하지만, 현저한 프로테아제 저항성을 보인다.

재조합 단백질이 인클로저 형태로 발현되는 것은 다음과 같은 기술적 장점을 지닌다. 첫째, 원핵 발현 시스템(특히 대장균)에서 인클로저 형성은 숙주균의 빠른 성장과 고밀도 배양 특성과 호환되어 대규모 생산의 기반을 마련한다. 둘째, 과발현 조건에서 인클로저는 표적 단백질의 고효율 농축을 가능하게 하며, 동시에 그 특수한 물리적 상태는 단백질 분해 효소 분해를 저항할 뿐만 아니라 숙주 세포에 독성을 가지는 발현 산물을 효과적으로 격리한다.

포함체 발현 시스템의 잠재력을 최대한 발휘하려면 효율적인 체외 재접합 공정 구축이 핵심이다. 그림 9.1에 표시된 동역학적 경쟁 관계가 보여주듯 단백질 재접합 과정은 항상 응집체 형성 위험을 동반한다. 따라서 응집 경로를 억제하고 올바른 접힘을 촉진하는 것이 단백질 재접합 연구의 핵심 과제가 되었다. 응집 현상을 효과적으로 통제할 때만 고농도 조건에서 효율적인 재접합을 실현하여 포함체 발현 시스템의 기술적 장점을 진정으로 발휘할 수 있다.

9.1.3 인클로저의 세포 내 억제

재조합 단백질 발현 기술에서 분자 구조가 복잡하거나 이황화 결합이 풍부하거나 분자량이 큰 단백질의 경우, 체외 재접합은 종종 큰 도전에 직면한다. 이를 위해 연구자들은 인클로저 형성을 억제하고 용해성 단백질 수율을 높이기 위한 다양한 세포 내 전략을 개발해 왔다. 포함체 형성의 동역학적 원리에 기반하여, 현재 주로 네 가지 유형의 조절 수단이 활용된다. 배양 온도 저하(예: 30℃ 이하)를 통한 단백질 합성 속도 감속하고 분자 동반자(예: GroEL/GroES 시스템), 접힘 효소 및 이황화 결합 이성질화 효소 등의 보조인자 공동 발현한다. 비대사성 탄원소 사용을 통한 세포 대사 강도 조절에서는 융합 발현 전략(예: GST, MBP, 아세틸시스테인 등 친수성 태그) 채택한다. 이러한 방법들은 특정 사례에서 용해성 성분 비율을 성공적으로 높였으나 여전히 뚜렷한 한계가 존재하는데 이는 용해성 발현 수준이 전반적으로 낮으며, 인클로저 형성을 완전히 제거하기 어렵다는 점이다. 이는 단백질 접힘의 세포 내 조절에 여전히 더 정교한 해결책이 필요함을 시사한다.

9.2 인클로저의 정제 및 용해

9.2.1 인클로저의 분리 정제

포함체의 분리 정제는 단백질 재접합 공정에서 핵심적인 사전 단계이며, 그 기술적 경로는 주로 세 가지 핵심 단계로 구성된다. 세포 분해 및 포함체 회수, 불순물 제거 및 세척 정제, 그리고 후속 용해 변성 처리이다. 초기 세포 분해 단계에서는 일반적으로 고압 분쇄 등의 기계적 분쇄 방법을 사용하며, 분해가 충분히 이루어지도록 반복 작업을 수행한다. 화학적 침투와 효소 분해 기술의 병행 적용은 분해 효율을 더욱 높일 수 있다. 포함체 자체의 높은 밀도 특성(약 1.3g/mL)을 이용하여 차동 원심분리를 통해 세포 파편 및 용해성 성분과의 효과적인 분리가 가능하다.

포함체 정화의 핵심 과제는 표면에 흡착된 막 단백질 및 인지질 등의 불순물을 제거하는 데 있다. 표준 정화 과정은 다섯 가지 핵심 단계를 포함한다. 먼저 고강도 세포 분해를 통해 포함체 방출을 확보한다. 이후 고속 원심분리를 통해 거친 포함체를 회수한다. 다음으로 EDTA, 저농도 변성제(1-4M 요소 또는 1-2M 염산 구아닌) 및 계면활성제(예: Triton X-100)를 포함한 세척액으로 막계 잡질을 제거하며, 동시에 설탕을 첨가하여 용액 밀도 안정성을 유지한다. 이후 저속 원심분리로 정제된 포함체를 회수한다. 마지막으로 순도 요구사항에 따라 다중 세척을 통해 정제를 최적화할 수 있다. 특히 주목할 점은 정제 과정 중 핵산 가수분해 효소를 첨가하면 핵산 성분을 효과적으로 분해할 수 있다는 것이다.

정제 정도는 후속 재접합 효율에 결정적인 영향을 미친다. 그림 9.1에 제시된 접힘 동역학 경쟁 모델이 보여주듯, 불순물의 존재는 단백질 응집 경로를 현저히 가속하는 반면, 고순도 변성 단백질은 재접합 수율을 크게 향상할 수 있다. 서로 다른 발현 시스템에서 생성된 포함체는 구성상 현저한 차이를 보이기 때문에 특정 사례에 대한 공정 최적화가 필요하다. 체계적인 공정 개발 실험을 통해 맞춤형 정제 방안을 수립함으로써 효율적인 재접합의 기반을 마련해야 한다.

9.2.2 인클로저 용해

포함체의 용해는 단백질 재접힘을 실현하는 핵심 단계로, 본질에서 응집 상태를 유지하는 비공유 상호작용과 이황화 결합을 파괴하여 단백질 분자를 용해 가능한 변성 상태로 전환함으로써 후속 올바른 접힘을 위한 필수 조건을 마련한다. 이 과정은 변성제, 환원제 및 보조 시약의 시너지 효과를 종합적으로 고려해야 한다.

9.2.2.1 용해 메커니즘과 시약 선택

변성제의 작용 메커니즘은 주로 요소(6-8M)와 염산 구아닌(4-6M)이라는 두 가지 고전적 시약으로 구분된다. 요소는 물 분자의 수소결합 네트워크를 파괴하여 간접적으로 단백질의 소수성 상호작용을 방해한다. 반면 염산 구아닌은 직접 펩타이드 결합과 수소결합을 형성하여 단백질의 이차 구조를 더 효과적으로 파괴한다. 최근 몇 년간, 새로운 이온성 액체와 용매는 독특한 용해 성능과 재활용 가능성으로 인해 특정 단백질 용해에 적용 가능성이 커지고 있다.

환원제 시스템의 선택은 단백질 특성에 따라 결정되어야 한다. β-메틸렌 글리콜(10-50mM)과 디설포네이트(1-10mM)는 전통적인 황화수소 환원제이지만 산화되기 쉽고 자극적인 냄새가 나는 등의 단점이 있다. 삼(2-카복시에틸)은 차세대 환원제로서 안정성이 우수하고 작용이 온화하며 냄새가 없다는 장점이 있어 포함체 용해의 우선적 환원제로 자리 잡았다. 복잡한 이황화 결합을 가진 단백질의 경우 산화-환원 완충 체계를 활용하여 GSH/GSSG 비율을 조절함으로써 이황화 결합의 재조합 과정을 제어할 수 있다.

9.2.2.2 용해 공정 최적화

용해 과정은 알칼리성 조건(pH 8.0-9.0)에서 진행되며, Tris 또는 Glycine 등의 완충계로 반응 안정성을 유지한다. 온도 제어는 특히 중요하며, 일반적으로 4-25℃의 온화한 조건을 선택하여 용해 효율을 보장하면서도 고온으로 인한 부반응을 방지한다. 용해 시간은 포함체 밀도와 단백질 특성에 따라 최적화해야 하며, 일반적으로 2-12시간 범위이다.

용해 효율 향상을 위해 단계적 용해 전략을 적용할 수 있다. 먼저 저농도 변성제로 전처리하여 표면 흡착 불순물을 제거한 후 완전한 용해 시스템으로 핵심 용해를 진행한다. 온화한 교반, 초음파 처리 등의 기계적 보조 방법도 용해 과정을 현저히 가속할 수 있으나, 단백질 분해를 방지하기 위해 매개변수를 엄격히 제어해야 한다.

9.2.2.3 품질 관리 및 공정 모니터링

용해 과정 중 완벽한 모니터링 체계를 구축해야 한다. 동적 광산란을 통해 응집체 크기 변화를 모니터링하고 자외선 분광법 및 형광 분광법을 활용해 단백질 구조 변화를 추적하며, RP-HPLC를 통해 용해 균일성을 평가한다. 용해 종점 판단 기준은 용액이 맑고 투명하며 가시적 입자가 없고 분광학적 특성이 안정적임을 포함해야 한다.

특히 주의할 점은 용해액이 반드시 0.22μm 막 여과를 통해 불용성 미립자를 제거해야 하며, 단백질 농도는 적절한 범위(일반적으로 1-5mg/mL)로 제어되어 후속 재구성 단계를 위한 기반을 마련해야 한다는 것이다. 다중 구조를 가진 복잡한 단백질의 경우 단계적 용해 전략을 고려해야 하며, 우선 느슨한 영역을 용해한 후 핵심 집합 영역을 처리해야 한다.

성공적인 인클로저 용해는 완전한 변성을 달성할 뿐만 아니라 단백질의 공유 결합 구조적 완전성을 최대한 유지하고 과도한 처리로 인한 부반응을 방지해야 한다. 이를 위해서는 표적 단백질의 물리 화학적 특성에 따라 각 공정 매개변수를 체계적으로 최적화하고 확장 가능한 표준화 작업 절차를 수립해야 한다.

9.3 단백질 재접합

단백질 재접합은 변성제 농도 구배를 제어하여 변성 상태의 단백질 분자가 천연 3차원 구조를 재획득하는 과정이다. 고농도 변성제에 용해된 변성 단백질이 점진적으로 감소하는 변성제 농도를 경험하면, 단백질 분자는 자발적으로 구조 재편성을 거쳐 최종적으로 생물학적 활성 구조를 회복한다. 이 과정은 본질에서 열역학적으로 구동되는 자발적 과정이지만, 경로 선택은 동역학적 요인의 영향을 크게 받는다.

이황화 결합을 포함하는 단백질의 경우 그 재접합 과정은 산화 환원 조절 하에 진행되며 이를 산화 재접합이라고 한다. 이 과정은 적절한 산화 환원 미세환경을 구축하여 올바른 이황화 결합의 형성 및 재배열을 촉진해야 한다. 일반적으로 사용되는 산화 환원 쌍에는 글루타싸이온(GSSG/GSH), 시스테인/시스테인 등의 티올-이황화 결합 교환 체계가 포함되며, 경우에 따라 금속 이온(예: Cu^{2+})이 촉매하는 공기 산화 메커니즘을 활용하기도 한다. 이러한 시약들은 티올-이황화 결합의 동적 평형을 조절함으로써 단백질이 올바른 이황화 결합 쌍을 형성하도록 열역학적 동인을 제공한다.

산화 환원 반응은 일반적으로 pH 7.5-9.5의 약알칼리성 완충 용액에서 수행되며, 이 pH 범위는 티올 이온화가 고 반응성 티올 음이온을 형성하는 데 유리하여 이황화 결합 교환 속도를 현저히 촉진한다. 재형성 완충액의 정확한 조성은 표적 단백질의 특성에 따라 최적화되어야 하며, 여기에는 산화 환원 쌍의 적절한 비율(예: GSSG/GSH는 일반적으로 1-10mM 범위 유지), 이온 강도 및 필수 보조인자가 포함된다. 이러한 매개변수들은 재형성 과정의 효율성과 특이성을 공동으로 결정한다.

9.3.1 희석 재형성

재접합 작업에서 가장 기본적이면서도 널리 사용되는 전통적 방식은 희석 재접합으로 직접 희석 재접합, 투석 재접합(세척 재접합이라고도 함) 및 플로-인 재접합 등 다양한 구체적 작업 모드를 포함한다.

직접 희석 재접합 과정에서 변성 단백질 용액은 재접합 완충액에 직접 도입되며, 변성제 농도가 감소함에 따라 펼쳐진 펩타이드 사슬(U)은 풍부한 이차 구조를 가진 접힘 중간체(I)로 신속히 전환된다. 이 과정은 밀리초 단위로 완료되며 일반적으로 수 밀리 초 내에 이루어진다. 따라서 중간체 I의 형성은 순간적(즉, k;→∞)으로 간주할 수 있다. 그림 9.1은 을 중간 상태 I에서 천연 활성 상태 N으로의 접힘과 집합체 A 형성의 병렬 반응으로 더욱 단순화할 수 있다. 여기서 접힘 반응의 속도 상수는 kr이고, 집합체 형성 속도 상수는 ka이다. 접힘 반응은 분자 내 1차 반응 과정인 반면 집합체 형성은 분자 간 2차 또는 고차 반응 과정이다. 재활성화 반응 동역학 방정식은 다음과 같다.

$$\frac{dI}{dt} = -k_r I - k_a I^n$$

$$\frac{dN}{dt} = k_r I$$

직접 희석 재구성 반응의 초기 조건은 t=0, $I=U_{(0)}$,N=0이다.

그중 I는 접힘 중간체 농도, N은 천연 단백질 농도, U_o는 펴진 펩타이드 사슬(변성 단백질)의 초기 농도, t는 재접힘 조작 시간, n은 응집체 생성 반응 계수이다.

라이소자임의 산화적 재성질화에서 응집체 생성 반응은 3차 반응 동역학으로 설명될 수 있으며, 즉 n=3이다. 상기 공식의 해석적 설명은 다음과 같다.

$$\frac{N}{U_0} = \phi\left\{\tan^{-1}\left[(1+\phi^2)\exp(2k_r t) - 1\right]^{0.5} - \tan^{-1}\phi\right.$$

$$\text{여기서}\ \phi = \left(\frac{k_r}{k_a U_0^2}\right)^{1/2}$$

t→∞일 때 최종 재활성화 수율은 $y = \phi\left(\frac{\Pi}{2} - \tan^{-1}\phi\right) \times 100\%$이다.

이 공식으로 구축된 동역학 모델은 다양한 초기 농도에서 변성 용균효소의 재구성 동역학 곡선을 성공적으로 모사하였으며, 3단계 집합 반응 동역학 모델이 해당 단백질 재구성 과정에 적용 가능함을 입증했다. 초기 단백질 농도가 증가함에 따라 최종 재구성 수율은 체계적인 감소 추세를 보였으며, 이는 집합 반응 속도가 농도와 유의미한 양의 상관관계를 가짐을 시사한다.

희석 재결합 과정에서 반응계의 혼합 효율은 재결합 효과에 결정적 영향을 미친다. 혼합이 불충분할 경우, 국소 영역에 단백질 농도가 높은 "핫스팟"이 발생하여 응집체 형성을 현저히 가속한다. 실험 관찰 결과, 동일한 단백질 농도 조건에서 희석 배수가 증가할수록(즉 변성 단백질 초기 농도가 증가할수록) 재결합 수율이 오히려 감소하는 것으로 나타났으며, 이는 농도 효과가 응집 과정을 강화한다는 점을 추가로 입증한다.

따라서 재접합 반응기의 공학적 설계와 운영 매개변수 최적화는 특히 중요하다. 반응기의 기하학적 구조, 교반 패들의 형식 선택 및 교반 속도의 정밀 제어는 모두 물질 전달 효율과 농도 분포 균일성에 직접적인 영향을 미치며, 이는 최종 재접합 수율에 결정적인 영향을 준다. 합리적인 반응기 설계는 국부적 농도 변동을 효과적으로 억제하여 단백질 접힘에 더 유리한 동역학적 환경을 조성할 수 있다.

9.3.2 보조인자의 역할

단백질 재접힘 과정에서 재접힘 수율 저하의 주요 제약 요인은 응집체 형성이다. 이에 연구자들은 재접힘 용액의 pH, 온도, 산화 환원제 농도 등 기본 매개변수를 최적화하는 동시에, 희석 재접힘 과정에 특정 소분자 용질을 첨가하는 전략, 즉 "희석 첨가" 재접힘 기술을 적극적으로 개발하여 보조인자를 도입함으로써 응집 경로를 효과적으로 억제하고 있다.

현재 흔히 사용되는 보조인자로는 저농도 변성제(예: 염산 구아닌, 요소), 아미노산 유도체(예: L-아르지닌), 다원자 알코올(예: 글리세롤), 중합체(예: 폴리에틸렌글라이콜), 계면활성제나 일부 유기 용매(예: 아세틸 아마이드) 등이 있다. 이러한 첨가제는 두 가지 주요 메커니즘을 통해 촉진 작용을 발휘한다. 첫째, 열역학적 안정화 효과를 통해 천연 단백질 구조의 안정성을 강화하고 잘못된 접힘 경로를 감소시킨다. 둘째, 증용 작용을 통해 접힘 중간체 또는 부분적으로 펼쳐진 펩타이드 사슬의 용해성을 높여 분자 간 응집을 효과적으로 차단한다.

추가제 종류에 따라 작용 기전은 현저히 다르다. 글리세롤 등의 안정제는 주로 배제 부피 효과를 통해 단백질 구조의 밀집성을 강화하여 열역학적 안정성을 높인다. 반면 저농도 변성제, 폴리에틸렌글라이콜 및 계면활성제는 접힘 중간체 표면의 소수성 영역에 특이적으로 결합하여 분자 간 상호작용을 효과적으로 차단함으로써 응집체 형성을 방지한다. 주목할 점은 적정량의 염산 구아닌 등의 변성제가 특정 농도 범위 내에서 오히려 산성 변성 단백질의 이차 구조 재구성을 촉진하고, 용융구상 중간체를 안정시켜 후속 올바른 접힘에 유리한 조건을 조성한다는 것이다. 이러한 농도 의존적 이중 작용 특성은 첨가제 사용량 범위를 정밀하게 제어할 필요가 있음을 시사한다.

단백질의 접힘 및 재접힘 과정은 복잡하고 변수가 많으므로 희석 첨가제를 사용할 때는 반드시 여러 핵심 요소를 신중히 고려해야 한다.

먼저 첨가제 작용이 현저한 선택성 특성을 보인다는 점을 인식해야 한다. 특정 첨가제는 일부 유형의 단백질 재접합 과정에만 촉진 효과를 나타내며, 다른 단백질에는 전혀 효과가 없거나 오히려 억제 효과를 일으킬 수 있다. 이러한 선택성은 첨가제 분자와 단백질 특정 도메인 간의 특이적 상호작용에서 비롯된다. 예를 들어, 폴리에틸렌글라이콜은 카르보안 하이드라지 B의 재접합을 효과적으로 촉진하지만, 라이소자임 시스템에서는 효과가 미미한데 이는 첨가제 효과의 단백질 특이적 본질을 보여준다.

첨가제의 농도 조절은 매우 중요하며, 그 효과는 특정 농도 범위 내에서만 유효하다. 낮은 농도에서는 첨가제의 보조 효과가 충분하지 않은 반면 최적 범위를 초과하면 응집 현상을 억제할 수는 있으나 동시에 단백질의 정상적인 접힘 과정을 방해할 수 있다. 염산 구아닌은 적정 농도에서 접힘 속도 상수와 응집 속도 상수의 비율을 조절하여 재접합 수율을 향상할 수 있으나 임계 농도를 초과하면 오히려 접힘 과정을 완전히 억제한다.

첨가제의 이상적 작용 농도는 단백질 종류와 시스템 농도와 밀접하게 관련되어 있으며, 이러한 농도 의존성은 특별히 주목해야 한다. 동일 첨가제에 대한 최적 농도 요구는 단백질마다 현저히 다르며, 단백질 농도가 증가함에 따라 필요한 첨가제 농도도 비례하여 높아진다. 일반적으로 첨가제는 낮은 단백질 농도(〈0.1-1mg/mL)에서 최상의 보조 효과를 발휘하지만, 고농도 단백질 시스템에서는 분자 간 응집 경향이 강화되어 첨가제 효과가 현저히 약화된다.

첨가제 사용은 재접합 과정의 동역학적 특성에도 영향을 미친다. 자연조건에서 단백질 접힘은 일반적으로 몇 분에서 1시간 이내에 완료되지만, 대부분의 첨가제는 응집을 억제하는 동시에 접힘 속도를 지연시켜 최적의 재접합 효율을 달성하기 위해 배양 시간을 5~40시간까지 연장해야 한다. 이러한 동역학적 균형 조정은 첨가제를 사용하여 재접합 효율을 높이는 것이 종종 작업 시간 증가라는 대가를 치러야 함을 의미한다.

사용 전략 측면에서는 기본 변성제(예: 염산 구아닌 또는 요소)의 농도 최적화를 통해 재접합 효과를 우선 달성하고, 이 방법이 효과적이지 않을 때만 다른 전문 첨가제 도입을 고려할 것을 권장한다. 이러한 단계적 최적화 전략은 시스템 복잡성을 단순화하고 공정 제어성을 향상하는 데 도움이 된다.

마지막으로, 첨가제의 후속 처리 문제, 특히 계면활성제 계열 첨가제를 반드시 고려해야 한다. 이 물질들은 단백질과 강하게 결합하여 장기간 작용 시 단백질 변성을 유발할 수 있으므로 재결합 완료 후 즉시 제거해야 한다. 이온성 계면활성제는 이온 교환 크로마토그래피로 효과적으로 분리할 수 있으나 비이온성 계면활성제는 다른 전문적인 정제 방법이 필요할 수 있다.

9.3.3 분자 샤페론과 인공 분자 샤페론

분자 동반자(molecular chaperones), 일명 분자 부케는 열 충격 단백질(heat shock protein, HSP)의 총칭으로 생체 내외 환경에서 특정 작용 기전을 통해 단백질의 잘못된 접힘과 응집을 방지하고, 변성되거나 접히지 않은 단백질이 생물학적 활성을 지닌 자연적 구조로 올바르게 접히도록 돕는 핵심 기능을 수행한다. 이는 단백질의 구조적 안정성과 기능적 완전성 유지에 중요한 의미를 지닌다. 현재까지 발견된 분자 동반자 단백질 종류는 수십 종을 넘으며, 원핵생물과 진핵생물의 세포에 널리 존재한다. 그중 대장균의 샤페로닌(Chaperonin) 가족 구성원인 GroEL과 GroES는 가장 깊이 있고 광범위하게 연구된 대표적인 분자 동반자로, 분자 동반자의 작용 메커니즘을 밝히는 데 중요한 모델을 제공한다. 구조적으로 GroEL은 14개의 동일한 서브 유닛으로 구성된 이중 층 원반형 단백질이며, 각 서브 유닛의 분자량은 약 5.7×10^4이다. 반면 GroES는 7개의 동일한 서브 유닛으로 구성된 단일 층 원반형 단백질로, 단일 서브 유닛의 분자량은 약 1.0×10^4이다. 이러한 특정한 올리고머 구조가 그 기능 발휘의 구조적 기반이다. 작용 과정에서 GroEL은 먼저 신장 상태의 펩타이드 사슬이나 중간 접힘 상태의 단백질에 특이적으로 결합하여, 그 단백질이 소수성 상호작용으로 인해 응집되는 것을 방지한다. 이후 아데노신삼인산(ATP)과 GroES의 공동 작용 하에 ATP의 가수분해로 방출된 에너지를 이용해 단백질의 올바른 접힘에 필요한 동력을 제공한다. 결국, 표적 단백질이 생물학적 활성을 지닌 천연 구조를 형성하도록 촉진한다. 또한, 다수의 연구를 통해 GroEL이 단독으로 또는 GroES와 복합체(GroEL/GroES)를 형성하여 체외 환경에서 변성 단백질의 재접힘을 효과적으로 촉진할 수 있음이 입증되었으며, 이는 분자 동반자가 단백질 접힘을 보조하는 핵심 기능을 다시 한번 증명한다. 그러나 분자 동반자가 명확한 접힘 보조 기능을 가짐에도 불구하고 천연 단백질로서 그 적용에는 두 가지 주요 한계가 존재한다. 첫째, 제조 비용이 많이 들어 대규모 적용이 제한되며, 둘째,

작용 조건이 제한되어 일반적인 조작 조건에서는 저농도 단백질의 재접합 효과가 더 우수하여 고농도 단백질 재접합 요구를 충족시키기 어렵다. 이러한 문제점을 해결하기 위해 연구자들은 고정화된 분자 동반자 또는 그 펩타이드 단편을 활용하여 분자 동반자의 재사용을 실현하고, 이를 크로마토그래피 컬럼 기술과 결합하여 고농도 단백질의 재접합을 달성하는 방안을 제안했다. 이는 분자 동반자의 응용 분야를 확장하는 새로운 접근법을 제시한다.

천연 분자 동반자의 적용 한계점을 고려하여 연구자들은 천연 분자 동반자의 보조 접힘 기능을 모방하여 인공 분자 동반자 재접힘 시스템을 개발했다. 이는 보다 경제적이고 효율적인 방식으로 단백질 재접힘 문제를 해결하고, 생물공학, 의약 등 분야의 단백질 제조 수요를 충족시키기 위함이다. 현재 널리 적용되는 인공 분자 동반자 시스템은 계면활성제/사이클로덱스트린 복합 체계로, 가장 대표적인 조합은 계면활성제 CTAB(트라이메틸브로마이드)와 사이클로덱스트린(CD)이다. 또한, 선형 덱스트린, 고리형 전분 등도 사이클로덱스트린 대체물로 인공 동반자 시스템 구축에 활용될 수 있다. 인공 분자 동반자의 보조 재접합 과정은 크게 두 가지 핵심 단계로 나뉩니다. 첫째는 포획 및 보호 단계로, 계면활성제 분자가 먼저 변성 단백질과 결합하여 단백질 분자 표면의 소수성 기단을 차단함으로써 변성 단백질의 조기 접힘과 분자 간 소수성 상호작용을 완전히 억제하고 단백질 응집 발생을 방지한다. 다음으로 접힘 유도 단계에서는 시스템에 사이클로덱스트린을 첨가하면, 사이클로덱스트린의 내강이 소수성을 지녀 계면활성제 분자를 특이적으로 흡착 및 결합함으로써 펩타이드 사슬 표면의 계면활성제를 신속히 제거한다. 계면활성제 보호를 상실한 변성 단백질은 적절한 조건에서 재접힘을 시작하여 최종적으로 생물학적 활성을 지닌 천연 구조를 형성한다. 동역학적 특성 측면에서 표관 재접합 동역학 모델 연구에 따르면 단순 희석 재접합과 비교하여 인공 분자 동반자 첨가 시 단백질 재접합 속도 상수는 거의 변하지 않지만, 응집체 생성 속도 상수는 약 50% 감소한다. 이는 인공 분자 동반자 시스템이 주로 단백질 응집 억제를 통해 재접합 효율을 향상함을 보여주며, 그 고효율성에 대한 이론적 근거를 제공한다; 동시에 특정 염산 구아닌 농도 범위(〈1.2mol/L) 내에서 인공 분자 동반자 시스템은 염산 구아닌과 시너지 효과를 발휘하여 단백질 재접합을 보조하며, 두 요소의 효과는 가산 효과를 나타낸다. 이러한 시너지 작용은 고농도(1~2mg/mL) 단백질의 고효율 재접합을 실현하여 천연 분자 동반자가 고농도 단백질 재접합에서 가지는 한계를 효과적으로 극복한다. 전체적으로 인공 분자 동반자 시스템은 현저한 응용 우위를 지니며, 조작이 간편하고 복잡한 장비나 공정이 필요 없을 뿐만 아니라 비용이 저렴하다. 사용되는 계면활성제, 사이클로 펩타이드 등의 첨가제 가격도 합리적이며, 재접합 효율이 높고 특히 고농도 단백질 재접합에서 두드러진 성능을 보인다. 따라서 생물제약, 효소 공학 등 분야에서 광범위한 응용 전망을 하고 있다.

9.3.4 반(反) 콜로이드 용해 재접합

단백질 재접합 과정은 본질에서 분자 내 올바른 접힘과 분자 간 잘못된 응집 사이의 동역학적 경쟁이다. "무한 희석"이라는 이상적인 조건에서 분자 간 상호작용을 제거함으로써 단백질 재접합 과정을 올바른 접힘 경로로 제한할 수 있으며, 이는 재접합 효율을 현저히 향상한다. 바로 이것이 전통적인 희석 재접합 기술의 이론적 기반이다.

반 콜로이드 기술은 이러한 분자 격리를 실현하기 위한 혁신적인 해결책을 제공한다. 그림 9.2에서 보듯이, 반 콜로이드로 개별 변성 단백질 분자를 감싸면 분자 간 불리한 상호작용을 효과적으로 차단하여 단백질에 독립적인 접힘 미세환경을 조성할 수 있다. Hatton 연구팀은 음이온 계면활성제 AOT를 이용해 반 콜로이드를 형성함으로써 변성된 라이소자임의 추출 및 재접합을 성공적으로 수행했다. 세척 단계에서 콜로이드 내 변성제를 제거함으로써 단백질이 격리된 상태에서 고효율 재접합을 완료할 수 있게 한 것이다.

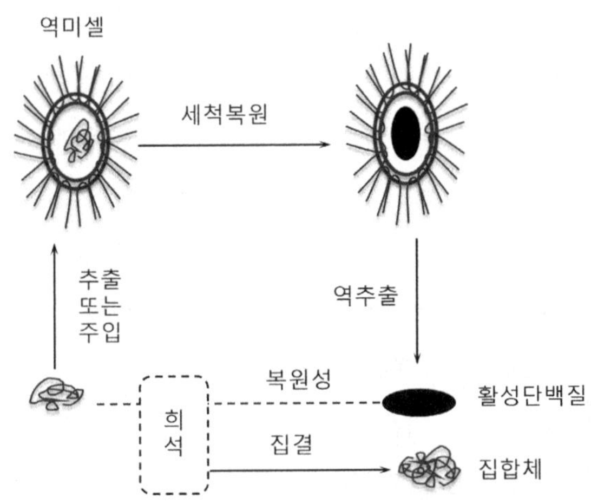

〈그림 9.2〉 반 콜로이드 보조 단백질 재접합 개념도 및 희석 재접합과의 비교

그러나 이 기술은 한 가지 핵심 과제에 직면해 있다. 변성제의 존재는 단백질이 반 콜로이드 상으로 분배되는 효율을 현저히 저하시켜 추출률을 낮춘다. 이러한 한계를 극복하기 위해 연구진은 고체 상태 변성 단백질을 직접 추출하는 기술 경로와 비이온성 계면활성제를 이용한 반 콜로이드 시스템 구축 등 새로운 전략을 개발했다. 이러한 개선 방안은 현재 기술에서 존재하는 용해 용량 제한, 역추출 효율 저하, 단백질-계면활성제 상호작용에 의한 침전 등 다중 문제를 동시에 해결할 수 있을 것으로 기대되며 역 콜로이드 재접합 기술의 실용화를 위한 새로운 길을 열었다.

9.3.5 전하 입자를 이용한 전하 단백질 재접합 촉진

전하 입자 촉진 재접합 기술은 전하를 띤 기능성 재료와 단백질 분자 간의 정전기 상호작용을 이용해 접힘 과정을 조절하는 새로운 방법이다. 그 핵심 원리는 정전기 배척 효과에 기반한다: 단백질과 기능성 재료 표면이 동일한 성질의 전하를 띠고 있을 때, 재료 표면에 형성된 정전기장(電勢場)은 단백질 분자 간의 근접 접촉을 효과적으로 차단하여 응집 경로를 현저히 억제한다. 동시에, 이러한 제어 가능한 반발 작용은 단백질 접힘 중간체에 안정적인 미세환경을 제공하여 올바른 접힘에 필요한 특징 시간을 연장함으로써 단백질이 구조 공간을 더 충분히 탐색할 수 있게 하여 천연 구조를 획득할 확률을 높인다.

실제 적용에서 이 기술 체계는 주로 두 종류의 기능성 물질을 사용한다. 양이온성 물질에는 아미노화 자기 나노입자, 폴리라이신 수지 미세구 등이 포함되며, 등전점이 낮은(pI〈7) 산성 단백질의 재접합 촉진에 적합한다. 음이온성 재료로는 카복실화 실리카 입자, 황산기 수정한 폴리머 등이 있으며, 등전점이 높은(pI〉8) 알칼리성 단백질에 대해 우수한 촉진 효과를 나타낸다. 이러한 재료의 표면 전하 밀도는 일반적으로 0.1-1meq/g 범위에서 제어되며, 입자 크기 분포는 50-200㎚가 주를 이룬다. 재접합 시스템에서의 첨가 농도는 일반적으로 0.1~1%(w/v)이다.

이 기술의 두드러진 장점은 여러 측면에서 나타난다. 첫째, 재료 표면 전하 특성을 정밀하게 조절함으로써 특정 단백질에 대한 선택적 보조 재결합을 실현할 수 있다. 둘째, 자성 기능성 재료의 도입으로 재결합 과정을 후속 분리 단계와 통합할 수 있어 외부 자기장 적용만으로 재료 회수 및 재사용이 가능하다. 또한, 기존 첨가제와 달리 전하 입자는 제거가 어려운 소분자 물질을 도입하지 않아 후속 정제 부담을 줄인다. 연구 결과, 이 기술은 다양한 재접합이 어려운 단백질의 수율을 30~50% 향상할 수 있으며, 특히 고농도(〉1mg/mL) 재접합 조건에서도 높은 효율을 유지하여 산업화 적용을 위한 새로운 기술 경로를 제시한다.

9.4 본 장 요약

본 장에서는 재조합 단백질 발현 과정에서 포함체의 형성 메커니즘, 특성 및 후속 처리 기술을 체계적으로 설명하였다. 포함체는 단백질 과발현 시 형성되는 응집 상태의 산물로, 구성 단백질은 올바른 1차 구조를 가지지만 고차 구조가 비정상적이어서 생물학적 활성을 상실한다. 포함체의 분리 정제, 용해 변성 및 체외 재접합이라는 세 가지 핵심 단계를 통해 천연 구조와 생물학적 기능을 회복시킬 수 있다.

포함체 특성 연구 측면에서는 그 형성 동역학 메커니즘을 심층적으로 탐구하여 단백질의 올바른 접힘과 잘못된 응집 사이의 경쟁 관계를 규명하였다. 포함체의 고밀도 특성과 특수한 구성은 그 분리 정제에 이론적 기반을 제공함과 동시에 후속 재접합 공정에 도전 과제를 제시한다.

재접합 기술 분야에서는 본 장에서 다양한 재접합 방법을 상세히 소개한다. 전통적인 희석 재접합부터 첨단 분자 동반자 보조 재접합, 크로마토그래피 재접합 기술부터 반 콜로이드 용해 재접합, 그리고 신흥 전하 입자 촉진 재접합 기술에 이르기까지. 이러한 방법들은 각각 고유한 특성이 있으며 서로 다른 유형의 단백질과 다양한 공정 요구에 적용된다. 특히 주목할 점은 다양한 보조인자와 첨가제가 응집 억제 및 올바른 접힘 촉진에 중요한 역할을 하지만 그 사용에는 선택성, 농도 윈도우 효과 등 다중 요소를 고려해야 한다는 것이다.

단백질 재접합 기술의 발전은 생물제약 생산의 핵심 기술적 난제를 해결했을 뿐만 아니라 단백질 접힘 메커니즘 연구에 중요한 플랫폼을 제공했다. 새로운 재접합 기술이 지속해서 등장하고 개선됨에 따라 재조합 단백질의 생산 효율성과 응용 범위는 더욱 확대될 것이다.

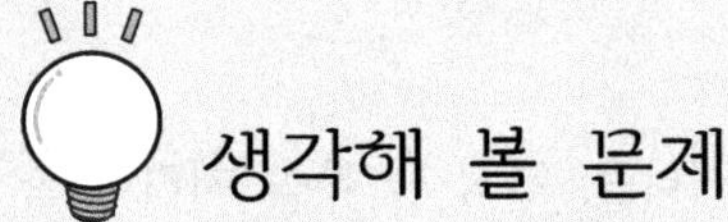

생각해 볼 문제

포함체 형성 과정에서 분자 내 접힘과 분자 간 응집 간의 동역학적 경쟁 메커니즘을 분석하고, 이 균형에 영향을 미치는 핵심 요인을 설명한다.

희석 재접합 기술과 크로마토그래피 재접합 기술의 작동 원리, 조작 특성 및 적용 범위를 비교하고, 각각의 장점과 한계를 분석한다.

분자 동반자 및 인공 분자 동반자가 단백질 재접합에서 수행하는 작용 메커니즘을 상세히 설명하고, 공학적 전략을 통해 그 적용 효율을 향상하는 방안을 논의한다.

첨가제 보조 재접합 과정에서 농도 윈도우 효과가 발생하는 이유는 무엇인가? 특정 단백질-첨가제 시스템의 최적 작동 조건을 실험적으로 어떻게 결정할 수 있는가?

반 콜로이드 용해 재접합 기술은 어떻게 단백질 분자의 "무한 희석" 상태를 구현하는가? 이 기술이 현재 직면한 주요 과제와 가능한 해결 방안을 분석한다.

전하 입자 촉진 재접합 기술의 작동 원리는 무엇인가? 이 기술이 고농도 단백질 재접합 문제 해결에 있어 갖는 독특한 장점은 무엇인가?

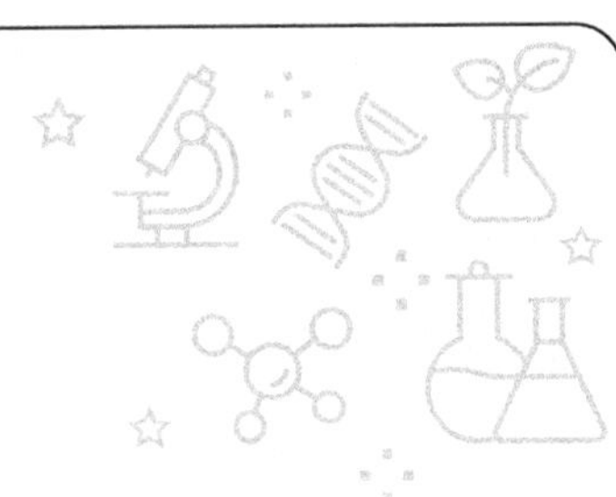

10. 결정화

결정화는 오랜 역사를 가진 광범위하게 적용되는 핵심 분리 기술로 본질에서 액상 또는 기상에서 규칙적인 분자 배열을 가진 고체 결정체를 형성하는 과정이다. 침전 과정과 유사하게, 결정화 역시 새로운 상의 생성을 수반하지만 두 과정은 생성물 구조에 있어 본질적인 차이가 있다. 결정화는 분자가 3차원적으로 규칙적으로 배열된 결정체를 생성하는 반면 침전은 비정형 입자를 형성한다. 이러한 구조적 차이로 인해 결정화 제품은 일반적으로 더 높은 순도와 더 규칙적인 형태적 특성을 보인다. 산업 현장에서는 주로 액체 원료를 처리하며, 용질의 용해도 차이를 정밀하게 제어하여 분리 정제를 실현한다. 이 기술의 적용은 고대 제염 공법까지 거슬러 올라가며, 수천 년의 발전을 거쳐 오늘날 화학 공업과 생물 제조 분야에서 필수적인 단위 조작이 되었다. 아미노산, 유기산, 항생제 등 생물학적 생산물의 제조 과정에서 결정화 기술은 매우 중요한 역할을 하며, 대부분의 고체 형태 최종 제품은 결정화 공정을 통해 얻어진다. 이는 현대 산업 생산에서 이 기술의 중요성을 충분히 입증한다.

10.1 결정화 원리

결정 기술은 오랜 역사를 지니고 현대 산업에서 필수적인 분리 정제 방법으로, 그 핵심은 물질이 액상에서 규칙적으로 배열된 결정으로 방향성 있게 형성되는 과정을 제어하는 데 있다.

결정 조작의 본질을 체계적으로 이해하려면 용해도 평형, 과포화도 조절 및 핵생성 동역학이라는 세 가지 기본 측면에서 심층적으로 분석해야 한다.

10.1.1 용해도

용해도는 결정화 과정의 기초 물리 화학적 파라미터로서, 특정 온도와 압력 조건에서 용질과 용매가 상평형을 이루는 최대 용해 능력을 나타낸다. 이 파라미터는 결정화 과정의 실행 가능성과 조작 경로를 직접 결정하며, 결정 공정 설계의 핵심 근거이다.

서로 다른 물질계는 상이한 용해도 특성을 보인다. 대표적인 수염계(水鹽系)를 예로 들면: 질산칼륨의 용해도는 온도 상승에 따라 현저히 증가하는 반면 염화나트륨의 용해도는 상대적으로 안정적으로 유지된다. 이러한 차이는 분자 간 상호작용의 본질적 차이에서 비롯된다. 질산칼륨의 용해 과정은 뚜렷한 엔트로피 증가에 의해 주도되며 온도 민감도가 높다. 반면 염화나트륨의 이온 수화 과정은 비교적 안정된 에너지 평형을 보인다.

산업적 결정화 과정에서 온도 조절은 결정화 작업을 실현하는 주요 수단이다. 냉각 결정화는 계의 온도를 낮추어 용해도를 감소시켜 용액이 과포화 상태로 진입하도록 촉진한다. 증발 결정화는 용매를 제거하여 용질 농도를 높여 간접적으로 고체-액체 평형을 변화시킨다. 압력 변화는 기상 결정화 과정에 현저한 영향을 미치지만, 일반적인 액상 결정화에서는 일반적으로 무시할 수 있으므로 온도-용해도 간의 협동적 조절이 산업적 결정 공정을 최적화하는 핵심이 된다.

10.1.2 과포화 용액과 중간안정구역

과포화 용액은 결정화 과정의 전구 상태로서 그 안정성 특성은 중간안정구역 이론을 통해 체계적으로 설명될 수 있다. 용액의 과포화도가 적정 범위 내에 있을 때 계는 동역학적 안정성을 나타내며, 용질 농도가 평형 용해도보다 높아도 자발적 핵생성 없이 상대적으로 안정된 상태를 유지할 수 있다. 이러한 특성은 산업적 결정화에서 핵심적인 중간안정 운영 구역을 구성한다. 이 영역 내에서 정밀하게 결정 종을 도입함으로써 제어 가능한 결정 성장을 실현하여 제품 입도 분포를 효과적으로 조절할 수 있다.

용액의 과포화도가 중간안정구역 상한을 넘어 불안정구역으로 진입하면 시스템은 폭발적인 자발적 핵생성을 일으켜 결정 입자 크기 불균일, 형태 불규칙 및 불순물 혼입 등의 문제를 초래한다. 따라서 산업적 결정 공정 설계의 핵심은 실험을 통해 특정 물질계의 중간안정구역 경계를 측정하고, 이를 바탕으로 조작 매개변수를 최적화하여 결정 과정이 항상 제어 가능한 중간안정구역 내에서 진행되도록 하는 데 있다. 이러한 정밀 제어는 결정화 효율을 보장할 뿐만 아니라 최종 제품의 품질 안정성을 확보한다.

10.1.3 핵생성

핵생성은 결정화 과정의 초기 단계로, 용질 분자가 무질서한 상태에서 자가조립을 통해 안정된 구조의 임계 결정핵을 형성하는 과정을 의미한다. 핵생성 메커니즘에 따라 1차 핵생성과 2차 핵생성으로 크게 구분되며, 양자는 산업적 결정화에서 완전히 다른 특성과 제어 전략을 가진다.

1차 핵 형성은 기존 결정에 의존하지 않고 용질 분자의 자발적 집합으로 완전히 형성된다. 이 중 균질 핵 형성은 과포화도가 극히 높은 불안정 영역에서 발생하며, 분자가 열운동을 통해 결정 배아를 형성하고 크기가 임계값을 초과하면 결정핵이 된다. 이러한 핵 형성 방식은 제어하기 어려워 다량의 미세 결정이 생성되기 쉬우므로 산업적으로 일반적으로 피해야 한다. 비균질 핵 형성은 외부 계면(예: 용기 벽, 불순물 입자)을 이용하여 핵형성 에너지 장벽을 낮추며, 중간안정 영역에서도 발생할 수 있다. 장비 재질 최적화와 용액 전처리로 조절이 가능하다.

2차 핵 형성은 산업 결정화에서 가장 주요한 핵형성 방식으로, 기존 결정체의 기계적 작용을 통해 새로운 결정핵을 생성한다. 결정체와 교반기, 용기 벽의 충돌 및 결정체 간의 상호 마찰은 미세 결정 파편을 생성하며, 이 파편들이 새로운 성장 중심이 된다. 이 핵생성 방식의 장점은 우수한 제어성이다. 교반 강도, 결정 현탁 농도 등의 매개변수를 조절함으로써 핵생성 속도를 정밀하게 제어하여 제품 입도 분포를 의도적으로 조절할 수 있다. 실제 생산에서는 이상적인 결정 크기 분포를 얻기 위해 이차 핵생성과 시드 기술(晶種技術)을 병용하는 경우가 많다.

10.2 결정의 성장

결정 성장은 결정핵 형성 후 용질 분자가 결정 표면에 방향성 있게 층층이 쌓이는 과정으로 이 단계의 동역학적 특성은 최종 제품의 입도 분포, 결정 형태 특성 및 품질 지표를 직접 결정하며 결정 공정 최적화의 핵심 단계이다.

10.2.1 성장 속도

성장 속도는 핵심 매개변수로, 단위 시간당 결정 크기 또는 질량의 변화량을 반영하며, 그 크기는 과포화도와 물질 전달-반응 동역학의 공동 조절을 받는다. 과포화도는 결정 성장의 추진력으로, 용질 농도 구배에 영향을 주어 분자가 결정 표면으로 이동하도록 촉진한다. 적정 범위 내에서 성장 속도는 과포화도 증가에 따라 가속되지만, 지나치게 높은 과포화도는 과도한 핵생성을 유발하여 오히려 정상적인 결정 성장을 방해한다.

결정 성장 과정은 물질 전달과 표면 반응이라는 두 개의 직렬 단계를 포함한다. 물질 전달은 용질 분자가 결정 표면으로 확산하도록 촉진하고, 표면 반응은 분자가 결정 격자 내에서 방향성 배열을 완성한다. 낮은 과포화도 조건에서는 표면 반응이 일반적으로 속도 결정 단계이며, 가열은 성장을 효과적으로 촉진한다. 반면 높은 과포화도에서는 물질 전달 과정이 제한 요인이 되며, 이때 교반 강화를 가열보다 성장 효율을 더 높일 수 있다. 산업 현장에서는 체계적인 실험을 통해 특정 시스템의 제어 메커니즘을 규명하고, 이에 기반한 공정 최적화 전략을 수립해야 한다.

10.2.2 ΔL 법칙

ΔL 법칙(선형 성장 법칙)은 결정 성장 행동을 설명하는 기본 법칙으로, 일정 과포화도와 조작 조건 하에서 결정의 선형 성장 속도는 일정하며 결정 초기 크기와 무관함을 지적한다. 이 법칙은 결정 성장의 본질적 특성을 드러낸다. 용질 분자의 결정 표면 침착 속도는 주로 계면 열역학적 조건에 의해 제어되며 결정의 기존 입자 크기와 직접적인 관련이 없다.

이 법칙의 적용에는 특정 조건이 충족되어야 한다. 시스템은 안정된 과포화도, 균일한 온도장을 유지해야 하며, 결정은 주로 층상 성장 메커니즘을 통해 성장해야 한다. 이상적인 조건에서 ΔL 법칙은 결정 공정 설계에 중요한 이론적 지침을 제공한다. 성장 속도를 측정함으로써 목표 입자 크기에 도달하는 데 필요한 결정 시간을 정확히 예측할 수 있으며 동시에 씨앗 결정 기술과 결합하여 좁은 입도 분포의 제품을 제조할 수 있다.

그러나 실제 산업 환경에서는 과포화도 분포 불균일, 유체 전단 작용 등의 요인으로 인해 결정 성장이 이상적인 ΔL 법칙에서 벗어나는 경우가 많다. 따라서 온라인 모니터링 수단을 통해 성장 과정을 실시간으로 추적하고 이론 모델을 필요에 따라 수정함으로써 보다 정밀한 결정화 공정 제어가 필요하다.

10.3 결정화 공정 설계 기초

결정 공정 설계의 핵심 과제는 이상적인 입도 분포와 특정 물리적 특성을 지닌 결정 제품을 얻는 데 있다. 이를 위해 입수 계산을 통해 결정 과정에서의 결정 수량과 입도 변화를 정량적으로 기술해야 하며, 이는 결정 장비의 최적 설계와 공정 매개변수의 정밀 조절에 이론적 기반을 제공한다.

10.3.1 결정 입도 분포

결정 입도 분포(Crystal Size Distribution, CSD)는 결정화 제품 내 다양한 입도의 결정이 차지하는 수량 또는 질량 비율을 나타내며, 결정 품질을 평가하는 핵심 지표로 제품의 가공성과 사용 특성에 직접적인 영향을 미친다. 다양한 응용 분야는 입도 분포에 대해 특정 요구사항을 가진다. 식품 산업은 일관된 입도를 추구하여 식감의 균일성을 보장하고, 제약 산업은 약물 용출 행동을 조절하기 위해 정밀한 입도 제어가 필요하며, 화학 분야는 입도 조절을 통해 촉매 등의 제품 성능을 최적화한다.

입도 분포의 본질은 핵생성과 성장 속도 비율에 의해 지배된다. 핵생성이 우세할 때는 시스템이 미세 결정의 넓은 분포 제품을 생성하는 경향이 있으며, 성장이 우세할 때는 큰 입자의 좁은 분포 결정체를 얻기 쉽다. 산업 현장에서는 다중 수단을 통해 협동 조절한다. 과포화도를 정밀 제어하여 준 안정 작동 구간을 유지하고, 결정 종 기술을 활용해 결정의 질서 있는 성장을 유도하며, 교반 조건을 최적화하여 물질 전달 요구와 결정 완전성 사이의 균형을 맞추어 최종 제품의 입도 분포를 정밀하게 제어한다.

10.3.2 입자 수 계량 방정식

입자 수 계량 방정식은 질량 보존 원리에 기반하여 결정기 내 결정의 수가 입도와 시간에 따라 변화하는 정량적 관계를 수립한다. 이 방정식 시스템은 결정의 입력과 출력, 성장 축적 등 핵심 과정을 기술하여 결정화 공정 분석과 장비 설계에 이론적 기초를 제공한다.

방정식 수립 시 일반적으로 결정기 내 완전 혼합 유동 상태를 가정하며, 결정 입도는 연속 분포를 따른다. 특정 입도 구간의 결정에 대한 물질 계산을 통해 완전한 입수 계량 방정식을 도출할 수 있다. 공급 시 유입된 결정량에서 배출 시 유출된 양을 차감하고, 결정 성장으로 인해 해당 구간을 이탈한 양을 추가로 공제하면 해당 구간 내 결정 축적량이 된다.

정상 운전 조건에서는 방정식이 크게 단순화된다. 이 단순화된 형태는 공학 실무에서 중요한 가치를 지닌다. 결정기 용적과 체류 시간의 공정 설계에 활용될 수 있을 뿐만 아니라 실험 데이터와 이론적 해의 비교를 통해 공정 이상을 진단할 수 있으다. 또한, 컴퓨터 시뮬레이션의 기초 모델로서 운전 파라미터가 제품 입도 분포에 미치는 영향을 예측하는 데 이론적 근거를 제공한다.

10.4 결정기

결정기는 결정 공정의 핵심 장치로서, 그 구조 설계와 선정은 공정 효율, 제품 품질 및 경제적 효과에 직접적인 영향을 미친다. 결정 추진력의 발생 방식에 따라 산업용 결정 장비는 주로 냉각 결정기와 증발 결정기 두 가지 유형으로 구분되며, 이 두 종류의 장비는 작동 원리, 구조 구성 및 적용 시나리오 측면에서 각각 고유한 특성을 지닌다.

10.4.1 냉각 결정기

냉각 결정기는 온도 조절을 통해 용질의 용해도를 변화시켜 용액이 과포화 상태에 도달하도록 하여 결정화를 실현한다. 이러한 장비의 핵심은 냉각 과정을 정밀하게 제어하여 적절한 과포화도 분포를 유지하고, 국부적 과냉각으로 인한 핵생성 통제 불능 현상을 방지하는 데 있다.

솥형 냉각 결정기는 전형적인 간헐적 작동 장비로, 재킷 또는 코일 열교환 구조를 채택하여 교반을 통해 계통의 균일한 냉각을 실현한다. 그 장점은 작동 유연성과 낮은 투자 비용으로, 특히 소량 다품종 생산 환경에 적합하다. 그러나 간헐적 작동 모드는 생산 효율을 제한하며 결정 품질은 작동 매개변수 변동에 쉽게 영향을 받는다. 이 장비는 실험실 연구 개발 및 정밀 화학 분야에 널리 적용되며 냉각 프로그램 최적화를 통해 이상적인 결정 제품을 얻을 수 있다.

연속식 냉각 결정기는 오슬로 결정기를 대표로 하여 계단식 결정 원리를 통해 연속 생산을 실현한다. 용액은 순환 과정에서 냉각/증발을 거쳐 과포화 상태가 된 후 결정실에서 결정 성장과 계단식 분리를 완료한다. 이러한 설계는 생산 효율을 높일 뿐만 아니라 입도 분포가 균일한 결정 제품을 얻을 수 있다. 설비 투자 비용이 많이 들고 제어 요구사항이 엄격하지만 비료, 무기염 등의 대규모 생산에서 뚜렷한 우위를 보인다. 순환 유량과 종자 결정 전략을 조절함으로써 최종 제품의 입도 특성을 효과적으로 제어할 수 있다.

10.4.2 증발 결정기

증발 결정기는 용매를 제거하여 용질 농도를 높여 용액이 과포화 상태에 도달하도록 하여 결정이 추출되게 한다. 그 운영의 핵심은 증발과 결정화의 동역학적 균형을 조율하여 과도한 농축으로 인한 핵생성 통제 불량을 방지하는 데 있다.

상압 증발 결정기는 수직 구조로 설계되어 하부에 가열실과 상부에 증발실을 배치한다. 원료는 가열관 내에서 가열되어 끓으며 용매가 증발한 후 용질이 점차 결정화되어 침전된다. 이 장비는 구조가 단순하고 조작이 용이하여 특히 비열 감응성 물질 시스템 처리에 적합하다. 그러나 에너지 소비가 높고 장비 스케일링이 발생하기 쉬워 정기적인 세척을 통해 운영 효율을 유지해야 한다. 이 장비는 전통적인 화학 공학 분야에서 널리 적용되며, 특히 고농도 염 용액의 결정 처리에 적합하다.

진공 증발 결정기는 음압 환경을 조성하여 용매의 비등점을 낮춤으로써 낮은 온도에서의 결정 작업을 실현한다. 이 시스템은 결정실, 진공 장치 및 응축 장치로 구성되며, 원료는 가열 후 결정실로 유입되어 플래시 증발 결정 과정을 거친다. 이러한 설계의 장점은 열에 민감한 성분을 효과적으로 보호할 수 있으며 동시에 에너지 소비 비용을 현저히 절감할 수 있다는 점이다. 다만, 장비 투자 비용이 많이 들고 제어 정밀도에 대한 요구가 엄격하다. 이 기술은 제약 및 식품 산업에 널리 적용되어 열에 민감한 물질의 온화한 결정화에 이상적인 솔루션을 제공한다.

10.5 결정화 공정 및 그 응용

결정화 공정은 중요한 분리 및 정제 기술로서 그 특성은 산업 생산에서의 적용성과 우위를 결정한다. 정밀한 공정 매개변수 제어를 통해 결정화 기술은 화학, 의약, 식품 등 다양한 분야에 널리 적용되어 고순도 제품 제조의 핵심 공정으로 자리매김하였다.

10.5.1 결정화 공정 특성

결정은 중요한 산업 분리 공정으로서 그 조작 특성은 제품 품질과 공정 경제성에 직접적인 영향을 미친다. 결정 과정의 기술적 특성을 깊이 이해하는 것은 공정 최적화와 장비 설계에 중요한 의미가 있다.

10.5.1.1 공정 동역학적 특성

결정화 과정의 핵심 동역학적 특징은 핵생성과 성장의 경쟁 메커니즘에 나타난다. 1차 핵생성은 뚜렷한 에너지 장벽 효과를 보이며, 그 속도는 과포화도와 지수 관계에 있다. 이 특성으로 인해 핵생성 과정은 돌발성을 띤다. 반면 결정 성장 과정은 상대적으로 완만하며, 그 속도는 일반적으로 과포화도와 지수 함수 관계에 있다. 실제 운영에서는 이차 핵생성이 지배적이며, 기존 결정에 의해 유발되는 이 핵생성 방식은 제어하기 쉬워 산업 결정화의 안정적 운영 기반을 마련한다.

공정의 동적 특성은 여러 시간 척도의 결합으로 나타난다. 분자 수준의 확산과 흡착은 마이크로초 단위에서 발생하며, 표면 통합 과정은 초에서 분 단위와 거시적 결정 성장은 수십 분에서 수 시간이 소요된다. 이러한 다중 척도 특성은 결정화 작업이 순간적 효과와 장기적 변화를 동시에 고려해야 함을 요구한다.

10.5.1.2 열역학적 제약 조건

결정화 과정은 엄격한 상평형 제약을 받는다. 용해도 곡선은 결정화 작업의 경계 조건을 정의하며, 메조 안정 영역의 폭은 실제 작업 가능 범위의 크기를 결정한다. 서로 다른 물질계의 메조 안정 영역 특성은 현저히 다르다. 무기염계는 일반적으로 좁은 메조 안정 영역을 가지며 정밀한 제어가 필요하고, 유기물계는 종종 넓은 메조 안정 영역을 보여 상대적으로 작업 유연성이 크다.

온도는 결정화 과정에 이중적인 영향을 미친다: 용해도에 의해 구동력을 조절하는 동시에 확산 계수와 표면 반응 속도에 의해 동역학을 제어한다. 이러한 이중 작용으로 인해 온도는 가장 핵심적인 조절 매개변수가 된다. 또한, 불순물의 존재는 계의 상평형 특성을 현저히 변화시켜 휘발성 결정화 등의 특수 현상을 유발할 수 있다.

10.5.1.3 전달 과정 특성

결정화 과정에서의 물질 전달 효율은 제품 품질에 직접적인 영향을 미친다. 결정 성장 과정에서 용질 분자는 체적 확산, 경계층 전달, 표면 통합이라는 세 단계를 거쳐야 한다. 이 중 경계층 물질 전달이 종종 제한 요소가 되는데, 이는 교반 강도가 결정화 과정에 왜 중요한지 설명해 준다.

열전달 역시 매우 중요하다. 냉각 결정화에서는 열전달 속도가 냉각 과정의 균일성을 결정하며, 증발 결정화에서는 증발 효율의 안정성과 관련된다. 산업용 결정기 설계는 충분한 열전달 면적과 합리적인 유체 역학적 조건을 보장하여 국부적 과포화도의 급격한 변동을 방지해야 한다.

10.5.1.4 제품 특성 제어

결정 제품의 다차원적 특성에는 입도 분포, 결정 형태 특성, 순도 지표 및 유동성 등이 포함된다. 이러한 특성들 사이에는 복잡한 결합 관계가 존재한다. 입도 분포는 핵생성과 성장 속도 비율에 의해 제어되며, 결정 형태는 계면 에너지 이방성에 의해 결정되며, 순도는 모액 포집 정도와 밀접하게 관련된다.

가공 조건 최적화를 통해 제품 특성의 방향성 조절이 가능하다. 과포화도 경과 제어는 입도 분포 조절, 적합한 용매계 선택은 결정형상 특성 변경, 냉각 프로그램 최적화는 불순물 포집 감소 등이 있다. 이러한 다양한 목표 최적화는 결정화 메커니즘에 대한 심층적 이해를 기반으로 해야 한다.

10.5.1.5 조작 모드 선택

결정화 과정은 간헐적, 반 연속적, 연속적 세 가지 운영 모드를 채택할 수 있다. 간헐적 운영은 유연성이 높아 소량 다품종 생산에 적합하나 제품 품질의 배치 간 차이가 크다. 연속적 운영은 안정성이 우수하여 대규모 생산에 적합하나 제어 요구가 엄격하다. 반 연속적 운영은 양자의 장점을 결합하여 산업 현장에서 널리 적용된다.

운영 모드 선택은 제품사양, 생산 규모, 설비 투자 등 여러 요소를 종합적으로 고려해야 한다. 현대 결정 공정은 유연한 운영 전략을 채택하는 경향이 점점 더 강해져, 다양한 생산 요구에 따라 운영 방식을 유연하게 조정한다.

10.5.1.6 공정 확대 특성

결정 공정 확대는 현저한 규모 효과를 동반한다. 실험실 규모에서는 계통 균일성이 우수하여 공정 제어 쉽지만, 산업 규모에서는 혼합 불균일성, 질량·열 전달 제한 등의 문제가 공정 효율에 큰 영향을 미친다.

확대 과정에서 특별히 주목해야 할 핵심 매개변수에는 혼합 시간 상수, 에너지 소산 속도, 현탁 특성 등이 포함된다. 성공적인 확대는 공정 메커니즘에 대한 깊은 이해를 바탕으로 하며, 계산 유체 역학 등 현대적 도구를 활용한 체계적 최적화가 필수적이다.

결정화 작업의 특수성은 분자 수준의 조립 과정과 장비 수준의 공학적 문제를 밀접하게 결합한다는 점에 있으며, 이러한 다중 규모 특성은 결정화 기술을 과학이자 예술로 만든다. 온라인 모니터링 기술과 공정 모델링 방법의 발전에 따라 결정화 공정은 더욱 정밀화되고 지능화되는 방향으로 진화하고 있다.

10.5.2 응용

결정은 기초적이면서도 중요한 분리 정제 기술로서 수많은 산업 분야에서 대체 불가능한 역할을 수행한다. 그 적용 범위는 전통 화학 공학, 현대 제약, 식품 가공, 신소재 제조 및 환경보호 등 다방면에 걸쳐 강력한 기술 적응성과 공정 가치를 보여준다.

10.5.2.1 화학 및 재료 분야

기초 화학 산업에서 결정화 기술은 대규모 무기염 생산의 핵심 공정이다. 염화나트륨, 황산나트륨, 탄산나트륨 등 대량 화학 제품의 생산은 모두 결정화 과정에 의존한다. 결정화 조건을 제어함으로써 다양한 입도 범위와 결정 형태 특성을 가진 제품을 얻을 수 있어 하류 산업의 다변화된 수요를 충족시킨다. 예를 들어 염소-알칼리 산업에서는 증발 결정 기술을 통해 전해액으로부터 고순도 염화나트륨을 회수함으로써 자원의 순환 이용을 실현하고 주제품의 품질 안정성을 보장한다.

고급 소재 분야에서는 결정 기술이 더욱 정밀한 응용 특성을 보인다. 전자 등급 화학물질인 고순도 실리콘, 인화 인듐 등의 반도체 소재 제조에는 99.9999% 이상의 순도 요구사항을 충족해야 하며, 이는 지역 용융, 방향성 결정 등 특수 결정 기술을 통해서만 달성할 수 있다. 결정 결함 밀도, 도핑 균일성 등의 핵심 매개변수는 모두 결정 과정의 제어 정밀도에 직접 좌우된다. 광전자 재료 측면에서는 비선형 광학 결정, 플래셔 결정 등의 기능성 재료 성능이 결정 품질과 밀접하게 연관되어 있어 인발법, 도가니 하강법 등의 특수 결정 방법을 통해 제조해야 한다.

10.5.2.2 제약 및 생명공학

제약 산업은 결정 기술이 가장 정밀하게 적용되는 분야 중 하나이다. 원료의약품의 결정화 과정은 제품의 순도뿐만 아니라 약물의 생체이용률과 치료 효과에도 직접적인 영향을 미친다. 동일한 약물의 서로 다른 결정형은 완전히 다른 용해 특성과 안정성을 보일 수 있으며, 이러한 다 결정형 현상은 결정화 제어의 중요성을 더욱 부각한다. 과포화도, 냉각 속도 등의 매개변수를 정밀하게 조절함으로써 원하는 결정형을 선택적으로 제조하여 약물 품질의 일관성을 보장할 수 있다.

생명공학 분야에서는 단백질 결정화가 구조생물학 연구에 중요한 수단을 제공한다. X선 결정학은 3차원 구조를 분석하기 위해 고품질 단일 단백질 결정이 필요하며, 이는 결정 조건 제어에 매우 높은 요구사항을 제시한다. 완충액 구성부터 온도 구배, 계면 특성부터 외부 장 강도에 이르기까지 모든 요소는 체계적인 최적화가 필요하다. 비록 생체 고분자 결정화와 전통적인 소분자 결정화는 기전에서 차이가 있지만, 기본적인 상 평형 및 핵생성 성장 이론은 여전히 적용된다.

10.5.2.3 식품 및 소비재 산업

식품 산업에서의 결정화 응용은 제품 기능성과 감각적 특성을 모두 중시한다. 설탕, 소금 등 조미료의 결정화 과정은 유동성과 용해 속도에 직접적인 영향을 미치며, 이러한 특성들은 소비자의 사용 경험과 밀접하게 연관된다. 초콜릿 생산 과정에서의 코코아 버터 결정화는 대표적인 사례로, 정밀한 온도 제어를 통해 V형 결정의 형성을 보장해야 입에서 살살 녹는 독특한 식감과 윤기 있는 외관을 얻을 수 있다.

일용 화학 제품 분야에서도 결정화 기술은 중요한 역할을 담당한다. 세제 속 계면활성제나 화장품의 기능성 성분은 모두 결정화 과정을 통해 물리적 형태를 최적화해야 한다. 결정도의 제어는 제품의 저장 안정성, 사용 성능 및 외관 품질에 영향을 미치며, 이는 모두 제품의 시장 경쟁력과 직결된다.

10.5.2.4 에너지 및 환경 분야

결정 기술의 에너지 분야 적용 범위는 지속해서 확대되고 있다. 리튬 이온 배터리 전극 재료의 결정 품질은 배터리의 에너지 밀도와 사이클 수명에 직접적인 영향을 미친다. 결정 과정을 제어함으로써 재료의 결정 구조와 형태를 최적화하고 전기화학적 성능을 향상할 수 있다. 태양광 산업에서 실리콘 잉곳의 결정 과정은 태양전지의 변환 효율을 결정하며, 방향성 응고 등의 기술 발전은 산업 발전을 지속해서 주도하고 있다.

환경 보호 측면에서 결정 기술은 폐수 처리와 자원 회수에 효과적인 해결책을 제공한다. 증발 결정화를 통해 고염분 폐수를 처리하면 물의 재사용이 가능할 뿐만 아니라 가치 있는 염류 물질도 회수할 수 있다. 일부 특수 산업 폐수 처리에서는 단계적 결정 기술을 통해 서로 다른 염류를 선택적으로 분리할 수 있어 자원화 효율을 크게 높인다.

10.5.2.5 신흥 융합 분야

기술 발전에 따라 결정 기술은 신흥 융합 분야에서 거대한 잠재력을 보여주고 있다. 나노 소재 제조 과정에서 결정 과정의 제어는 특정 크기와 형태의 나노 입자를 정밀하게 합성할 수 있게 한다. 제약 공학에서는 연속 결정 기술의 개발이 전통적인 배치 생산 방식을 변화시키며 생산 효율성과 제품 품질의 일관성을 높이고 있다.

결정화 기술의 응용 전망은 지속해서 확대되고 있다. 미시적인 분자 자기조립부터 거시적인 산업 분리, 전통적인 화학 공학 생산부터 첨단 생물 의약에 이르기까지 결정화 기술은 각 분야에 혁신적인 솔루션을 지속해서 제공하고 있다. 결정화 메커니즘에 대한 이해가 깊어지고 공정 제어 기술이 발전함에 따라 결정화 기술은 더 많은 분야에서 중요한 역할을 하며 산업 발전과 기술 진보에 새로운 기여를 할 것이다.

10.6 본 장 요약

본 장에서는 결정 기술의 기본 원리, 공정 특성 및 공학적 응용을 체계적으로 설명하였다. 중요한 분리 정제 기술로서 결정 공정의 핵심은 평형 관계를 제어하여 물질이 무질서에서 질서로 전환되도록 하는 데 있다. 용해도 기초부터 출발하여 과포화 용액의 형성과 안정성 특징을 심도 있게 논의하고, 핵생성과 성장의 동역학적 경쟁 메커니즘을 규명하였다.

공정 공학 측면에서는 결정 성장의 ΔL 법칙과 그 적용 조건을 중점적으로 분석하고, 입도 분포와 조작 매개변수 간의 정량적 관계를 수립하였다. 입수 계량 방정식의 이론적 틀을 통해 결정기 설계와 공정 최적화에 수학적 기반을 제공하였다. 장비 측면에서는 냉각 결정기와 증발 결정기의 작동 원리와 적용 시나리오를 체계적으로 소개하며, 서로 다른 결정 구동력의 공학적 구현 방식을 제시하였다.

결정화 기술의 독특한 가치는 분리, 정제, 형태 조절이라는 다중 목표를 동시에 달성할 수 있다는 점에 있다. 기초적인 무기염 생산부터 고부가가치 의약품에 이르기까지 전통적인 화학 공학 분야부터 신흥 생명공학 분야에 이르기까지 결정화 기술은 대체 불가능한 역할을 한다. 공정 모니터링 기술과 제어 전략의 발전에 따라 결정화 조작은 더욱 정밀화되고 지능화되는 방향으로 진화하고 있다.

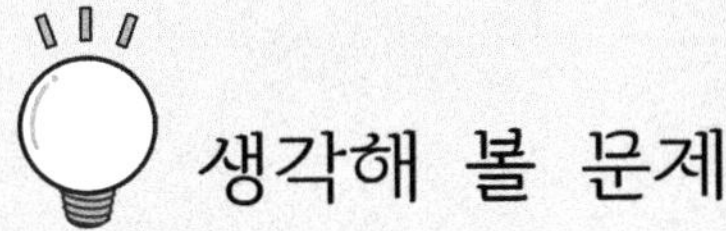

생각해 볼 문제

냉각 결정화와 증발 결정화의 구동력 발생 메커니즘, 에너지 소비 특성 및 적용 시스템 측면에서의 유사점과 차이점을 비교하고, 특정 생산 시나리오에서 적합한 결정화 방식을 선택하는 방법을 분석한다.

중간안정구역 개념이 산업 결정 조작에서 어떤 지침적 의미가 있는가? 실험을 통해 특정 물질계의 중간안정구역 폭을 측정하고, 이를 바탕으로 합리적인 결정 조작 전략을 수립하는 방법은 무엇인가?

ΔL 법칙의 적용 조건과 실제 산업 환경에서의 한계를 상세히 분석하고, 비이상적인 상황에서 성장 속도 모델을 수정하여 예측 정확도를 높이는 방법을 논의한다.

입자 수 계정 방정식이 결정 공정 설계 및 최적화에서 어떤 역할을 하는가? 구체적인 사례를 통해 이 방정식을 활용하여 결정기 용적 계산과 조작 매개변수 최적화를 수행하는 방법을 설명한다.

결정 입도 분포는 어떤 핵심 요인에 의해 영향을 받는가? 핵생성과 성장 속도의 경쟁 관계에서 출발하여, 좁은 입도 분포 제품을 구현하기 위한 공정 제어 전략을 설명한다.

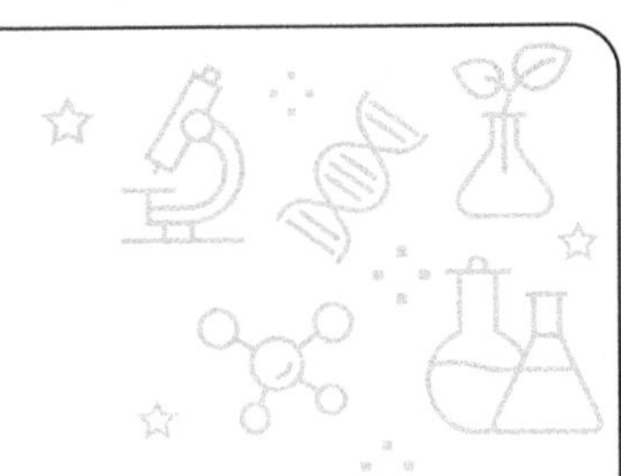

11. 건조 기술

건조는 생물학적 제제의 후처리 공정에서 필수적인 핵심 단계로, 생물학적 원료 내부의 수분 또는 기타 용매를 제거하여 제품의 농축, 형태 고형화 및 장기 안정적 저장을 실현하는 것이 주요 임무이다. 바이오의약품, 기능성 식품, 효소 제제 등 산업에서 건조 공정의 품질은 최종 제품의 생물학적 활성, 순도 및 유통기한을 직접 결정한다. 백신, 항체 의약품 등 고급 생물학적 제제를 예로 들면, 적절한 건조 처리를 거친 후 미생물 증식을 현저히 억제할 뿐만 아니라 저장 및 운송 비용을 크게 절감할 수 있다. 효소 제품의 경우 건조 후 상온 조건에서 활성을 장기간 유지할 수 있다. 산업체인 관점에서 건조 공정은 상류 발효/추출과 하류 제재 포장 사이의 핵심 위치에 있어 액체 생물 제품을 고체 완제품으로 전환하는 핵심 허브 역할을 한다. 관련 통계에 따르면 전형적인 생물 제품 생산 과정에서 건조 공정이 소비하는 에너지는 전체 에너지 소비량의 30~50%를 차지하므로 공정 개선은 전체 공정 에너지 절감에 중대한 의미를 지닌다. 일반 화학 원료와 비교할 때 생물학적 제제는 건조 과정에서 뚜렷한 특수성을 보인다. 효소, 단백질, 핵산 등의 생물학적 고분자는 열에 매우 민감하여 건조 온도가 내열 범위를 초과하면 구조 변화와 활성 상실이 쉽게 발생한다. 따라서 건조 과정에서는 엄격한 온도 제어 전략을 시행해야 하며, 일반적으로 저온 건조 공정이 채택된다. 또한, 생물학적 물질 내 수분 형태는 다양하며, 세포 내 결합수, 세포간극 흡착수, 표면 부착수 등이 포함된다. 서로 다른 형태의 수분 제거 난이도는 현저히 다르다. 이러한 복잡성으로 인해 건조 방법은 반드시 대상에 맞게 설계되어야 하며 그렇지 않으면 함수율 미달이나 물질 구조 손상이 발생하기 쉽다. 생물학적 제제는 주로 의약품이나 식품 분야에 사용되므로, 건조 시스템은 우수한 청정 등급을 갖추어 미생물 오염 및 이물질 유입을 효과적으로 방지해야 한다.

11.1 건조 기초 이론

11.1.1 습한 공기의 특성

습공기는 건조 과정에서 가장 흔히 사용되는 열 및 수분 전달 매체로서 그 물리적 파라미터는 건조 효율과 최종 제품의 품질에 직접적인 영향을 미친다.

습도(H): 건조 공기 1kg당 포함된 수증기 질량을 의미하며, 일반적으로 kg 수증기/kg 건조 공기로 표시된다. 이론적 계산식은 다음과 같다.

$$H = \frac{0.622 p_v}{p - p_v}$$

여기서 p_v는 습한 공기 중 수증기 분압을 나타내며, p는 습한 공기의 총압력이다. 총압력이 일정할 때, 습도는 공기 중 실제 수증기 함유량을 직접 반영한다.

상대습도(φ): 공기 중 실제 수증기 분압과 동일 온도에서 순수한 물의 포화 증기압의 백분율 비율을 의미하며, 공기의 수분 흡수 능력을 측정하는 데 사용된다.

$$\phi = \frac{p_v}{p_s} \times 100\%$$

여기서 p_s는 현재 온도에 대응하는 포화 증기압으로, 그 값은 온도 상승에 따라 현저히 증가한다. 상대습도가 낮을수록 공기의 건조 잠재력이 강해지며, φ=100%일 때 공기는 포화 상태에 도달하여 더는 흡습 능력을 갖지 않는다.

엔탈피(I): 1kg의 건조 공기와 그 안에 포함된 수증기의 총열량을 의미하며, 단위는 kJ/kg 건조 공기이다. 계산식은 다음과 같다.

$$I = I_g + HI_v = 1.01t + H(2492 + 1.88t)$$

I_g는 건공기 엔탈피, I(v)는 수증기 엔탈피, t는 건구 온도(℃), 1.01은 건공기의 비열 용량 [kJ/(kg·℃)], 2492는 0℃에서 물의 기화 잠열(kJ/kg), 1.88은 수증기의 비열 용량[kJ/(kg·℃)] 이다.

건구 온도는 실제 기온의 척도로, 일반 온도계가 공기 중에서 측정하는 실제 온도로 공기의 열역학적 상태를 반영한다.

습구 온도는 단열 조건에서 공기와 물이 접촉하여 안정 상태에 도달했을 때 온도로 공기 습도를 측정하는 핵심 지표이다. 측정 방법은 다음과 같다. 온도계의 감온 부위를 젖은 거즈로 감싼 후, 거즈의 다른 끝을 물에 담가 공기가 습구 주변에서 거의 포화 상태가 되도록 한다. 열질 교환이 평형에 도달했을 때 온도계가 표시하는 안정된 수치가 습구 온도이다.

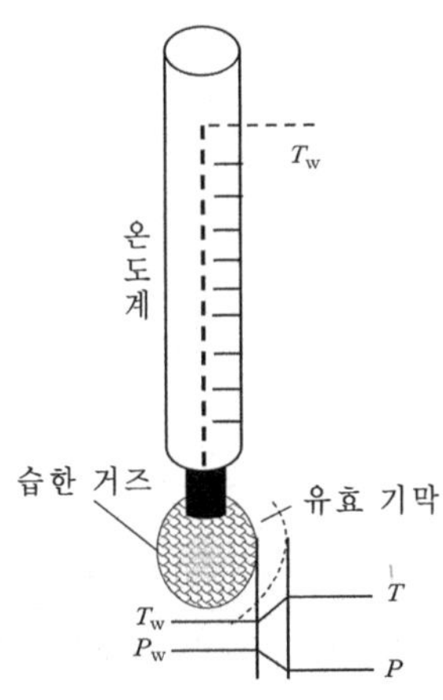

〈그림 11.1〉 습구 온도

공기의 상대습도와 건구·습구 온도 사이에는 명확한 물리적 연관성이 존재한다. 공기가 포화되지 않았을 때 젖은 거즈 표면의 수분은 지속해서 증발하며 기화 잠열을 흡수하여 거즈 주변 기온을 낮춘다. 기온이 특정 값까지 내려가면 기류가 전달하는 열량이 수분 증발에 필요한 열량을 정확히 보상하게 되며, 이때 온도는 일정하게 유지된다. 이것이 바로 습구 온도이다. 공기가 건조할수록 증발이 격렬해져 습구 온도가 건구 온도보다 더 낮아진다. 공기가 이미 포화 상태라면 습구 온도와 건구 온도는 동일하다. 따라서 건습구 온도 차를 측정함으로써 공기의 상대습도를 추산할 수 있다.

11.1.2 재료 내 수분의 분류와 특성

생물학적 물질 내 수분은 물질과의 결합 밀도와 제거 난이도에 따라 여러 유형으로 분류되며, 이러한 수분의 성질을 정확히 이해하는 것이 효율적인 건조 공정 설계의 기초이다.

11.1.2.1 결합 메커니즘에 따른 분류

화학 결합수: 결정수(예: 황산구리·$5H_2O$) 및 이온 결합수를 포함하며 결합 에너지가 높아 일반적으로 격자 파괴 온도까지 가열해야 제거된다.

물리 화학적 결합수: 물질 내외 표면에 흡착된 흡착수, 삼투압 차이로 존재하는 삼투 수와 그리고 콜로이드 내부의 구조 수를 포함한다. 흡착수는 물질 표면과의 상호작용력이 강해 물리적 특성(예: 증기압, 빙점)이 현저히 변화한다.

기계적 결합수: 모세관수, 습윤 수 및 공극 수를 포함한다. 이중 미세 모세관(반경 $<0.1\mu m$) 내 수분은 표면 장력 작용으로 증기압이 현저히 낮아진다. 거대 모세관($0.1 \sim 10\mu m$) 내 수분 운동은 중력 영향이 상대적으로 적다. 대공극($>10\mu m$) 내 수분은 기본적으로 자유수 특성을 유지한다.

11.1.2.2 제거 난이도에 따른 분류

결합수: 물질과 강한 상호작용을 가지며, 동일 온도에서 순수한 물의 포화 증기압보다 증기압이 낮은 수분을 말하며, 일부 모세관수, 흡착수 및 화학 결합수를 포함한다. 이러한 수분을 제거하려면 큰 에너지 장벽을 극복해야 하며, 건조 속도는 내부 확산에 의해 제어된다.

비 결합수: 물질 표면이나 대공극에 존재하며, 증기압은 자유수와 동일하고 결합력이 극히 약하다. 일반 대류 건조를 통해 신속히 제거할 수 있으며, 건조 속도는 주로 외부 기류 조건에 의해 결정된다.

11.1.2.3 건조 행동에 따른 분류

평형 수분(M_e): 재료가 특정 상태의 공기와 장기간 접촉한 후 흡습-탈착 평형에 도달할 때의 함수율을 의미한다. 이 값은 재료의 본성과 공기 습도와 밀접한 관련이 있다. 예를 들어 친수성 재료(셀룰로스 등)의 평형 수분은 소수성 재료(플라스틱 입자)보다 훨씬 높다. 평형 수분은 특정 공기 상태에서의 건조 과정의 이론적 종착점이다.

자유 수분(M_f): 재료 총 수분 중 평형 수분을 초과하여 건조 과정에서 제거될 수 있는 부분을 의미한다. 예를 들어, 특정 재료의 초기 함수율이 30%(습기 기준)이고 특정 공기 조건 하에서의 평형 수분 이 8%라면, 그 자유 수분은 22%이다.

11.1.3 건조 동역학 원리

건조 동역학은 주로 건조 과정에서 재료의 수분 함량이 시간에 따라 변화하는 법칙과 건조 속도에 영향을 미치는 핵심 요인을 연구하여 공정 최적화와 장비 설계에 이론적 근거를 제공한다.

11.1.3.1 건조 곡선의 특성 분석

건조 곡선은 재료의 함수율 X(또는 재료 온도 t_M)이 건조 시간 τ에 따라 변화하는 관계를 나타내며, 실험 측정을 통해 전형적인 곡선을 얻을 수 있다. 주요 단계는 다음과 같다.

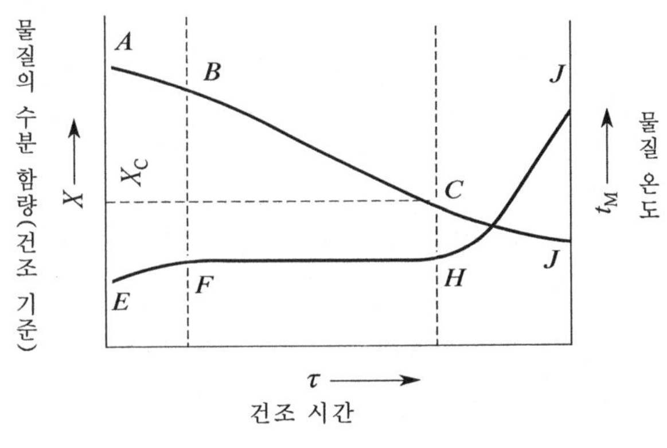

〈그림 11.2〉 건조 곡선

예열 단계: 재료가 초기 온도에서 습구 온도까지 상승하며, 함수율은 거의 변하지 않고 시간이 비교적 짧다.

일정 속도 건조 단계: 재료 표면은 습윤 상태를 유지하며, 함수율은 시간에 따라 선형적으로 감소하고, 온도는 습구 온도에서 안정되며, 건조 속도는 일정하다.

감속 건조 단세: 함수율 감소 속도가 점차 둔화되고, 재료 온도가 상승하기 시작하며, 내부 수분 이동이 제어 단계가 되어 평형 수분에 가까워질 때까지 지속된다.

11.1.3.2 건조 속도 곡선

건조 속도는 단위 시간당 단위 건조 면적에서 증발되는 수분량을 의미하며, 일반적으로 kg/(m²·h) 단위로 표시됩니다. 그 계산식은 다음과 같다.

$$v = -\frac{G}{A}\frac{dX}{d\tau}$$

여기서 G는 절대 건조 물질 질량, A는 유효 건조 면적, $\frac{dX}{d\tau}$는 건조 곡선의 기울기이다. 전형적인 건조 속도 곡선은 세 구간으로 나눌 수 있다.

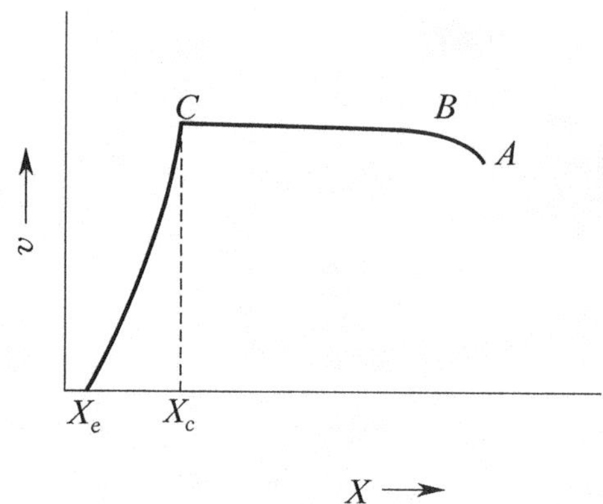

〈그림 11.3〉 건조 속도 곡선

일정 속도 구간: 건조 속도가 거의 일정하며, 외부 기류 조건(온도, 습도, 유속)에 의해 결정되며, 재료 종류와 무관하다.

제1 감속 구간: 건조 속도가 선형적으로 감소하며, 수분 증발이 재료 내부로 이동하면서 내부 확산 저항이 나타나기 시작한다.

제2 감속 구간: 건조 속도가 비선형적으로 급격히 감소하며, 주로 결합수 제거가 이루어지고 내부 확산 저항이 지배적이다.

11.1.3.3 일정 속도 건조 단계의 메커니즘

이 단계에서 열은 대류 방식으로 공기에서 재료 표면으로 전달되어 수분 기화에 필요한 잠열을 공급한다. 동시에 수증기는 기막 확산을 통해 주 기류로 이동한다. 이 단계의 속도는 완전히 외부 조건에 좌우되며, 풍온 상승, 습도 감소, 풍속 증가는 모두 건조를 가속화할 수 있으나, 열에 민감한 재료의 과열을 피해야 한다.

11.1.3.4 감속 건조 단계의 메커니즘

이 단계에 진입하면 수분이 재료 내부에서 표면으로 확산되는 과정이 속도 제어 단계가 되며, 재료 온도는 점차 건구 온도에 가까워진다. 이 단계의 건조를 강화하기 위해 재료 크기를 줄이는 방법(예: 과립화)이나 마이크로웨이브 등 체적 가열 방식을 채택하여 내부 수분이 빠르게 기화되도록 하여 확산 제한을 극복할 수 있다. 건조 동역학 연구는 수분 제거 속도가 시간에 따라 변화하는 법칙을 다루며, 건조 과정 최적화의 중요한 근거가 된다.

11.2 건조 장비 및 그 응용

11.2.1 대류 건조 장비

대류 건조는 열기체(예: 열풍, 질소)와 습윤 재료의 직접 접촉을 통해 열전달 및 질량 전달을 수행한다. 열은 기류로부터 재료로 전달되고, 수분은 반대로 재료로부터 기류로 이동한다.

11.2.1.1 박스형 건조기

박스형 건조기는 고전적인 간헐식 대류 건조 장비로 기본 구조는 그림 11.4와 같다. 주로 밀폐형 박스, 원료 트레이, 공기 가열 장치 및 순환 팬으로 구성된다. 박스는 일반적으로 단열 이중 구조이며, 내부에 원료 트레이를 지지하는 다층 지지대가 설치되어 있다. 트레이 바닥은 기류 통과를 용이하게 하기 위해 다공성 구조로 되어 있다. 가열 시스템은 전기 가열, 증기 코일 또는 가스 가열 방식을 채택할 수 있으며, 팬이 열기를 상자 내부에 순환시켜 원료와 접촉한 후 수분을 제거한다. 일부 습열 공기는 배기 밸브를 통해 배출되고, 나머지는 재순환되어 재가열되어 열 에너지 이용률을 높인다.

이 장비는 적응성이 뛰어나 입자, 분말, 페이스트 등 다양한 형태의 물질을 처리할 수 있으며, 특히 소량 다품종 생산이 필요한 열에 민감한 생물학적 제제의 건조에 적합하다. 예를 들어, 효소 제제 생산 시 40-60℃의 저온 건조를 적용하면 효소 활성을 90% 이상 유지할 수 있다. 이를 기반으로 개발된 진공 박스형 건조기는 작동 압력을 10-100Pa로 낮추어 물의 끓는점을 낮춤으로써 20-50℃의 저온 건조를 실현하며, 단일클론항체, 사이토킨 등 고급 생물학적 제제에 매우 적합하다. 주요 단점은 간헐적 작동, 노동 강도 증가, 건조 균일성 부족하다. 개량형 관류식 박스 건조기는 열풍이 재료층을 수직으로 관통하도록 하여 건조 효율을 1-2배 향상할 수 있으며, 특히 효모, 프로바이오틱스 등 입상 재료의 건조에 적합하다.

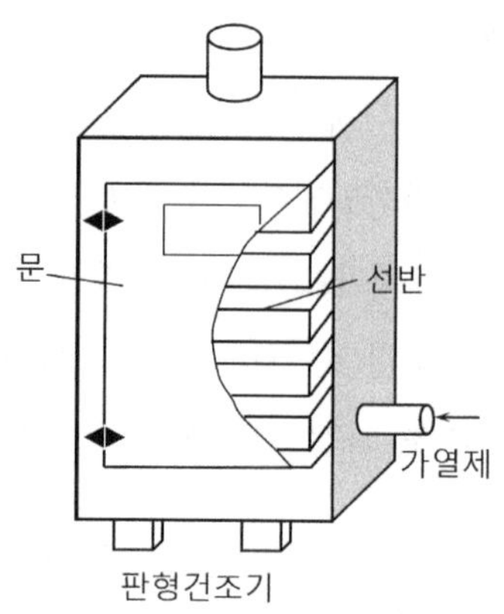

〈그림 11.4〉 박스형 건조기

11.2.1.2 터널식 건조기

터널식 건조기는 박스형 건조기의 연속 작동 형태로, 본체가 좁고 긴 터널 형태이며 내부에 컨베이어 벨트(또는 카트)를 설치해 원료를 연속적으로 통과시킨다. 터널은 길이 방향으로 예열 구역, 일정 속도 건조 구역, 감속 건조 구역 등 여러 기능 구역으로 구분되며 각 구역은 온도, 습도, 풍속을 독립적으로 조절할 수 있다.

기류와 재료의 운동 방향에 따라 역류식과 순류식 두 가지 작동 모드로 구분된다. 역류식(열풍이 배출단에서 유입)은 고수분·내열성 재료에 적합하며, 순류식(열풍이 투입단에서 유입)은 열감수성 재료의 초기 보호에 유리하다. 일반적인 터널식 건조기의 길이는 5~30m, 처리 능력은 1~10t/h이며 열효율은 약 40~60%이다.

박스형 건조기에 비해 터널식은 연속 생산을 실현하여 효율이 높고 인건비가 낮으며, 한약재, 과일·채소 칩, 생물 유기비료 등 중간 규모 제품의 건조에 적합합니다. 예를 들어, 황기(黃芪) 약재는 터널 건조기에서 단 2시간 만에 수분 함량을 35%에서 10%로 낮출 수 있으며, 제품 품질이 균일하다. 배기가스 열 회수 장치를 추가하면 시스템 열효율을 70~80%까지 추가로 향상할 수 있다.

11.2.1.3 유동층 건조기

유동층 건조기는 기류 속도를 조절하여 고체 입자를 유동 상태로 유지함으로써 고효율 열전달 및 질량 전달을 실현한다. 주요 구성 요소는 원통형 침상, 기체 분배 판, 가열기 및 기체-고체 분리 장치이다. 분배 판은 기류가 침상 층을 균일하게 통과하도록 보장하며, 기류 속도가 임계 유동화 속도에 도달하면 입자가 부유 운동을 시작하여 기체-고체 이상이 격렬하게 혼합된 유동화 상태를 형성한다. 이때 열전달 계수는 230-700W/(m²·℃)에 달하여 일반 대류의 수 배에 이른다.

유동층 건조기는 단층, 다층 및 수평 다실 등 다양한 구조를 가집니다. 단층 유동층은 구조가 단순하여 포도당, 무기염 등 건조가 용이한 물질을 적용한다. 다층 유동층은 물질과 기류가 역류 접촉하여 건조 효율이 높으며, 염료 등 고수분 물질을 적용한다. 수평 다실 유동층은 격판으로 침상체를 여러 실로 분할하여 각 실의 운전 매개변수를 별도로 조절할 수 있어 효소 제제, 유산균 등 생물학적 활성 제품의 온화한 건조에 특히 적합하다.

11.2.1.4 기류 건조기

기류 건조는 동류 연속 건조 공정으로, 고속 열 기류를 이용해 습윤 물질을 분산 및 이송하며 이송 과정에서 건조를 완료한다. 그 흐름은 그림 11.5와 같다. 시스템은 주로 기류 건조관, 급료기, 사이클론 분리기 및 송풍기로 구성된다. 건조관은 일반적으로 직립형 장관이며, 열풍 속도는 10~20m/s이다. 습윤 원료는 하부에서 투입된 후 기류에 의해 순간적으로 분산되어 상승하며, 극히 짧은 시간(0.5~2초) 내에 탈수를 완료한다.

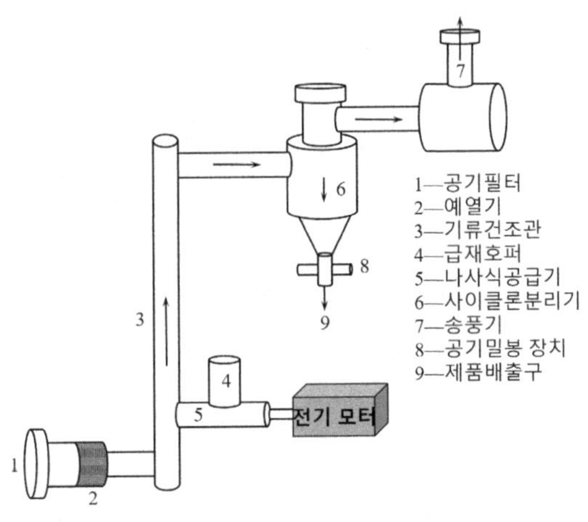

〈그림 11.5〉 기류 건조기

이 장비는 전분, 아미노산 등 비 결합수를 주성분으로 하는 분말·입상 재료에 적합하며, 처리량이 크고 건조 속도가 빠르다. 예를 들어, 옥수수 전분의 경우 1초 이내에 함수율을 35%에서 14%로 낮출 수 있다. 그러나 작동 온도가 높고(100℃ 이상), 입자가 관 벽과 충돌할 경우 국부 과열이 발생할 수 있어 효소, 단백질 등 열에 민감한 물질에는 적합하지 않다. 또한, 쉽게 응집되는 원료는 사전 분쇄가 필요하며 시스템 에너지 소비도 높은 편이다.

11.2.1.5 분무 건조 기술

분무 건조는 액체 재료를 분무기를 통해 미세 액적으로 전환하고 열풍 속에서 순간적으로 탈수하는 건조 방법이다. 그 작동 원리는 그림 11.6과 같다. 공정 과정은 주로 원액 준비, 분무, 건조 및 제품 수집 네 가지 단위로 구성된다. 분무기는 핵심 부품으로, 일반적인 유형은 다음과 같다.

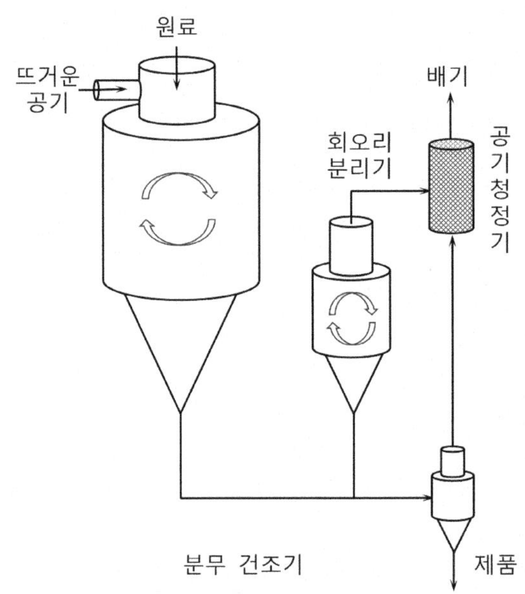

〈그림 11.6〉 분무 건조기

압력식 분무기: 고압을 이용해 원료 액체가 노즐을 통과하며 미세 액적(분무)을 형성하도록 하는 방식으로 에너지 소비가 적고 고점도 원료에 적합하나 액적 입자 크기 분포가 넓다.

원심 분무기: 고속 회전판의 원심력으로 액적 분사. 분무 균일성 우수, 가동 유연성 높음. 고점도 원액 적합하지만, 장비 비용이 많이 든다.

기류식 분무기: 압축 공기로 액류를 분쇄하여 분무하며, 분무 입자가 미세하여 저점도 원료액 및 무균 환경에 적합하나 에너지 소비가 크다.

건조실 구조는 주로 탑식과 수평식으로 나뉘며, 탑식이 더 널리 사용된다. 분무기 설치 위치에 따라 상부 분무와 하부 분무 형태로 구분된다. 분무 건조는 효율이 높으나 고온으로 인해 일부 생물학적 활성 물질이 비활성화될 수 있으며, 이는 유입 공기 온도(80-120℃)를 낮추거나 당류 등의 보호제를 첨가하여 완화할 수 있다.

11.2.2 전도 건조 장비

전도 건조는 열이 고체 벽면(금속판, 롤러 등)을 통해 전도 방식으로 습윤 원료에 전달되며, 열매체(증기, 열 등)가 원료와 직접 접촉하지 않아 무산소 또는 저산소 환경에서의 온화한 건조가 가능하다.

11.2.2.1 드럼 건조기

롤러 건조기는 하나 또는 두 개의 중공 금속 롤러의 회전을 이용하여 건조하며, 구조는 그림 11.7과 같다. 롤러 내부에는 가열 매체(증기 또는 열유)가 통하며, 표면 온도는 100~180℃로 유지된다. 원료액은 도포 장치를 통해 롤러 표면에 얇은 층을 형성하고, 롤러가 회전함에 따라 원료가 가열되어 탈수되며, 건조된 원료는 스크래퍼로 긁어내어 수집된다.

롤러 수에 따라 단일 롤러와 이중 롤러로 구분된다. 단일 롤러는 구조가 단순하여 용액, 현탁액 등 유동성이 좋은 원료에 적합하다. 이중 롤러는 두 롤러 사이의 간극으로 원료 막 두께를 제어하여 건조 강도가 더 높으며, 반죽이나 고형물 형태의 원료에 적합하다. 롤러 건조기는 열효율이 높고(60~80%) 처리량이 크지만, 원료가 고온 표면과 직접 접촉하므로 열에 민감한 성분에 불리하며, 제품 두께와 수분 함량 제어 정밀도가 제한적이다.

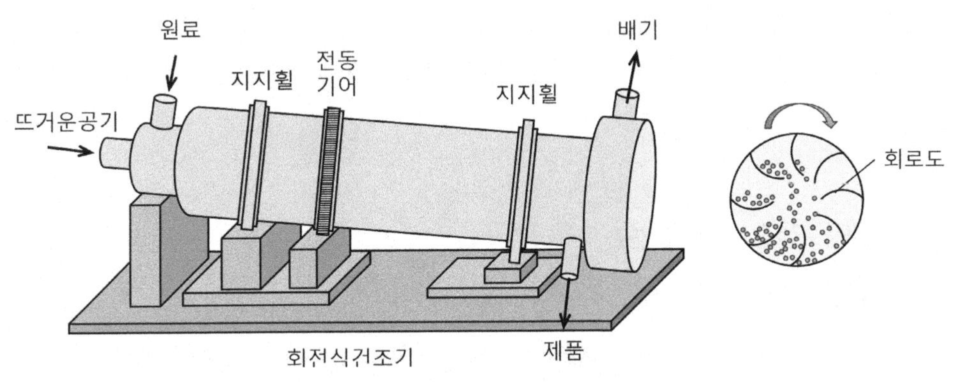

〈그림 11.7〉 드럼 건조기

11.2.2.2 진공 건조기

진공 건조기는 밀폐 용기 내부에 음압 환경(일반적으로 〈100Pa)을 조성하여 물의 끓는점을 현저히 낮추어 저온 건조를 실현한다. 장비는 주로 진공 건조실, 가열판, 진공 장치과 응축기로 구성된다. 가열판 내부에 열매체를 순환시키고, 원료를 판 위에 배치하면 증발된 수증기가 진공 시스템에 의해 응축기로 흡입되어 수집된다.

진공 건조는 열에 민감한 재료의 변성을 방지할 뿐만 아니라 산화되기 쉬운 물질(예: 비타민 C, 다불포화지방산)의 분해를 막을 수 있다. 진공 상태에서는 재료 내부 수분 확산 추진력이 향상하여 결합수 제거를 촉진하며, 최종 수분 함량은 0.5% 이하까지 낮출 수 있다.

장비 형태로는 간헐식 진공 건조기와 연속식 진공 벨트 건조기가 있다. 전자는 소량 고가치 제품에 적합하며, 후자는 컨베이어 벨트를 이용한 연속 급여 방식에 각 구간 온도 조절이 가능해 항생제, 식물 추출물 등 중규모 생산에 적합하다.

11.2.2.3 동결 건조/승화 건조

동결 건조는 물의 삼상도 원리에 기반하여 저온 진공 조건에서 재료 내의 얼음 결정이 직접 수증기로 승화되도록 하여 제품의 생물학적 활성과 구조적 완전성을 최대한 유지한다. 전체 과정은 재료의 공융점 이하에서 진행되어 액체 상태의 물이 생성되는 것을 방지한다.

동결 건조 과정은 세 단계로 구분된다. 예냉(원료를 공융점 이하 5-10℃로 급속 냉동), 1차 건조(진공 상태에서 승화 잠열을 공급하여 대부분의 자유수 제거, 약 12-24시간 소요), 2차 건조(온도 상승으로 결합수 제거, 최종 수분 함량 ≤0.5% 달성, 약 8-12시간 소요)가 진행된다.

동결 건조 시스템은 주로 다음과 같이 구성된다. 동결 건조기(내장형 다층 온도 제어 선반), 냉동 시스템(의 동결에 필요한 냉량 공급), 진공 시스템(고진공 환경 구축 및 유지), 가열 시스템(승화열 공급), 응축기(수증기 포집), 중앙 제어 시스템(전 과정 자동화 모니터링 및 기록) 등이다.

11.2.3 기타 건조 기술 개요

11.2.3.1 적외선 건조

적외선 건조는 특정 파장(0.75-1000㎛, 특히 2.5-25㎛)의 전자기파를 이용해 물질을 조사한다. 수분자가 방사 에너지를 흡수하여 진동하며 열을 발생시켜 수분을 빠르게 증발시킨다. 이는 표면 가열 방식이며 투과 깊이가 제한적(일반적으로 〈1mm)이어서 얇은 층의 물질(예: 정제

코팅, 생물학적 박막)의 신속한 건조에 적합하다.

11.2.3.2 마이크로파 건조

마이크로파 건조는 물 분자의 극성이 교번 전계에서 방향성 극화를 일으켜 분자 마찰로 열을 발생시켜 물질을 내부에서 외부로 가열하는 방식이다. 마이크로파의 수분 투과 깊이는 약 1-10cm이므로 두꺼운 물질의 신속하고 균일한 건조에 적합하다. 산업용으로 흔히 사용되는 주파수는 915MHz와 2450MHz이며, 장비는 엄격한 마이크로파 차폐 조치(누설량 ≤5mW/cm²)를 갖춰야 한다.

11.2.3.3 분사 동상 건조기

분사 동적층 건조기는 고속 유동화와 이동층의 특성을 결합한 구조로, 하부 원뿔과 상부 기둥 형태의 층을 채택한다. 고속 기류가 원뿔 바닥 중심에서 분사되어 중앙 분사 구역을 형성하며 입자를 상승시키고, 상부에서 입자가 흩어져 주변 환류 구역으로 천천히 하강하며 순환 유동을 이룬다. 이러한 독특한 유동 패턴으로 입자가 층 내에서 충분히 혼합되어 건조 균일성이 일반 유동층보다 우수하다.

11.3 건조 과정의 핵심 문제점

11.3.1 건조 장비의 선택 원칙과 공정 최적화

건조 장치의 선정은 원료 특성, 제품 규격, 생산 능력 및 경제성 등 다중 요소를 종합적으로 고려해야 한다. 원료의 열 감수성이 최우선 고려사항이다: 극히 높은 열 감수성 물질(예: 생균, 일부 단백질)은 동결 건조를 선택하는 것이 바람직하다. 중간 열 감수성 물질은 분무 건조 또는 진공 띠식 건조를 고려할 수 있다. 열 안정성 물질은 유동층 또는 드럼 건조를 선택할 수 있다. 수분 존재 형태도 매우 중요하다. 결합수 함량이 높을 때는 진공 또는 동결 건조 등 강화 기술을 채택해야 하며, 비 결합수가 주를 이룰 때는 기류 또는 유동층 등 고효율 장비를 선택할 수 있다. 원료 형태는 장비 적합성에 영향을 미친다. 페이스트 형태 원료는 분무 건조 또는 불활성 입자 유동층에 적합하며, 입자 형태 원료는 유동층 또는 분동 층을 선택할 수 있다.

생산 규모 역시 장비 선정에 영향을 미친다. 소량 다품종 생산에는 박스형 건조기 등 간헐식 장비가 적합하며, 대규모 연속 생산에는 분무 건조기나 유동층 건조기 등 연속식 건조기를 선택하는 것이 좋다. 청정 및 안전 요구사항도 간과할 수 없다. 생물제약 분야에서는 CIP/SIP 기능을 갖춘 무균 건조 장비를 선택해야 하며, 가연성·폭발성 원료의 경우 불활성 가스 폐쇄 순환 건조 시스템을 채택해야 한다. 마지막으로, 에너지 소비와 경제성을 종합적으로 평가해야 한다. 대류 건조는 일반적으로 전도 건조보다 에너지 소비가 높으며, 동결 건조는 에너지 소비가 가장 높다. 제품 품질을 충족시키는 전제로 단위 탈수당 에너지 소비가 낮은 장비를 우선 선택해야 한다.

11.3.2 건조 과정에서의 보호제 선별 및 작용 메커니즘

생물 활성 물질은 탈수 과정에서 수분 손실로 인해 공간 구조 변화, 막 시스템 손상 또는 분자 간 응집이 발생하여 활성을 상실하기 쉽다. 보호제는 다양한 분자 메커니즘을 통해 이러한 손상을 효과적으로 완화한다.

열역학적 안정화 메커니즘: 저분자 당류(자당)는 "수분 대체" 이론에 따라 물 분자가 제거된 후 수소 결합을 통해 생체 분자의 극성 부위와 결합하여 천연 3차원 구조를 유지한다.

동역학적 억제 메커니즘: 고분자 중합체(PVP, 글루칸 등)는 계의 점도를 증가시켜 분자 운동 속도를 낮춤으로써 단백질의 충돌 응집을 억제한다.

계면 안정화 메커니즘: 계면활성제(예: 툭신-80)는 기-액 계면 장력을 낮추어 분무 건조 과정에서 액적 분무로 인한 기계적 응력이 단백질 구조를 파괴하는 것을 완화한다.

보호제 선택은 원료 특성과 일치해야 한다. 단백질계 약물은 종종 자당과 트라이펩타이드를 복합 배합함; 세포계 제제는 투과성 및 비투과성 보호제를 동시에 사용해야 하며, 핵산 물질은 이가금속 이온(예: Mg^{2+})에 의존하여 고차 구조를 안정화해야 한다.

11.4 본 장 요약

본 장에서는 생물 분리 분야의 건조 기술에 대한 기본 이론, 주요 장비 및 공학적 응용을 종합적으로 소개하였다. 건조는 생물 제품을 액체 상태에서 고체 상태로 전환하는 핵심 공정으로 그 공정 품질은 최종 제품의 품질, 활성 및 생산 비용에 직접적인 영향을 미친다. 건조의 물리적 본질은 열에너지 또는 기타 형태의 에너지를 활용하여 수분과 물질 간의 결합력을 파괴하고, 열전달과 질량 전달의 협동 작용을 통해 수분이 물질 내부에서 표면으로 이동하여 증발하도록 촉진함으로써 함수율을 낮추고 안정성을 높이며 저장 및 운송을 용이하게 하는 데 있다. 현재 산업 현장에서 널리 사용되는 건조 장치에는 대류형(박스형, 터널형, 유동층, 기류, 분무 건조기 등), 전도형(롤러, 진공 건조기 등), 복사형(적외선, 마이크로파) 등 다양한 형태가 포함된다. 성공적인 건조 공정 설계의 핵심은 원료의 이화학적 특성과 제품 요구사항에 따라 다목적 장비를 선정하는 동시에 보호제 기술과 단계별 건조 전략을 결합하여 생물학적 활성 보존과 건조 효율 사이의 상충 관계를 효과적으로 균형 잡고 이론 분석부터 공정 개발, 공정 확대에 이르는 통합 기술 솔루션을 구축함으로써 생물학적 제제의 고품질·저에너지 소비 산업화 건조 생산을 실현하는 데 있다.

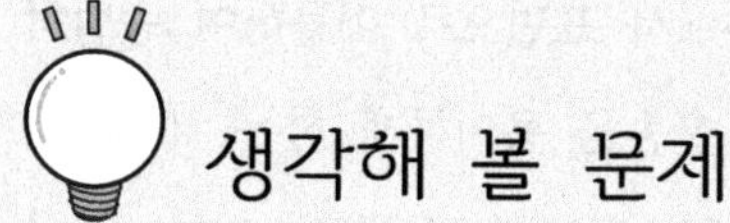

원료 내 결합수와 비 결합수의 비율 및 분포가 건조 동력학 곡선의 형태에 어떻게 영향을 미치는가? 구체적인 사례를 들어 서로 다른 수분 유형이 건조 속도에 미치는 영향과 건조 공정 설계에서의 지침 가치를 설명한다.

열에 민감한 특정 생물학적 제제는 저온 건조가 요구되며, 현재 분무 건조, 동결 건조, 진공 건조 세 가지 기술이 선택 가능합니다. 열전달 및 질량 전달의 기본 원리와 장비 자체의 기술적 특성을 바탕으로 종합적으로 분석하여 우선하여 추천할 수 있는 건조 방식을 선정하고 그 이유를 상세히 설명한다.

참고문헌

[1] 黄海涛, 于涛, 郭翰祥等. 生物质基分离膜材料及其研究进展[J]. 化学与黏合, 2017, 39(05): 365-370+378.

[2] Naser Tavajohi Hassankiadeh, Zhaoliang Cui, Ji Hoon Kim, et al. PVDF hollow fiber membranes prepared from green diluent via thermally induced phase separation: Effect of PVDF molecular weight[J]. Journal of Membrane Science, 2014, 471: 237-246.

[3] 马超, 黄海涛, 顾计友等. 高分子分离膜材料及其研究进展[J]. 材料导报A: 综述篇, 2016, 30(5): 144-150+157.

[4] 董坤. 纳滤膜的性能表征及其应用的初步研究[D]. 无锡: 江南大学, 2007.

[5] 李梦珂. 高分子超滤膜的亲水改性及性能研究[D]. 武汉: 武汉理工大学, 2021.

[6] 蒙丽霞, 李凯, 陆登俊等. 超滤、反渗透技术在制糖业应用的研究进展[J]. 甘蔗糖业, 2014, (1): 49-53.

[7] 吕建国, 张明霞, 索超. 电渗析技术的研究进展[J]. 甘肃科技, 2010, 26(18): 85-88.

[8] 林源. 渗透汽化分离膜的制备与应用研究进展[J]. 南京工业大学学报(自然科学版), 2020, 42(6): 700-709.

[9] 何明, 尹国强, 王品. 微滤膜分离技术的应用进展[J]. 广州化工, 2009, 37(06) 35-37.

[10] 邓斯茜, 邓兆燕. 血液透析膜的应用及其改性研究进展[J]. 中国社区医师, 2019, 35(20): 8+11.

[11] 张杰南, 迟雁青, 王保兴. 高截留量血液透析膜的研究进展[J]. 中华生物医学工程杂志, 2017, 23(5): 424-429.

[12] 杨柳, 陈文梅, 褚良银等. 旋转管式膜分离技术的应用与研究进展[J]. 过滤与分离, 2002, 12(2): 1-5.

[13] 赵平, 张月萍, 徐红. 青霉素发酵液平板膜超滤的操作条件研究[J]. 膜科学与技术, 2004, 24(3): 43-46.

[14] 唐婷婷, 张园园, 张佳琳等. 新型MBR平板膜及膜堆研究进展[J]. 浙江化工, 2020, 51(10): 51-54.

[15] 杨明智, 李琳, 伍泓宇, 等. 螺旋卷式膜组件性能分析优化研究进展[J]. 膜科学与技术, 2022, 42(3): 187-194.

[16] 刘传生, 李映, 陈海燕. 中空纤维膜的开发与应用进展[J]. 合成技术及应用, 2014, 29(2): 18-23.

[17] 余稳胜, 张铁, 李冰等. 超滤膜分离设备优化控制的研究[J]. 机械与设计, 2006, 22(6): 95-98.

[18] 刘元法, 贺高红, 李保军. 膜分离过程中强化传质的研究进展[J]. 化工进展, 2006, 25(增刊):

30-34.
[19] 侯淑华, 王雪, 董雪等. 抗污染高分子分离膜研究进展[J]. 应用化学, 2017, 34(05): 502-511.
[20] 杜占, 党敬川, 张敬一等. 有机膜的生物污染控制及其改性研究进展[J]. 化工进展, 2011, 30(增刊): 222-225.
[21] 孙洪贵, 夏海平, 蓝伟光. 分离膜材料的污染与清洗[J]. 功能材料, 2002, 33(1): 26-28+32.

[1] 姜锦珊, 王裕康, 史杰等. 离子交换与吸附技术应用于生物分离与纯化的最新进展[J]. 离子交换与吸附, 2023, 39(3): 228-242.
[2] 王春燕, 张娜, 袁文博, 等. 乙丙交酯聚合物微球对曲安奈德的吸附分离与纯化应用研究[J]. 离子交换与吸附, 2022, 38(04): 331-338.
[3] 矣海晴, 李鸿宇, 李倩, 等. 蛹虫草菌深层液体发酵耦合大孔树脂吸附高效生产虫草素[J]. 化工学报, 2019, 70(07): 2675-2683.
[4] 金业涛, 冯小黎, 苏志国. 扩张床吸附技术及其在生物化工中的应用[J]. 化工进展, 1998, (04): 45-50.
[5] 王卫富, 潘忠成, 马文艳, 等. 活性炭及脱色膜替代树脂法分离春雷霉素工艺研究[J]. 绿色科技, 2019, (22): 182-185.
[6] 汪露, 林木松, 梁相永, 等. 基于主客体化学的吸附分离材料的研究进展[J]. 高分子材料科学与工程, 2019, 35(08): 174-184+190.
[7] 王金秋, 陈加传, 李柯萌, 等. 生物活性蛋白质分离纯化技术研究进展[J]. 食品工业, 2018, 39(05): 259-263.
[8] 耿信笃, F. E. Regnier, 王彦. 分离过程中计量置换模型的研究进展[J]. 科学通报, 2001, (11): 881-889.
[9] 耿信鹏. 液/固吸附计量置换模型及其热力学[J]. 纺织高校基础科学学报, 2001, (02): 95-101.
[10] 宋峰. 牛磺酸离子交换相平衡和动力学及天然牛磺酸的纯化[D]. 广东省:华南理工大学, 2007.
[11] 宋峰, 庄淑娟. 3种离子交换相平衡模型在Tau/ OH-体系中的比较[J].化学工程, 2012, 40(03): 35-39.
[12] 孙瑞丰, 罗晖, 沈忠耀. 计量置换模型在分子印迹聚合物色谱分离手性化合物中的应用[C]// 中国化学会. 中国化学会第12届反应性高分子(离子交换与吸附) 学术研讨会会议论文摘要预印集(一). 中国湖南省张家界市, 2004: 29-30.
[13] 李蓉, 王燕, 陈国亮, 等. 蛋白质在金属螯合亲和色谱中的竞争洗脱[J]. 分析化学, 2010, 38(04): 493-497.
[14] 王兆霞.纤维素-(4-氯苯基氨基甲酸酯)类手性固定相的制备及手性拆分[D]. 甘肃省: 兰州交通大学, 2014.
[15] Jansen , ML. , Adrie J.J. Straathof , Luuk A. M. van der Wielen , et al. Rigorous

model for ion exchange equilibria of strong and weak electrolytes[J]. AICHE JOURNAL , 1996 , 42 (07) :1911-1924.

[16] Moreira , MJA , Ferreira , LMGA. Equilibrium studies of phenylalanine and tyrosine on ion-exchange resins[J]. CHEMICAL ENGINEERING SCIENCE , 2005 , 60 (18) :5022-5034.

[17] Chiberio , Abimaelle S , Santos , Tiago P. Ribeiro , Rui P. P. L. , et al. Batch chromatography with recycle lag. I-Concept and design[J]. JOURNAL OF CHROMATOGRAPHY A , 2020 , 1623.

[18] Roberts , Joey A. Kimerer , Lucas , Carta , Giorgio. Effects of molecule size and resin structure on protein adsorption on multimodal anion exchange chromatography media[J]. JOURNAL OF CHROMATOGRAPHY A , 2020 , 1628.

[19] Roger G. Harrison , Bioseparation Basics[J]. CHEMICAL ENGINEERING PROGRESS , 2014 , 110 (10) :36-42.

[20] Fomina , Marina , Gadd , Geoffrey Michael. Biosorption: current perspectives on concept , definition and application[J]. BIORESOURCE TECHNOLOGY , 2014 , 160:3-14.

[21] Michalak , Izabela , Chojnacka , Katarzyna , Witek-Krowiak , Anna. State of the Art for the Biosorption Process-a Review[J]. APPLIED BIOCHEMISTRY AND BIOTECHNOLOGY , 2013 , 170 (06) :1389-1416.

[22] Poonam , Rani , Anju , Sharma , Pradeep Kumar. Biosorption: Principles , and Applications[J]. Lecture Notes in Civil Engineering , 2021 , 87:501-510.

[23] Torres , Enrique. Biosorption: A Review of the Latest Advances[J]. PROCESSES , 2020 , 8(12).

편집자(성씨 병음 순) **編者(以姓氏拼音爲序)**

두하(석가장대학교)	杜霞(石家莊學院)
유진봉(하북흥백약업집단유한공사)	劉進峰(河北興柏藥業集團有限公司)
여상철(석가장대학교)	呂相哲(石家莊學院)
마지강(석가장대학교)	馬志剛(石家莊學院)
기영호(석가장대학교)	祁永浩(石家莊學院)
요염청(화북제약고빈유한공사)	饒豔青(華北制藥股份有限公司)
왕제군(석약집단)	王際軍(石藥集團)
왕림(하북삼낭생물과기유한공사)	王琳(河北森朗生物科技有限公司)
위맹(석가장대학교)	魏萌(石家莊學院)
요청국(석가장대학교)	姚清國(石家莊學院)
조나(석가장대학교)	趙娜(石家莊學院)

생물 분리 및 정제 기술 연구

1판1쇄 2025년 12월 30일

저자 주이붕(周二鵬), 한광흔(韓廣欣)
발행인 이경화

발행처 디자인21
주소 04560 서울특별시 중구 퇴계로 293-1 3층
전화 02-2269-6561(대)
팩스 02-2269-6568
이메일 21publish@naver.com
블로그 https://blog.naver.com/publish21
인스타 https://www.instagram.com/21publish.co.kr
홈페이지 https://21publish.co.kr

등록번호 제1-1128호
등록일자 1991.2.12

ISBN 978-89-6131-203-5 93470

정가 25,000원

자수: 247,137